高 等 学 校 系 列 教 材

土 木 工 程 CAD

（第二版）

张 琨　李宝昌　国丽荣　主　编
张雪丹　付　莹　副主编
边喜龙　主　审

中国建筑工业出版社

图书在版编目（CIP）数据

土木工程 CAD / 张琨，李宝昌，国丽荣主编；张雪丹，付莹副主编 . — 2 版 . — 北京：中国建筑工业出版社，2023.4

高等学校系列教材

ISBN 978-7-112-28536-5

Ⅰ.①土… Ⅱ.①张… ②李… ③国… ④张… ⑤付… Ⅲ.①土木工程－建筑制图－计算机制图－AutoCAD 软件－高等学校－教材 Ⅳ.①TU204-39

中国国家版本馆 CIP 数据核字（2023）第 048452 号

本书共 9 章，主要内容包括 AutoCAD 的基础知识、设置基本绘图环境、绘制基本二维图形和编辑图形、综合编辑二维图形、建筑平面图的绘制、建筑图的绘制、CAD 与 Revit 交互、综合技能实训、土木工程施工图设计综合案例（附数字资源）。并结合实例进行讲解，方便学生学习和教师教学。

本书可作为普通高等院校、高等职业院校、高等专科学校、成人高校、职业技术学院和民办高校土建类的 CAD 教材，也可供相关专业选用和工程技术人员参考。

为便于教学，作者特制作了与教材配套的电子课件，如有需求，可发邮件（标注书号、作者名）至 jckj@cabp.com.cn 索取，或到 http://edu.cabplink.com 下载，电话（010）58337285。

责任编辑：王美玲 赵 莉

文字编辑：勾淑婷

责任校对：芦欣甜

高等学校系列教材

土木工程 CAD

（第二版）

张 琨 李宝昌 国丽荣 主 编

张雪丹 付 莹 副主编

边喜龙 主 审

*

中国建筑工业出版社出版、发行（北京海淀三里河路 9 号）

各地新华书店、建筑书店经销

北京红光制版公司制版

北京云浩印刷有限责任公司印刷

*

开本：787 毫米×1092 毫米 1/16 印张：17½ 字数：426 千字

2023 年 4 月第二版 2023 年 4 月第一次印刷

定价：50.00 元（赠教师课件）

ISBN 978-7-112-28536-5

（40770）

第 二 版 前 言

　　《土木工程 CAD（第二版）》以 AutoCAD 中文版为基础，结合土建类专业绘图的特点，从实用的角度出发，采用"命令应用范围＋命令调用＋命令选项＋上机实践＋命令说明和使用技巧"等综合教学方法，注重讲、练结合和应用能力的培养。所举例子涉及土木工程、建筑、路桥等专业领域，实例均来源于实际工程领域，并系统地介绍了该软件的主要功能及应用。本书在讲解命令时，以工程图为实例，注重命令的综合应用和使用技巧，并且通过上机实践得以训练。在此基础上构建信息化模型，通过三维数字技术模拟建筑物所具有的真实信息，为工程设计和施工提供相互协调、内部一致的信息模型，使该模型达到设计施工的一体化，各专业协同工作，从而降低工程生产成本，保障工程按时按质完成。《土木工程 CAD（第二版）》可作为普通高等院校、高等职业院校、高等专科学校、成人高校、职业技术学院和民办高校土建类的 CAD 教材，也可供相关专业选用和工程技术人员参考。

　　本书配有土木工程施工图设计综合案例（附数字资源），其包括以下几个方面内容。

　　（1）建筑设计案例；（2）设备设计案例；（3）市政管线设计案例；（4）交通工程设计案例；（5）桥梁设计案例；（6）BIM 模型案例。

　　本书围绕着职业素质训练进行，衡量掌握 AutoCAD 知识的水平，不是看"学了多少"，而是看能用它去做什么工作、做多少工作。为此，我们结合多年教学和工程实践经验，编写了这本易学、易懂、专业性强、简明实用的教材。

　　本教材被评为首届黑龙江省教材建设奖优秀教材。

　　本书由黑龙江建筑职业技术学院张琨、李宝昌和东北林业大学土木工程学院国丽荣主编，由东北林业大学土木工程学院张雪丹和黑龙江建筑职业技术学院付莹副主编，由黑龙江建筑职业技术学院教授边喜龙主审。具体编写情况如下：前言、第 4、5、6、8 章由张琨、李宝昌、国丽荣、张雪丹编写；第 1、2 章由高秋生、庄昕编写；第 3 章由付莹、高凯编写；第 7 章由韩沐昕、郭一雄编写；第 9 章由李宝昌、于景洋、郭启臣、李钧、刘仁涛、王全福、郑福珍、齐世华、田东军、倪坤编写。全书由李宝昌统稿。在编写过程中得到了学院领导和企业专家的大力支持，也参考了许多同行的著作，在此编者表示衷心感谢。

　　由于编者水平有限，编写时间仓促，本书难免存在疏漏和不足之处，恳请读者批评指正。

第 一 版 前 言

《土木工程 CAD》以 AutoCAD 2010 中文版为基础，结合土建类专业绘图的特点，从实用的角度出发，采用"命令应用范围＋命令调用＋命令选项＋上机实践＋命令说明和使用技巧"等综合教学方法，注重讲、练结合和应用能力的培养。举例涉及土木工程、建筑、路桥等专业领域，实例均来源于实际工程领域，并系统地介绍了该软件的主要功能及应用。《土木工程 CAD》在讲解命令时，以专业工程图为实例，注重命令的综合应用和使用技巧，并且通过上机实践得以训练。《土木工程 CAD》可作为普通高等院校、高等职业院校土建类的 CAD 教材，也可供相关专业选用和工程技术人员参考。

本书配有土木工程施工设计实例内容（附光盘），其包括以下几个方面内容：

(1) 建筑设计 (2) 设备设计 (3) 市政管线设计 (4) 交通工程设计等实例。

本书围绕着职业素质训练进行，衡量掌握 AutoCAD 知识的水平，不是看"学了多少"，而是看能用它去做什么工作、做多少工作。为此，我们结合多年教学和工程实践经验，编写了这本易学、易懂、专业性强、简明实用的教材。

本书由黑龙江建筑职业技术学院陈龙发、张琨、李宝昌主编，东北林业大学土木工程学院国丽荣副主编，由黑龙江建筑职业技术学院教授边喜龙、孔祥华主审。具体编写情况如下：前言、第 4、6、7 章由陈龙发、张琨、李宝昌编写；第 1、2 章由高秋生、庄昕编写；第 3、5 章由王晶莹、张雪筠、栾晨编写；第 8 章由高凯、国丽荣编写；第 9 章由许铁夫、齐世华编写；第 10 章由李宝昌、国丽荣、于景洋、齐世华、许铁夫、高凯、王晶莹、沈义编写。全书由李宝昌统稿。在编写过程中得到了学院领导和企业专家的大力支持，也参考了许多同行的著作，在此编者表示衷心感谢。

由于编者水平有限，编写时间仓促，本书难免存在疏漏和不足之处，恳请读者批评指正。

目　　录

第1章 AutoCAD 的基础知识

本章要点：

本章主要介绍 AutoCAD 的发展及其主要功能、基础知识，通过本章的学习，读者应掌握以下知识：

- AutoCAD 发展历史
- AutoCAD 2010 主要功能
- AutoCAD 2010 经典工作界面
- 掌握文件管理方法
- 掌握图形的显示控制方法
- 掌握坐标的使用

1.1 AutoCAD 发展历史

AutoCAD 是由美国 Autodesk 公司开发的通用计算机辅助绘图与设计软件，具有易于掌握、使用方便及体系结构开放等特点，深受广大工程技术人员的欢迎。AutoCAD 自 1982 年问世以来，已经进行了近 20 次升级，其功能逐渐强大并日趋完善。如今，AutoCAD 已广泛应用于机械、建筑、电子、航天、造船、土木工程、农业、气象、纺织等领域。在中国，AutoCAD 已成为工程设计领域中广泛应用的计算机辅助设计软件之一。

1982 年，美国 Autodesk 公司首先推出 AutoCAD 的第一个版本——AutoCAD 1.0。在此后的几年里，Autodesk 公司几乎每年都推出 AutoCAD 的升级版本，从而使得 Auto-CAD 快速地完善，并赢得了广大用户的信任。

1990 年和 1992 年，Autodesk 公司分别推出 AutoCAD 11.0 版和 12.0 版，其绘图功能进一步增强。特别是在 12.0 版中，Autodesk 公司推出了 Windows 版本，该版本采用了图形用户接口和对话框功能，提供了访问标准数据库管理系统的 ASE 模块，并提高了绘图速度。

1994 年，Autodesk 公司推出了 AutoCAD 13.0 版。新版本的命令达到了 288 个。1997 年，Autodesk 公司推出 AutoCAD R14 版，该版本全面支持 Microsoft Windows 95/NT，不再支持 DOS 平台，它在工作界面、操作风格等方面更加符合 Microsoft Windows 95/NT 的风格，运行速度更快，而且在功能和稳定性等方面有了很大改进。从 AutoCAD R14 版开始，Autodesk 公司对 AutoCAD 的每一新版本均同步推出对应的简体中文版，为中文版用户提供了方便。

1999 年，Autodesk 公司推出了 AutoCAD 2000 版。同 AutoCAD R14 版相比，Auto-CAD 2000 版增加或改进了数百个功能，提供了多文档设计环境、设计中心及一体化绘图输出体系等。基于面向对象结构的 AutoCAD 2000 是一体化的、功能丰富的 CAD 设计软件，它使用户真正置身于一种轻松的设计环境中，专注于所设计的对象和设计过程。

随着 Internet 的迅猛发展，人们的工作和设计思维与网络的联系也越来越密切。同样，工程设计人员也希望能借助 Internet 提高自己的工作效率与灵活性。为满足这样的市场要求，Autodesk 公司于 2000 年推出 AutoCAD 2000i 版。该版本在 2000 版的基础上重点加强了 Internet 功能。通过 Internet，AutoCAD 2000i 将设计者、同事、合作者以及设计信息等有机地联系起来。该版本具有多种访问 Web 站点并获取网上资源的功能，使用户能够方便地建立和维护用于发布设计内容的 Web 页，同时可以实现跨平台设计资料共享，使用户在 AutoCAD 设计环境中能够通过 Internet 提高工作效率。

2001 年，Autodesk 公司推出了 AutoCAD 2002 版。该版本精益求精，它在运行速度、图形处理和网络功能等方面都达到了一个崭新的水平。2003 年初，Autodesk 公司推出了 AutoCAD 2004 版。AutoCAD 2004 增加了许多新功能，可以帮助用户更快、更轻松地创建并共享设计数据，以及更有效地管理软件。2004 年，Autodesk 公司推出了 Auto-CAD 2005 版。AutoCAD 2005 增加了图纸集管理器、增强了图形的打印和发布功能、增加和改进了众多绘图工具，使 AutoCAD 的使用更加便捷。2005 年，Autodesk 公司推出了 AutoCAD 2006 版。与之前版本相比，该版本在输入方式、绘图、编辑、图案填充、尺寸标注、文字标注、块操作以及表格等方面的功能均进一步得以完善，使其操作更加合理、便捷和高效。

2006 年，Autodesk 公司推出了 AutoCAD 2007 版。该版本的三维功能有了很大提高，除增加了多段体、扫掠和放样等功能外，还提供了用于三维建模的界面、模板以及众多三维建模工具。2007 年，Autodesk 公司推出了 AutoCAD 2008 版。该版本提高了文字与尺寸标注、表格处理、图层管理以及绘图等方面的性能。2008 年，Autodesk 公司推出了 AutoCAD 2009 版。该版本在用户界面、使用方便性以及软件综合性能等方面均有所改进，更加方便了用户的操作。

2009 年，Autodesk 公司又推出了 AutoCAD 2010 版。新版本除在图形处理等方面的功能有所增强外，一个最显著的特征是增加了参数化绘图功能。用户可以对图形对象建立几何约束，以保证图形对象之间有准确的位置关系，如平行、垂直、相切、同心、对称等关系；可以建立尺寸约束，通过该约束，既可以锁定对象，使其大小保持固定，又可以通过修改尺寸值来改变所约束对象的大小。

1.2　AutoCAD 2010 主要功能

AutoCAD 2010 的主要功能概括如下。

1. 二维绘图与编辑

二维绘图用于创建各种基本二维图形对象，如直线、射线、构造线、圆、圆环、圆弧、椭圆、矩形、等边多边形、样条曲线、多段线等；为指定的区域填充图案（如剖面线）；将常用图形创建成块，需要这些图形时直接插入块即可。二维编辑功能有删除、移动、复制、旋转、缩放、偏移、镜像、阵列、拉伸、修剪、延伸、对齐、打断、合并、倒角和创建圆角等。将绘图命令与编辑命令结合使用，可以快速、准确地绘制出各种复杂图形。

2. 创建表格

AutoCAD 2010 可以直接通过对话框创建表格；可以设置表格样式，便于以后使用相同格式的表格；还可以在表格中使用简单的公式，以便计算总数、平均值等。

3. 文字标注

用于为图形标注文字，例如标注说明、技术要求等。用户可以设置文字样式，按不同的字体和大小等设置来标注文字。

4. 尺寸标注

用于为图形对象标注各种形式的尺寸。利用 AutoCAD 2010，可以设置尺寸标注样式，以满足不同行业、不同国家对尺寸标注样式的要求；可以随时更改已有标注值或标注样式。

5. 参数化绘图

AutoCAD 2010 新增了几何约束、标注约束功能。利用几何约束，可以在一些对象之间建立约束关系，如垂直约束、平行约束、同心约束等，以保证图形对象之间有准确的位置关系。利用标注约束，可以约束图形对象的尺寸，而且当更改约束尺寸后，相应的图形对象也会发生变化，实现参数化绘图。

6. 三维绘图与编辑

用户能够创建各种形式的基本曲面模型和实体模型。其中，可以创建的曲面模型包括平面曲面、三维面、旋转曲面、平移曲面、直纹曲面和复杂网格面等；可以创建的基本实体模型有长方体、球体、圆柱体、圆锥体、楔体和圆环体等；还可以通过拉伸、旋转、扫掠及放样等方式创建三维实体。AutoCAD 2010 提供了专门用于三维编辑的功能，例如三维旋转、三维镜像和三维阵列；对实体模型的边、面及体进行编辑；对基本实体进行布尔操作等。通过这些编辑功能，可以创建出复杂模型。

7. 视图显示控制

用于以多种方式放大或缩小所绘图形的显示比例、改变图形的显示位置。对于三维图形，可以通过改变视点的方式从不同角度查看显示图形。对于曲面模型或实体模型，可以对它们以二维线框、三维线框、三维隐藏、概念以及真实等视觉样式显示；可以对它们进行渲染，并能够设置渲染时的光源及材质等。

8. 绘图实用工具

可以方便地设置绘图图层、线型、线宽及颜色等。可以通过各种绘图辅助工具设置绘图模式，以提高绘图效率与准确性。利用特性选项板，能够方便地查询、编辑所选择对象的特性。AutoCAD 2010 设计中心提供了一个直观、高效、与 Windows 资源管理器相类似的工具。利用该工具，用户可以对图形文件进行浏览、查找以及管理有关设计内容等方面的操作；可以将其他图形中的命名对象（如块、图层、文字样式和尺寸标注样式等）插入当前图形。利用查询功能，可以查询所绘图形的面积、距离等数据。

9. 数据库管理

可以将图形对象与外部数据库中的数据建立关联，而这些数据库是由独立于 Auto-CAD 的其他数据库应用程序（如 Access、Oracle 和 SQLServer 等）建立的。

10. Internet 功能

AutoCAD 2010 提供了强大的 Internet 工具，使设计者相互之间能够共享资源和信息。即使用户不熟悉 HTML 编码，利用 AutoCAD 2010 的网上发布向导，也可以方便、迅速地创建格式化的 Web 页。利用电子传递功能，能够把 AutoCAD 图形及其相关文件压缩成 ZIP 文件或自解压的可执行文件，然后将其以单个数据包的形式传送给客户、工作组成员或其他有关人员。利用超链接功能，能够将 AutoCAD 图形对象与其他对象（如文档、数据表格、动画及声音等）建立链接。此外，AutoCAD 2010 还提供了一种安全、适于在 Internet 上发布的文件格式——DWF 格式。利用 Autodesk 公司提供的 DWF 查看器（例如免费的 Autodesk DWFViewer），可以查看、打印 DWF 文件。

11. 图形的输入与输出

用户可以将不同格式的图形导入 AutoCAD 或将 AutoCAD 图形以其他格式输出。AutoCAD 2010 允许将所绘图形以不同样式通过绘图仪或打印机输出，允许后台打印。

12. 开放的体系结构

作为通用 CAD 绘图软件包，AutoCAD 2010 提供了开放的平台，允许用户对其进行二次开发，以满足专业设计要求。AutoCAD 2010 允许用 Visual LISP、VB. NET、VBA 和 ObjectARX 等多种工具对其进行开发。

1.3 AutoCAD 2010 经典工作界面

AutoCAD 2010 的工作界面有 AutoCAD 经典、三维建模和二维草图与注释 3 种。图 1-1 为 AutoCAD 2010 的经典工作界面，它由标题栏、菜单栏、多个工具栏、绘图窗口、光标、坐标系图标、模型/布局选项卡、命令窗口（又称为命令行窗口）、状态栏、滚动条和菜单浏览器等组成。

切换工作界面有三种方法：

方法之一：选择与下拉菜单"工具"/"工作空间"对应的子菜单命令，即可切换到对应的工作界面。

方法之二：命令行：输入 workspace/设置（SE）/，如图 1-2(a) 所示。

方法之三：单击状态栏"切换工作空间"下拉列表，可从中选择切换工作空间或保存工作空间，如图 1-2(b) 所示。

下面介绍经典工作界面中主要组成部分的功能。

1. 标题栏

标题栏位于工作界面的最上方，用于显示 AutoCAD 2010 的程序图标以及当前所操作图形文件的名称。位于标题栏右侧的各个窗口管理按钮用于实现 AutoCAD 2010 窗口的最小化、还原（或最大化）及关闭 AutoCAD 等操作。

2. 菜单栏

菜单栏是 AutoCAD 2010 的主菜单。利用 AutoCAD 2010 提供的菜单可以执行 AutoCAD 的大部分命令。选择菜单栏中的某一选项，系统会弹出相应的下拉菜单。图 1-3 为"视图"下拉菜单。

AutoCAD 2010 的下拉菜单具有以下几个特点：

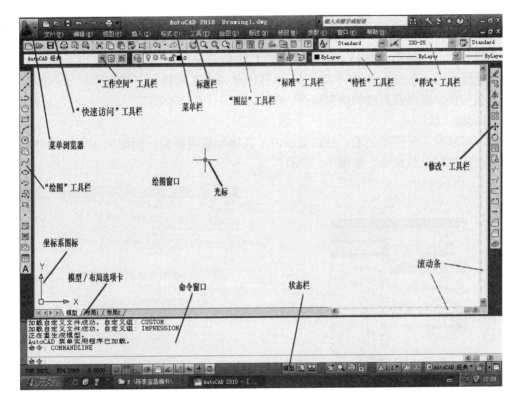

图 1-1 AutoCAD 2010 的经典工作界面

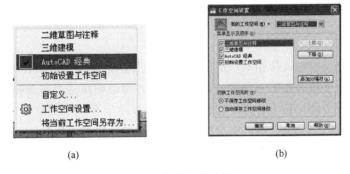

(a)   (b)

图 1-2 切换工作空间

（1）右侧有（▶）的菜单项，表示该菜单项还有子菜单。图 1-3 包含"缩放"子菜单。

（2）右侧有（┄）的菜单项，表示单击该菜单项后会打开一个对话框。

（3）右侧没有内容的菜单项，单击，系统会直接执行相应的 AutoCAD 命令。

AutoCAD 2010 还提供了快捷菜单。右击可以打开快捷菜单。当前的操作不同或光标所处的位置不同时，右击后弹出的快捷菜单也不同。

3. 工具栏

AutoCAD 2010 提供了 40 多个工具栏，每个工具栏上均存在形象化的按钮。单击其中某个按钮，可以执行 AutoCAD 的相应命令。图 1-1 为在工作界面中显示出 AutoCAD

默认打开的"快速访问""标准""样式""工作空间""图层""特性""绘图"和"修改"等工具栏。

工具栏上有一些命令按钮。单击工具栏上的某一按钮可以启动对应的 AutoCAD 命令。将光标在命令按钮上稍作停留，AutoCAD 会弹出工具提示（即文字提示标签），以说明该按钮的功能以及对应的绘图命令。例如，图 1-4 为"绘图"工具栏以及与绘圆按钮（⊙）对应的工具提示。

将光标移至工具栏按钮上，并在显示出工具提示后再停留一段时间（约两秒钟），又会显示出扩展的工具提示，如图 1-5 所示。

图 1-4　绘图工具栏以及绘圆工具提示

图 1-3　"视图"下拉菜单

图 1-5　扩展的工具提示

扩展的工具提示对与该按钮对应的绘图命令做出了更为详细的说明。

工具栏中，右下角有小黑三角形（◢）的按钮，可以引出一个包含相关命令的弹出式工具栏。将光标置于该按钮上，按下鼠标左键，会显示出弹出工具栏。例如，从"标准"工具栏的窗口缩放按钮（⊞）可以引出如图 1-6 所示的弹出式工具栏。

用户可以根据需要打开或关闭任一工具栏，其操作方法之一为：在已有工具栏上右击，AutoCAD 弹出列有工具栏目录的快捷菜单，如图 1-7 所示（为节省空间，将此工具栏

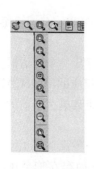

图 1-6　弹出式工具栏

图 1-7　工具栏快捷菜单

分为 3 列显示）。通过在此快捷菜单中的选择，可以打开或关闭某一工具栏。快捷菜单中，前面有"√"的菜单项表示对应的工具栏已处于打开状态，否则表示工具栏被关闭。

此外，通过选择与下拉菜单"工具"/"工具栏"/AutoCAD 对应的子菜单命令，也可以打开 AutoCAD 的各工具栏。

AutoCAD 的工具栏是浮动的，用户可以将各工具栏拖放到工作界面的任意位置。由于用计算机绘图时的绘图区域有限，因此当绘图时，应根据需要只打开当前使用或常用的工具栏（如标注尺寸时打开"标注"工具栏），并将其显示在绘图窗口的适当位置。

AutoCAD 2010 提供有"快速访问"工具栏（图 1-1），该工具栏用于放置需要经常使用的命令按钮，默认有"新建"按钮（▢）、"打开"按钮（▷）、"保存"按钮（▯）及"打印"按钮（▭）等。

用户可以为快速访问工具栏添加命令按钮，其方法为：在快速访问工具栏上右击，AutoCAD 弹出快捷菜单，如图 1-8 所示。从快捷菜单中选择"自定义快速访问工具栏"选项，打开"自定义用户界面"窗口，如图 1-9 所示。

图 1-8　快捷菜单　　　　　图 1-9　"自定义用户界面"窗口

从窗口中的命令列表中找到要添加的命令，将其拖到"快速访问"工具栏中，即可为该工具栏添加对应的命令按钮。

4. 绘图窗口

绘图窗口类似于手工绘图时的图纸，是用户用 AutoCAD 2010 绘图并显示所绘图形的区域。

5. 光标

当光标位于 AutoCAD 的绘图窗口时为十字形状，所以又称其为十字光标。十字线的交点为光标的当前位置。AutoCAD 的光标用于进行绘图、选择对象等操作。

6. 坐标系图标

二维绘图时，坐标系图标通常位于绘图窗口的左下角，表示当前绘图所使用的坐标系的形式以及坐标方向等。AutoCAD 提供了世界坐标系（World Coordinate System，WCS）和用户坐标系（User Coordinate System，UCS）两种坐标系。世界坐标系为默认坐标系，且默认状态是：水平向右方向为 X 轴的正方向，垂直向上方向为 Y 轴的正方向。对于二维绘图而言，世界坐标系已满足绘图要求。但当绘制三维图形时，一般要使用用户坐标系。

7. 命令窗口

命令窗口是 AutoCAD 显示用户从键盘键入的命令和 AutoCAD 提示信息的位置。默认状态下，AutoCAD 在命令窗口保留最后三行所执行的命令或提示信息。用户可以通过拖动窗口边框的方式来改变命令窗口的大小，以显示多于三行或少于三行的信息。

8. 状态栏

状态栏用于显示或设置当前的绘图状态。状态栏上位于左侧的一组数字反映当前光标的坐标，其余按钮从左到右分别表示当前是否启用捕捉模式、栅格显示、正交模式、极轴追踪、对象捕捉、对象捕捉追踪、动态 UCS 及动态输入等功能，以及是否显示线宽、当前的绘图空间等信息。单击某一按钮实现启用或关闭对应功能的切换，按钮为颜色时启用对应的功能，按钮为灰色时则关闭该功能。本书在后续章节将陆续介绍以上各按钮的功能与使用。

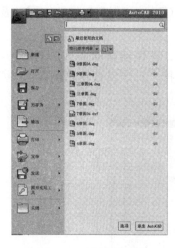

图 1-10　菜单浏览器

当将光标放置在某一菜单命令上时，AutoCAD 会在状态栏上显示与该菜单相应的功能说明及其命令。

9. 模型/布局选项卡

模型/布局选项卡用于实现模型空间与图纸空间的切换。

10. 滚动条

利用水平和垂直滚动条，可以使图纸沿水平或垂直方向移动，即平移绘图窗口中显示的内容。

11. 菜单浏览器

AutoCAD 2010 新提供了菜单浏览器（图 1-1）。单击此菜单浏览器，AutoCAD 会将浏览器展开，如图 1-10 所示。用户可通过菜单浏览器执行相应的操作。

1.4　AutoCAD 命令

前面多次提到 AutoCAD 命令，AutoCAD 2010 的功能大多是通过执行相应的命令来完成的。

1.4.1　执行 AutoCAD 命令的方式

一般情况下，可以通过以下方式执行 AutoCAD 2010 的命令。

1. 通过键盘输入命令

当在命令窗口中给出的最后一行提示为"命令："时，可以通过键盘输入命令，然后按 Enter 键或空格键的方式执行该命令，但这种方式需要用户牢记 AutoCAD 的命令。

2. 通过菜单执行命令

选择某一菜单命令，即可以执行相应的 AutoCAD 命令。

3. 通过工具栏执行命令

单击工具栏上的某一按钮，即可执行相应的 AutoCAD 命令。

显然，通过工具栏和菜单执行命令更为方便、简单。

4. 重复执行命令

当完成某一命令的执行后，如果需要重复执行该命令，除了可以通过上述 3 种方式，还可以用以下方式重复命令的执行：

直接按键盘上的 Enter 键或空格键。

光标位于绘图窗口，右击，AutoCAD 弹出快捷菜单，并在菜单的第一行显示重复执行上一次所执行的命令，选择此命令即可。

在命令的执行过程中，可以通过按 Esc 键，或通过右击并从弹出的快捷菜单中选择"取消"命令的方式终止 AutoCAD 命令的执行。

1.4.2 "透明"命令

"透明"命令是指在执行 AutoCAD 的命令过程中可以执行的某些命令（初学者可以跳过此部分内容。当对 AutoCAD 2010 有一定了解后，再学习本小节）。例如，如果在绘图过程中需要改变图形的显示比例，可透明执行 ZOOM 命令来放大或缩小图形。Auto-CAD 的许多命令可以透明使用，即在执行某一命令的过程中使用它们。这些命令多为控制图形显示、修改图形设置或打开（或关闭）绘图辅助工具的命令。

当在绘图过程中需要透明执行某一命令时，可以直接选择相应的菜单命令或单击工具栏上的相应按钮，而后根据提示执行操作。执行透明命令后，AutoCAD 会返回到执行透明命令之前的提示，即继续执行相应的操作。

通过键盘执行"透明"命令的方法：在当前提示信息后输入"'"符号，再输入相应的"透明"命令，然后按 Enter 键或空格键，即可根据提示执行该命令的相应操作，执行后 AutoCAD 会返回到透明执行此命令之前的提示。

1.5 图 形 文 件 管 理

本节将介绍创建新图形、打开已有的图形以及保存所绘图形等操作方法。AutoCAD 图形文件的扩展名为".dwg"。

1.5.1 创建新图形

1. 功能

创建新图形。

2. 命令调用方式

命令：NEW（AutoCAD 的命令不区分大小写，本书一般将命令用大写字母表示）。工具栏："标准" / "▢"（新建）按钮。菜单命令："文件" / "新建"命令。

3. 命令执行方式

执行 NEW 命令，AutoCAD 打开"选择样板"对话框，如图 1-11 所示。

在该对话框中选择相应的样板（初学者一般选择样板文件 acadiso.dwt），单击"打开"按钮，即可以相应的样板为模板建立新图形。

AutoCAD 的样板文件是扩展名为".dwt"的文件。样板文件上通常包括一些通用图

图 1-11　"选择样板"对话框

形对象，如图框、标题栏等，还包含一些与绘图相关的标准（或通用）设置，如图层、文字样式及尺寸标注样式的设置等。用户可以根据需要建立自己的样板文件，有关这方面的内容详见以后的章节。

1.5.2　打开图形

1. 功能

打开 AutoCAD 图形文件。

2. 命令调用方式

命令：OPEN。工具栏："标准" / "📂"（打开）按钮。菜单命令："文件" / "打开"命令。

3. 命令执行方式

执行 OPEN 命令，AutoCAD 将打开与图 1-11 类似的"选择样板"对话框〔只是将"文件类型"改为"图形（ * . dwg）"〕，可通过此对话框确定要打开的文件并将其打开。

AutoCAD 2010 支持多文档操作，即可以同时打开多个图形文件。还可以通过"窗口"下拉菜单中的相应项指定所打开图形（窗口）的排列形式。

1.5.3　保存图形

AutoCAD 2010 提供了多种将所绘图形以文件形式保存的方式。

1. 用 QSAVE 命令保存图形

（1）功能

将当前图形保存到文件。

（2）命令调用方式

命令：QSAVE。工具栏："标准" / "💾"（保存）按钮。菜单命令："文件" / "保存"命令。

（3）命令执行方式

执行 QSAVE 命令，如果当前图形没有命名保存过，AutoCAD 会打开"图形另存为"对话框。在该对话框中指定文件的保存位置及名称，然后单击"保存"按钮，即可完成保存图形操作。如果执行 QSAVE 命令前已对当前绘制的图形命名保存过，那么执行 QSAVE 后，AutoCAD 直接以原文件名保存图形，不再要求用户指定文件的保存位置和文件名。

2. 换名存盘

（1）功能

将当前绘制的图形以新文件名存盘。

（2）命令调用方式

命令：SAVEAS。菜单命令："文件" / "另存为"命令。

（3）命令执行方式

执行 SAVEAS 命令，AutoCAD 打开"图形另存为"对话框，用户确定文件的保存位置及文件名即可。

1.6 坐标系的选择及坐标的输入

精确的坐标输入是图形绘制的关键，在 AutoCAD 中，坐标系分为世界坐标系（WCS）和用户坐标系（UCS）两种确定坐标点的方式。同时，为了方便快捷地创建三维模型，AutoCAD 可用世界坐标系和用户坐标系进行坐标变换。

1.6.1 笛卡儿坐标系和极坐标系

笛卡儿坐标系有 3 个相互垂直并相交的轴，即 X、Y 和 Z 轴。输入坐标值时，需要输入沿 X、Y 和 Z 轴相对于坐标系原点（0，0，0）的距离及其方向。笛卡儿坐标的表示方法为（X，Y，Z）。

极坐标基于原点（0，0，0），使用距离和角度来定位点。角度计量以水平向右为 0°方向，逆时针为正。极坐标的表示方法为"距离<角度"。

1.6.2 世界坐标系和用户坐标系

默认情况下，当前坐标系为世界坐标系，它是 AutoCAD 的基本坐标系。X 轴的正向是水平向右，Y 轴的正向是垂直向上，Z 轴的正向是由屏幕垂直指向用户。默认坐标原点在绘图区的左下角。在其上有一个方框标记，表明是世界坐标系。在绘制和编辑图形过程中，WCS 的坐标原点和坐标轴方向都不会改变，所有的位移都是相对于原点计算的，如图 1-12 所示。

为了方便用户构建三维模型，使用 UCS 命令可以将世界坐标系改变原点位置和坐标轴方向，此时就形成了用户坐标系。在默认情况下，用户坐标系和世界坐标系相重合。尽管用户坐标系中 3 个轴之间仍然互相垂直，但是在方向及位置的设置上却很灵活，UCS 的原点以及 X 轴、Y 轴、Z 轴方向都可以移动及旋转，甚至可以依赖于图形中某个特定的对象。UCS 没有方框标记，如图 1-13 所示。

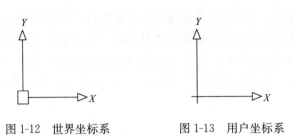

图 1-12　世界坐标系　　　　图 1-13　用户坐标系

1.6.3　绝对坐标

绝对坐标：点的绝对坐标是指相对于当前坐标系原点的坐标，有直角坐标、极坐标、球坐标和柱坐标四种形式。

1. 直角坐标

直角坐标用点的 X、Y 及 Z 坐标值表示该点，且各坐标值之间用逗号隔开。例如，要指定一个点，其 X 坐标为 100，Y 坐标为 28，Z 坐标为 320，则应在指定点的提示后输入"100，28，320"（不输入双引号）。

注意：

AutoCAD 2010 中第一点可用（X，Y，Z）方式直接输入（即绝对直角坐标），第二点输入绝对坐标值应加符号，即（♯X，Y，Z），否则系统自动默认为是相对坐标值（以前的 CAD 版本是不用加"♯"符号的）。按着这种输入方法第一次输入则为绝对坐标值，第二次输入前面需要加"♯"，表示为绝对坐标，输入第二点"♯150，50，350"。

当绘制二维图形时，点的 Z 坐标为 0，用户不需要输入 Z 轴坐标值。

2. 极坐标

极坐标用于表示二维点，其表示方法为：距离<角度。其中，距离表示该点与坐标系原点之间的距离；角度表示坐标系原点与该点的连线同 X 轴正方向的夹角。例如，某二维点距坐标系原点的距离为 180，坐标系原点与该点的连线相对于 X 轴正方向的夹角为 35°，那么该点的极坐标为：180<35。

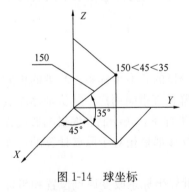

图 1-14　球坐标

3. 球坐标

球坐标用于确定三维空间的点，它用 3 个参数表示一个点，即点与坐标系原点的距离 L；坐标系原点与空间点的连线在 XY 面上的投影与 X 轴正方向的夹角（简称在 XY 面内与 X 轴的夹角）α；坐标系原点与空间点的连线同 XY 面的夹角（简称与 XY 面的夹角）β，且各参数之间用符号"<"隔开，即 $L<\alpha<\beta$。例如，150<45<35 表示一个点的球坐标，各参数的含义如图 1-14 所示。

4. 柱坐标

柱坐标也是通过三个参数描述一点：即该点在 XY 面上的投影与当前坐标系原点的距离 ρ；坐标系原点与该点的连线在 XY 面上的投影同 X 轴正方向的夹角 α；以及该点的 Z 坐标值 z。距离与角度之间用符号"<"隔开，角度与 Z 坐标值之间用逗号隔开，即 $\rho<\alpha$，z。例如，100<45，85 表示一个点的柱坐标，各参数的含义如图 1-15 所示。

1.6.4　相对坐标

相对坐标也有直角坐标、极坐标、球坐标和柱坐标 4 种形式，其输入格式与绝对坐标相同，但要在输入的坐标前加前缀"@"（AutoCAD 2010 以前的 CAD 版本需要加前缀"@"）。

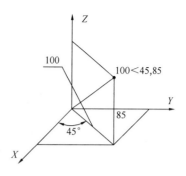

图 1-15　柱坐标

1. 相对直角坐标：以前一点作为参考点来定位下一点的相对位置。用户可以通过输入点的坐标增量来定位它在坐标系中的位置，其输入格式为"$\triangle X$，$\triangle Y$，$\triangle Z$"。例如，已知前一点的直角坐标为（80，350），如果在指定点的提示后输入：100，-45。表示相对前一点沿 X 轴正向的位移为 100，Y 轴正向的位移为-45；则相当于新确定的点的绝对坐标为（♯180，305）。（AutoCAD 2010 以前的 CAD 版本中其输入格式为"@$\triangle X$，$\triangle Y$，$\triangle Z$"，前面需应加缀"@"符号，AutoCAD 2010 可以不加"@"符号，系统直接默认是相对坐标输入）。

点坐标值的表示用（X，Y，Z）是最基本的方法，使用笛卡儿坐标和极坐标均可以基于原点（0，0，0）输入绝对坐标，或基于上一指定点输入相对坐标来精确定位点。

2. 相对极坐标：以前一点为参考点来定位点的相对位置。例如 10＜30，表示相对前一点的距离为 10 个单位，且与前一点的连线和 X 轴正向的夹角为 30°的点的位置。

注意：

当前光标位置的坐标显示在状态栏，在快捷菜单中有开关，同时在图形绘制过程中还可以控制"绝对"和"相对"坐标显示。

在很多情况下只需要知道图形的形状和大小，而不必关心其位置。因此，相对坐标有广泛的用途。

1.6.5　输入坐标的方式

绘图过程中的坐标输入可以在命令提示下输入数值，也可以使用定点设备（如鼠标）直接给定。前面讲到的绝对坐标和相对坐标就是一种输入坐标的方式。另外，在 AutoCAD 中，还有其他的输入坐标方式。

1. 直接距离输入

绘图过程中，当指定了一个点后移动光标，出现预先设定的（正交或极轴追踪）临时对齐路径时，就可以直接输入距离值，即用相对极坐标方式来确定点，这是一种快速指定直线长度的方法。

2. 动态输入

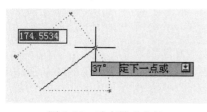

图 1-16　动态输入方法

AutoCAD 中，动态输入方式也是提高绘图效率的一种途径，用户可以直接在鼠标单击处快速启动命令、读取提示和输入值，而不需要把注意力分散到绘图窗口以外。如图 1-16 所示，在需要输入坐标的时候，AutoCAD 会随光标显示动态输入框，可以直接输入距离值，然后用 Tab 键切换到角度值。

1.7 本 章 小 结

AutoCAD 2010 具有很强的绘图功能，其中包括二维绘图与编辑、创建表格、标注文字与尺寸、参数化绘图、视图显示控制、各种绘图实用工具、三维绘图与编辑、图形打印、数据库管理及 Internet 功能等。利用这些功能，可以使用户高效、便捷地绘制出各种工程图。

本章介绍了与 AutoCAD 2010 相关的一些基本概念和基本操作，AutoCAD 2010 经典工作界面的组成及其功能；AutoCAD 命令及其执行方式；图形文件管理，包括新建图形文件、打开已有图形文件及保存图形文件；坐标系的选择及坐标输入等；其中大部分功能将在后续章节中介绍。

第 2 章　设置基本绘图环境

本章要点：

本章主要介绍 AutoCAD 设置基本绘图环境，标注样式设定，掌握线型、线宽、颜色以及图层等概念与操作，控制图形显示大小、显示位置以及精确绘图等功能，可以提高绘图的效率与准确性。通过本章的学习，读者应掌握以下知识：

- 图形文件的创建方法
- 绘图基本设置与操作
- 线型、线宽、颜色及图层设置
- 控制显示比例与显示位置
- 栅格捕捉与栅格显示功能
- 正交功能
- 对象捕捉功能
- 极轴追踪功能

2.1　图形文件的创建方法

2.1.1　关于样板图

为了按照规范统一设置图形和提高绘图效率，使得同一设计部门的人员所绘制的图形有统一图层、绘图单位、标注样式、文字样式和布局等，就必须创建符合自己行业或单位规范的样板图。图形样板文件的扩展名为".dwt"，其中保存了大量的系统变量。这样用户在每次开始绘制新图时，如果使用样板图来创建新图形，就不必重新进行绘图环境的设置，从而提高绘图效率。

2.1.2　使用样板图创建新图形

可以通过"选择样板"对话框、"创建新图形"对话框，或不使用任何对话框的默认图形样板文件开始创建新图形。

STARTUP 系统变量为 0，执行"新建"图形命令，会显示"选择样板"对话框，如图 2-1 所示。STARTUP 系统变量为 1，执行"新建"图形命令，显示"创建新图形"对话框，如图 2-2

图 2-1　"选择样板"对话框

图 2-2　"创建新图形"对话框

所示。

1. "选择样板"对话框

AutoCAD 样板文件通常存在 AutoCAD 目录的 Template 子目录下，扩展名为".dwt"，AutoCAD 将所有可用的样板都列入"选择样板"列表中以供选择。

可以从列表中选择样板或单击"打开"按钮，以默认样板"acadiso.dwt"直接新建文件。使用默认图形样板时，新的图形将自动使用指定文件中定义的设置。

可以使用"选项"对话框指定默认图形样板文件的位置。

如果不想使用样板文件创建新图形，则可单击"打开"按钮旁边的下拉箭头，选择列表中的一个"无样板"选项。

2. "创建新图形"对话框

单击"创建新图形"对话框的第三个按钮"▯"，将出现"使用样板"选项。

在"选择样板"列表中如果没有用户需要的样板图，或用户要使用自己定制的样板图文件，可单击"浏览"按钮选择其他路径下的模板文件，也可通过 Internet 选择或查找 Web 上的模板文件。

2.1.3　用户样板图的设置

AutoCAD 中提供了很多根据不同国家标准制订的样板图，其中按照我国工程制图标准制订的样板图也不完全符合我们的需要，因此要对其进行修改来建立自己的样板图。

建立符合我国国家标准的用户样板图的主要步骤如下。

1. 选择"样板"文件

执行"新建"命令，在"选择样板"对话框中选择"Gb"开头的样板图。

2. 绘图环境设置

绘图单位及绘图幅面可以不用设置，即采用样板文件定义的环境设置，因为所绘制图形的大小不再受图纸大小的限制。我们建议用户使用 1：1 比例绘制图形。如果是图形变比例输出的情况，请使用注释性比例。在 AutoCAD 中设置的单位精度仅表示测量值的显示精度，其内部使用的计算精度为小数点后八位（即.00000000）。

3. 图层设置

加载点画线、虚线和双点画线等线型，设置多个所需图层，包括粗实线层、细实线层、中心线层、剖面线层、尺寸和公差层、文字层等，并为各图层设置颜色、线型及线宽等。

4. 文字样式设置

工程图中文字的书写样式为长仿宋体，数字和字母的书写样式为斜体。

5. 标注样式设置

尺寸的基本组成要素如箭头、尺寸界线、尺寸线和尺寸数字等，可以在标注样式设置中据用户的需求设置。

6. 图块的制作

创建各种图块，如带属性的表面粗糙度块、形位公差基准符号块等。

7. 保存样板图

执行"另存为"命令，在"图形另存为"对话框中输入新的文件名，在文件类型下拉列表框中选择"AutoCAD 图形样板（＊.dwt）"。文件会保存到"安装目录/Template"的目录中（用户也可以自行选择保存路径）。以上所有设置（包括图层、线型、文字样式、尺寸样式等）将保存在该样板图中，可随时调用。

2.2 绘图基本设置与操作

本节介绍使用 AutoCAD 2010 绘图时的一些基本设置，如设置图形界限和绘图单位格式等。

2.2.1 设置图形界限

1. 功能

用于设置图形界限，类似于手工绘图时选择图纸的大小，但更加灵活。

2. 命令调用方式

命令：LIMITS。菜单命令："格式"/"图形界限"命令。

3. 命令执行方式

执行 LIMITS 命令，AutoCAD 提示：

指定左下角点或[开(ON)/关(OFF)]＜0.0000，0.0000＞：（指定图形界限的左下角位置，直接按 Enter 键或空格键采用默认值）

指定右上角点：（指定图形界限的右上角位置）

4. 说明

（1）在第一个提示"指定左下角点或［开（ON）/关（OFF）］"中，"开（ON）"选项用于打开绘图范围检验功能，即执行该选项后，用户只能在设定的图形界限内绘图，如果所绘图形超出界限，AutoCAD 将拒绝执行，并给出相应的提示信息；"关（OFF）"选项用于关闭 AutoCAD 的图形界限检验功能，即执行该选项后，用户所绘图形的范围不再受已设界限的限制。

（2）用 LIMITS 命令设置图形界限后，选择"视图"/"缩放"/"全部"命令，即执行 ZOOM 命令的"全部（A）"选项，可以使所设置的绘图范围位于绘图窗口之内。

【例 2-1】将图形界限设置为竖装 A4 图幅（即尺寸为 210×297），并使所设图形界限有效。

执行 LIMITS 命令，AutoCAD 提示：

指定左下角点或［开（ON）/关（OFF）］＜0.0000，0.0000＞：↵（本书中，用符号"↵"表示按 Enter 键或按空格键）

指定右上角点：210，297↵（也可以输入绝对坐标"♯210，297"，相对坐标"@210，297"，AutoCAD 2010 不加前缀"@"默认为相对坐标）

然后重复执行 LIMITS 命令，AutoCAD 提示：

指定左下角点或［开（ON）/关（OFF）］＜0.0000，0.0000＞：ON↵（使所设图形界限生效）

最后，选择"视图"／"缩放"／"全部"命令，使所设绘图范围充满绘图窗口。

2.2.2 设置绘图单位格式

1. 功能

设置绘图长度单位和角度单位的格式以及它们的精度。

2. 命令调用方式

命令：UNITS。菜单命令："格式"／"单位"命令。

3. 命令执行方式

执行 UNITS 命令，打开"图形单位"对话框，如图 2-3 所示。下面介绍对话框中主要项的功能。

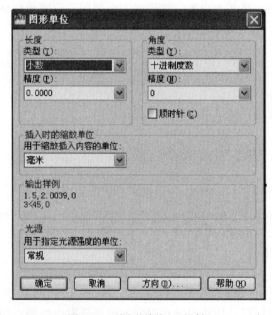

图 2-3 "图形单位"对话框

(1) "长度"选项组

1) "类型"下拉列表框

"类型"下拉列表框用于确定测量单位的当前格式，列表中有"分数""工程""建筑""科学"和"小数"五种选择。其中，"工程"和"建筑"格式提供英尺和英寸显示并假设每个图形单位表示——英寸，其他格式则可以表示任何真实的世界单位。我国的工程制图通常采用"小数"格式。

2) "精度"下拉列表框

"精度"下拉列表框用于设置长度单位的精度，根据需要从列表中进行选择即可。

(2) "角度"选项组

该选项组用于确定图形的角度单位、精度及正方向。

1) "类型"下拉列表框

"类型"下拉列表框用于设置当前的角度格式，列表中有"百分度""度/分/秒""弧度""勘测单位"和"十进制度数"五种选择，默认设置为"十进制度数"。AutoCAD 将角度格式的标记约定为：十进制度数以十进制数表示；百分度以小写字母"g"为后缀；度/分/秒格式，用小写字母"d"表示度、用符号"′"表示分、用符号"″"表示秒；弧度以小写字母"r"为后缀；勘测单位也有其专门的表示方式。

2) "精度"下拉列表框

"精度"下拉列表框用于设置当前角度显示的精度，根据需要从相应的列表中选择即可。

3) "顺时针"复选框

"顺时针"复选框用于确定角度的正方向。如果选中此复选框，则表示顺时针方向为角度的正方向。如果不选中此复选框，表示逆时针方向是角度的正方向，它是 AutoCAD

的默认角度正方向。

（3）"方向"按钮

"方向"按钮用于确定角度的 0 度方向。单击该按钮，AutoCAD 将打开"方向控制"对话框，如图 2-4 所示。

图 2-4   "方向控制"对话框

在该对话框中，"东""北""西"和"南"四个单选按钮分别表示以东、北、西或南方向作为角度的 0 度方向。如果选中"其他"单选按钮，则表示将以其他某一方向作为角度的 0 度方向，此时，用户可以在"角度"文本框中输入 0 度方向与 X 轴正向的夹角值，也可以单击相应的"角度"按钮，从绘图屏幕上直接指定。

说明：

设置图形单位后，AutoCAD 会在状态栏中以相应的坐标和角度显示格式，它们的精度显示光标坐标。

2.2.3 系统变量

可以通过 AutoCAD 的系统变量控制 AutoCAD 的某些功能和工作环境。AutoCAD 的每个系统变量都有其相应的数据类型，例如整数、实数、字符串和开关类型等，其中开关类型变量有 ON（开）和 OFF（关）两个值，这两个值也可以分别用 1 和 0 表示。

用户可以根据需要浏览、更改系统变量的值（如果允许更改）。浏览、更改系统变量值的方法通常为：在命令窗口中，在"命令："提示后输入系统变量的名称并按 Enter 键或空格键，AutoCAD 会显示系统变量的当前值，此时，用户可以根据需要输入新值（如果允许设置新值）。

例如，系统变量 SAVETIME（AutoCAD 2010 的系统变量不区分大小写，本书一般将系统变量用大写字母表示）用于控制系统自动保存 AutoCAD 图形的时间间隔，其默认值为 10（单位：分钟）。如果在"命令："提示下输入"SAVETIME"，然后按 Enter 键或空格键，AutoCAD 提示：

输入 SAVETIME 的新值<10>：

提示中位于尖括号中的 10 表示系统变量的当前默认值。如果直接按 Enter 键或空格键，变量值保持不变；如果输入新值后按 Enter 键或空格键，则变量更改为新值。

需要说明的是，有些系统变量的名称与 AutoCAD 命令的名称相同。例如，命令 AREA 用于求面积，而系统变量 AREA 则用于存储由 AREA 命令计算的最后一个面积值。对于这样的系统变量，当设置或浏览它的值时，应首先执行 SETVAR 命令，即在命令行中输入 SETVAR，然后按 Enter 键或空格键，再根据提示输入相应的变量名。例如：

命令：SETVAR

输入变量名或［?］：

在该提示下如果输入符号"?"后按 Enter 键或空格键，AutoCAD 会列出系统中全部系统变量；如果输入某一变量名后按 Enter 键或空格键，则会显示该变量的当前值，且用户可以为其设置新值（如果允许设置新值）。

用户可以利用 AutoCAD 2010 提供的帮助功能浏览 AutoCAD 2010 提供的全部系统变

量及其功能。

此外，也可以利用 AutoCAD 提供的"选项"对话框设置绘图环境。可以通过"工具"/"选项"命令打开此对话框。

2.2.4 绘图窗口与文本窗口的切换

使用 AutoCAD 绘图时，有时需要切换到文本窗口，以观看相关的文字信息；或当执行某一命令后，AutoCAD 会自动切换到文本窗口，此时，需要转换到绘图窗口。利用功能键 F2 可以实现该转换。如果当前处于绘图窗口，按 F2 键，可以切换到文本窗口。如果当前为文本窗口，按 F2 键，可以切换到绘图窗口。

2.3 设 置 绘 图 环 境

2.3.1 线型、线宽、颜色和图层的基本概念

1. 线型

绘制工程图时，经常需要采用不同的线型，如虚线、中心线等。AutoCAD 2010 的默认线型是连续线（即实线），同时也提供了多种其他线型，这些线型位于线型文件（又称为线型库）ACADISO. LIN 中，用户可以根据需要选择不同的线型来绘图。

绘图中比较常用的两种线型，一是中心线（点画线），其线型名称为 CENTER；二是虚线，其线型名称为 DASHED。

受线型影响的图形对象有直线、构造线、射线、圆、圆弧、椭圆、矩形、样条曲线和等边多边形等。如果一条线太短，不能够画出实际的线型，那么 AutoCAD 会在两端点之间绘出一条连续线。

2. 线宽

工程图中对不同的线型有不同的线宽要求。用 AutoCAD 绘制工程图时，有两种确定线宽的方式。一种方法与手工绘图相同，即直接将构成图形对象的不同图线用对应的宽度表示；另一种方法是将有不同线宽要求的图形对象用不同颜色表示，但其绘图线宽仍采用 AutoCAD 的默认宽度，不设置具体的宽度，当通过打印机或绘图仪输出图形时，利用打印样式，将不同颜色的对象设成不同的线宽，即在 AutoCAD 环境中显示的图形没有线宽，而通过绘图仪或打印机将图形输出到图纸后会反映出线宽。

3. 颜色

用 AutoCAD 绘制工程图时，可以将不同线型的图形对象用不同的颜色表示。AutoCAD 2010 提供了丰富的颜色方案，其中最常用的颜色方案是采用索引颜色，即用自然数表示颜色，共有 255 种颜色，其中 1～7 号为标准颜色，它们分别为：1 表示红色，2 表示黄色，3 表示绿色，4 表示青色，5 表示蓝色，6 表示洋红，7 表示白色（如果绘图背景的颜色是白色，7 号颜色显示为黑色）。

4. 图层

图层是 AutoCAD 的重要绘图工具之一。可以把图层想象成没有厚度的透明薄片，各层之间完全对齐，每层上的某一基准点准确地对准其他各层上的同一基准点。引入图层，

用户就可以为每一图层指定绘图所用的线型、颜色等，并将具有相同线型和颜色的对象或将诸如尺寸、文字等不同要素放在各自的图层，从而可以节省绘图工作量和图形的存储空间。

概括起来，AutoCAD 的图层具有以下特点：

（1）可以在一幅图中指定任意数量的图层。系统对图层数和每一图层上的对象数均无限制。

（2）每一图层有一个名称，以示区别。当开始绘制一幅新图时，AutoCAD 自动创建名为 0 的图层，为 AutoCAD 的默认图层，其余图层由用户定义。

（3）一般情况下，位于一个图层上的对象应该采用一种绘图线型，一种绘图颜色。用户可以改变各图层的线型、颜色等特性。

（4）AutoCAD 允许用户建立多个图层，但只能在当前图层上绘图。

（5）各图层具有相同的坐标系和相同的显示缩放倍数。可以对位于不同图层上的对象同时进行编辑操作。

（6）可以对各图层进行打开、关闭、冻结、解冻、锁定与解锁等操作，以决定各图层的可见性与可操作性。

2.3.2 图形特性管理

1. 功能

管理图层和图层特性（置为当前、打开/关闭、冻结/解冻、管理图层和图层特性）。

2. 命令调用方式

命令：LAYER。工具栏："图层" / "铀"（图层特性管理器）按钮。菜单命令："格式" / "图层"命令。

3. 命令执行方式

执行 LAYER 命令，打开如图 2-5 所示的图层特性管理器。

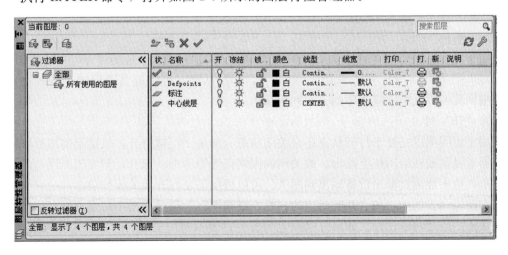

图 2-5　图层特性管理器

该对话框由树状图窗格（位于左侧的树状图区域）、列表框窗格（位于右侧的大列表框）以及按钮等组成。下面介绍对话框主要选项的功能。

(1)"新建图层"按钮"≥"

用于建立新图层。方法：单击该按钮，AutoCAD 自动建立名为"图层 n"的图层（n 为起始于 1 且按已定义图层的数量顺序排列的数字）。用户可以修改新建图层的名称，修改方法：在图层列表框中选中对应的图层，单击其名称，名称变为编辑模式，然后在对应的文本框中输入新名称。

(2)"删除图层"按钮"✖"

用于删除图层。删除方法：在图层列表框中选中要删除的图层，单击"删除图层"按钮"✖"，选中图层行的"状态"列显示一个小叉图标，单击对话框中的"应用"按钮，即可删除该图层。

需要说明的是，要删除的图层必须是空图层，即图层上没有图形对象，否则 AutoCAD 拒绝执行删除操作。

(3)"置为当前"按钮"✔"

用于将某一图层置为当前绘图图层。方法：在图层列表框选中图层，单击"置为当前"按钮"✔"，AutoCAD 会在此按钮右边的标签框中显示当前图层的名称，并在选中图层行的"状态"列显示图标"✔"。

(4)树状图窗格

用于显示图形中图层和过滤器的层次结构列表。顶层节点"全部"可显示出图形中的所有图层。

(5)图层列表框

用于显示满足过滤条件的已有图层（或新建图层）以及相关设置。图层列表框中的第一行为标题行。下面介绍标题行中各标题的含义。

1)"状态"列

用于通过列表显示图层的当前状态。即图层是否为已使用图层（此时图标的颜色为深灰色）、空图层（即没有在该图层上绘图。图标颜色为浅灰色）或当前图层（图标为"✔"）等。

2)"名称"列

用于显示各图层的名称。图 2-5 中的对话框说明当前已有名为"0"（默认图层）"defpoints""标注"和"中心线层"。单击"名称"标题，可以调整图层的排列顺序，使图层根据其名称按顺序或逆序的方式列表显示。

3)"开"列

用于说明图层是处于打开状态还是关闭状态。如果图层被打开，该层上的图形可以在显示器上显示或在绘图仪上绘出。被关闭的图层仍然为图形一部分，但关闭图层上的图形不显示，也不能通过输出设备输出到图纸。可以根据需要打开或关闭图层。

在图层列表框中，与"开"对应的列是小灯泡图标。通过单击小灯泡图标可以实现打开或关闭图层之间的切换。如果灯泡颜色为黄色，表示对应层是打开图层；如果为灰色，则表示对应层是关闭图层。图 2-5 中，图层均为打开层。

如果要关闭当前层，AutoCAD 会显示对应的提示信息，警告正在关闭当前图层，但用户可以关闭当前图层。显然，关闭当前图层后，所绘制的图形均不能显示。

单击"开"标题，可以调整各图层的排列顺序，使当前关闭的图层放在列表的最前面或最后面。

4)"冻结"列

用于说明图层被冻结还是解冻。如果图层被冻结,该层上的图形对象不能被显示或输出到图纸上,而且也不参与图形之间的运算。被解冻的图层则正好相反。从可见性来说,冻结图层与关闭图层相同,但冻结图层上的对象不参与处理过程中的运算,而关闭图层上的对象可以参与运算。所以,在复杂图形中,冻结不需要的图层可以加快系统重新生成图形的速度。

在图层列表框中,"冻结"列显示为太阳或雪花图标。太阳表示对应的图层没有冻结,雪花则表示图层被冻结。单击这些图标可以实现图层冻结与解冻之间的切换。用户不能冻结当前图层,也不能将冻结图层设为当前层。

单击"冻结"标题,可以调整各图层的排列顺序,使当前冻结的图层放在列表的最前面或最后面。

5)"锁定"列

用于说明图层被锁定还是解锁。锁定不影响图层上图形对象的显示,但用户不能改变锁定图层上的对象,不能对其进行编辑操作。如果锁定图层为当前层,用户仍可以在该图层上绘图。

图层列表框中,"锁定"列显示为关闭或打开的锁图标。锁打开表示该图层为非锁定层;锁关闭则表示对应图层为锁定层。单击这些图标可以实现图层锁定与解锁之间的切换。

同样,单击图层列表框中的"锁定"标题,可以调整图层的排列顺序,使当前锁定图层位于列表的前面或后面。

图 2-6   "选择颜色"对话框

6)"颜色"列

用于说明图层的颜色。与"颜色"对应列上的各小方块状图标的颜色反映了对应图层的颜色,同时在图标的右侧还将显示出颜色的名称。如果要改变某一图层的颜色,单击对应的图标,打开如图 2-6 所示的"选择颜色"对话框,从中选择即可。

图层的颜色指在图层上绘图时图形对象的颜色,即如果为某一图层指定了颜色并将绘图颜色设为"随层"(ByLayer)时,将该图层设为当前图层后所绘图形对象的颜色。本书建议用户将绘图颜色设为"随层"方式,即所绘图形的颜色与图层颜色一致。

不同图层的颜色可以相同,也可以不同。

7)"线型"列

用于说明图层的线型。如果要改变某一图层的线型,单击该图层的原有线型名称,打开如图 2-7 所示的"选择线型"对话框,从中进行选择即可。

如果该对话框中没有列出所需要的线型,应通过"加载"按钮进行加载,打开"加载或重载线型"对话框,如图 2-8 所示,然后进行选择。

图层的线型是指在该层上绘图时图形对象的线型,即如果为某一图层指定了线型并将绘图线型设为"随层"时,将该图层设为当前图层后所绘图形对象的线型。建议用户将绘

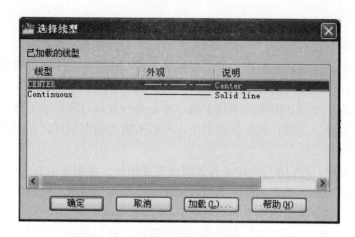

图 2-7　"选择线型"对话框

图线型设成"随层"方式。不同图层的线型可以相同，也可以不同。

8)"线宽"列

用于说明图层的线宽。如果要改变某一图层的线宽，单击该层上的对应项，AutoCAD 打开如图 2-9 所示的"线宽"对话框，从中选择即可。

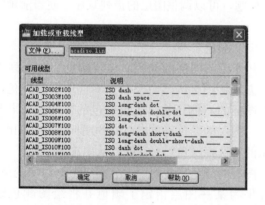

图 2-8　"加载或重载线型"对话框

图 2-9　"线宽"对话框

图层的线宽是指在该层上绘图时图形对象的线宽，即为某一图层指定了线宽并将绘图线宽设为"随层"时，将该图层设为当前图层后所绘图形对象的线宽。建议用户将绘图线宽设为"随层"方式。

9)"打印样式"列

用于修改与选中图层相关联的打印样式。

10)"打印"列

用于确定是否打印选中图层上的图形，单击相应的按钮可实现打印与否之间的切换。此功能只对可见图层起作用，即只对没有冻结和没有关闭的图层起作用。

在图层列表框中，还可以通过快捷菜单进行相应的设置。

4. 图层工具栏

前面已经介绍过,当在某一图层上绘图时,应首先将该图层设置为当前图层;用户可以对图层执行关闭、冻结及锁定等操作。利用如图 2-10 所示的图层工具栏,可方便地实现这些操作。

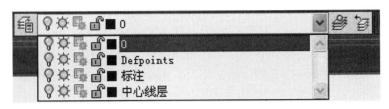

图 2-10 图层工具栏

在图层工具栏中,"🖴"(图层特性管理器)按钮用于打开图层特性管理器。

图层控制下拉列表框中列出了当前已有的图层以及图层状态。绘图时,在列表中单击对应的图层名,即可将该图层设为当前图层。还可以通过该列表将图层设置为打开或关闭、冻结或解冻、锁定或解锁等状态,单击列表中对应的图标可实现相应的设置。

"🖉"(将对象的图层置为当前)按钮用于将指定对象所在的图层置为当前层。单击此按钮,AutoCAD 提示:

选择将使其图层成为当前图层的对象:

在该提示下选择对应对象,即可将该对象所在的图层置为当前层。

"🖽"(上一个图层)按钮用于取消最后一次对图层的设置或修改,恢复到前一个图层设置。

2.4 特 性 工 具 栏

AutoCAD 提供了特性工具栏,如图 2-11 所示。利用特性工具栏,可以快速、方便地设置绘图颜色、线型以及线宽。

图 2-11 特性工具栏

下面介绍特性工具栏主要选项的功能。

1. "颜色控制"列表框

该列表框用于设置绘图颜色。单击此列表框,AutoCAD 弹出颜色下拉列表,如图 2-12 所示。可以通过该列表设置绘图颜色(一般应选择随层,即 ByLayer)或修改当前图形的颜色。

修改图形对象颜色的方法:首先选择图形,然后在如图 2-12 所示的颜色控制列表中选择对应的颜色。如果选择列表中的"选择颜色"选项,AutoCAD 将打开如图 2-6 所示的"选择颜色"对话框,供用户选择。

2. "线型控制"下拉列表框

该列表框用于设置绘图线型。单击该列表框,AutoCAD 弹出下拉列表,如图 2-13 所

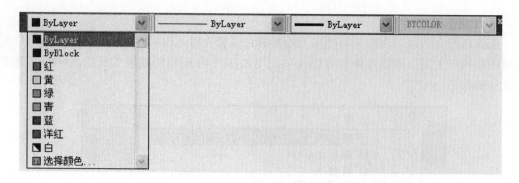

图 2-12　"颜色控制"列表框

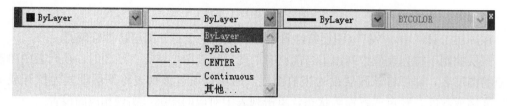

图 2-13　"线型控制"下拉列表框

示。可以通过其设置绘图线型（一般应选择随层，即 ByLayer）或修改当前图形的线型。

修改图形对象线型的方法：选择对应的图形，然后在如图 2-13 所示的线型控制列表中选择对应的线宽。

由以上内容可以看出，利用"特性"工具栏，可以方便地进行颜色、线型和线宽的设置。

说明：

如果不是采用随层方式，而是用"特性"工具栏设置了具体的绘图颜色、线型或线宽，AutoCAD在此之后就会利用对应的设置绘图，即绘图时的颜色、线型或线宽不再受图层的限制。

2.5　图形显示控制、精确绘图

2.5.1　图形显示缩放

本节介绍的图形显示缩放与前边介绍的用 SCALE 命令缩放图形不同。前边介绍的缩放图形是改变图形的实际尺寸，使图形按比例放大或缩小。图形显示缩放只是将屏幕上的对象放大或缩小其视觉尺寸，就像用放大镜观看图形一样，以放大显示图形的局部细节，或缩小图形来观看全貌。执行显示缩放后，对象的实际尺寸保持不变。

实现显示缩放操作的命令为 ZOOM。执行 ZOOM 命令，AutoCAD 提示：

指定窗口的角点，输入比例因子(nX 或 nXP)，或者

［全部(A)/中心(C)/动态(D)/范围(E)/上一个(P)/比例(S)/窗口(W)/对象(O)]＜实时＞：

第 1 行提示说明用户可以直接确定显示窗口的角点位置或输入比例因子。如果直接确定窗口的一角点位置，即在绘图区域确定一点，AutoCAD 提示：

指定对角点：

在该提示下再确定窗口的对角点位置，AutoCAD 将两角点确定的矩形窗口区域中的图形放大，充满显示屏幕。此外，用户也可以直接输入比例因子，即执行"输入比例因子（nX 或 nXP）"选项。输入比例因子时，如果输入的是具体数值，图形按该比例值实现绝对缩放，即相对于实际尺寸进行缩放；如果在比例因子后面加后缀"X"，图形实现相对缩放，即相对于当前显示图形的大小进行缩放；如果在比例因子后面加"XP"，图形则相对于图纸空间缩放。

下面介绍执行 ZOOM 命令后，第二行提示中各选项的含义及其操作。

（1）全部（A）

用于显示整个图形。执行该选项后，如果各图形对象均没有超出由 LIMITS 命令设置的图形界限，AutoCAD 会按由该命令设置的图纸边界显示，即在绘图窗口中显示位于图形界限中的内容（这也是前边介绍过的当用 LIMITS 命令设置图形界限后，一般应执行 ZOOM 命令的"全部"选项）；如果图形对象绘到图纸边界之外，则显示范围会扩大，使超出边界的图形也显示在屏幕上。

（2）中心（C）

用于重新设置图形的显示中心位置和缩放倍数。执行该选项，AutoCAD 提示：

　　指定中心点：（指定新的显示中心位置）

　　输入比例或高度：（输入缩放比例或高度值）

执行结果：AutoCAD 将图形中新指定的中心位置显示在绘图窗口的中心位置，并对图形进行对应的放大或缩小。如果在"输入比例或高度："提示下输入的是缩放比例（输入的数字后加后缀"X"），AutoCAD 按该比例缩放；如果在"输入比例或高度："提示下输入的是高度值（输入的数字后没有后缀"X"），AutoCAD 将缩放图形，使图形在绘图窗口中所显示图形的高度为输入值（即绘图窗口的高度为输入值）。显然，输入的高度值较小时会放大图形，反之缩小图形。

（3）动态（D）

用于实现动态缩放。假设执行该选项前屏幕上有如图 2-14 所示的图形，则执行"动态（D）"选项后，屏幕上将出现如图 2-15 所示的动态缩放时的特殊屏幕模式。

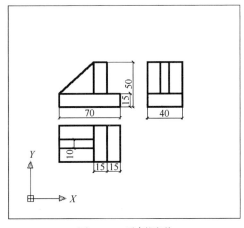

图 2-14　示例图形

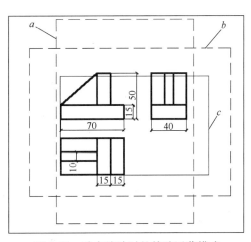

图 2-15　动态缩放时的特殊屏幕模式

在图 2-15 中有 *a*、*b* 和 *c* 三个方框，各方框的作用如下。

a 框（一般为蓝色框）表示图形的范围，该范围是通过 LIMITS 命令设置的图形界限或图形实际占据的区域。

b 框（一般为绿色框）表示当前的屏幕区，即执行"动态（D）"选项前在屏幕上显示的图形区域。

c 框是选取视图框（框的中心处有一个小叉），用于确定下一次在屏幕上显示的图形区域。该选取视图框的作用类似照相机的"取景器"，可以通过鼠标对其进行移动位置、改变大小等操作，以确定将要显示的图形部分。通过选取视图框确定图形显示范围的步骤如下：

首先通过鼠标移动选取视图框，使框的左边界与要显示区域的左边界重合，然后单击，此时，选取视图框内的小叉消失，同时出现一个指向该框右边界的箭头，这时可通过左右拖动鼠标的方式改变选取视图框的大小、上下拖动鼠标改变选取视图框的上下位置，以确定新的显示区域。不论视图框如何变化，AutoCAD 自动保持框水平边和垂直边的比例不变，以保证其形状与绘图窗口呈相似形。确定了框的大小，即确定了要显示的区域后，按 Enter 键或空格键，AutoCAD 按由该框确定的区域在屏幕上显示图形。用户也可以单击，此时，框中心的小叉重新出现，用户可以重新确定显示区域。

（4）范围（E）

执行该选项，AutoCAD 使已绘出的图形充满绘图窗口，而与图形的界限无关。

（5）上一个（P）

用于恢复上一次显示的视图。

（6）比例（S）

用于指定缩放比例实现缩放。执行该选项，AutoCAD 提示：

> 输入比例因子（nX 或 nXP）：

用户在该提示下输入比例值即可。同样，如果输入的比例因子是具体的数值，图形将按该比例值实现绝对缩放，即相对于图形的实际尺寸缩放；如果在输入的比例因子后面加了后缀"X"，图形实现相对缩放，即相对于当前所显示图形的大小进行缩放；如果在比例因子后面加后缀"XP"，图形则相对于图纸空间进行缩放。

（7）窗口（W）

该选项允许用户通过作为观察区域的矩形窗口实现图形的缩放。确定了窗口后，该窗口的中心变为新的显示中心，窗口内的区域将被放大或缩小，以尽量充满显示屏幕。执行该选项，AutoCAD 依次提示：

> 指定第一个角点：
>
> 指定对角点：

在上面的提示下依次确定窗口的角点位置即可。

（8）对象（O）

用于当缩放图形时，尽可能大地显示一个或多个选定的对象，并使其位于绘图区域的中心。执行该选项，AutoCAD 提示：

> 选择对象：（选择对应的对象）
>
> 选择对象：↵（也可以继续选择对象）

（9）实时

用于实时缩放。如果执行 ZOOM 命令后直接按 Enter 键或空格键，即执行"＜实时＞"选项，在屏幕上的光标变为放大镜状，同时 AutoCAD 提示：

按 Esc 或 Enter 键退出，或单击右键显示快捷菜单。

同时在状态栏显示"按住拾取键并垂直拖动进行缩放"。此时，按住鼠标左键，向上拖动鼠标即可放大图形；向下拖动鼠标则缩小图形。如果按 Esc 或 Enter 键，结束 ZOOM 命令的执行；如果右击，则 AutoCAD 会弹出快捷菜单，供用户选择。

2.5.2 利用菜单命令或工具栏实现缩放

AutoCAD 2010 提供了用于实现缩放操作的菜单命令和工具栏按钮，利用它们可以快速实现缩放操作。

1. 利用菜单命令实现缩放

实现缩放操作的菜单命令位于"视图"/"缩放"的子菜单中，如图 2-16 所示。

在如图 2-16 所示的菜单中，"实时""上一步""窗口""动态""比例""中心""对象""全部"以及"范围"命令与执行 ZOOM 命令后的各类似选项的功能相同；"放大"和"缩小"命令分别可使图形相对于当前图形放大一倍或缩小到 1/2。

2. 利用工具栏按钮实现缩放

在"标准"工具栏上，AutoCAD 还提供了用于缩放操作的按钮。其中，"🔍"（实时缩放）按钮用于实时缩放；"🔍"（缩放上一个）按钮用于恢复上一次显示的图形，相当于 ZOOM 命令中的"上一个（P）"选项。位于这两个按钮之间的按钮会引出一个弹出式工具栏，如图 2-17 所示（按下该按钮后停留一段时间，AutoCAD 会弹出如图 2-17 所示的工具栏）。通过此工具栏中的各个按钮可实现对应的缩放操作。

图 2-16　"缩放"子菜单　　　　图 2-17　弹出式工具栏

2.5.3 图形显示移动

图形显示移动是指移动整个图形，就像是移动整个图纸，以便将图纸的特定部分显示在绘图窗口。与前边介绍的移动图形的概念不同，执行显示移动后，图形相对于图纸的实际位置不发生变化。

PAN 命令用于实现图形的实时移动。执行该命令，AutoCAD 在屏幕上出现一个小手状光标，同时 AutoCAD 提示：

按 Esc 或 Enter 键退出，或单击右键显示快捷菜单。

图 2-18　"平移" 子菜单

同时在状态栏上提示："按住拾取键并拖动进行平移"。此时，按下拾取键并向某一方向拖动鼠标，图形就会向该方向移动；按 Esc 键或 Enter 键，可以结束 PAN 命令的执行；如果右击，AutoCAD 将弹出快捷菜单，供用户选择。

另外，AutoCAD 还提供了用于移动操作的菜单命令，这些命令位于"视图" / "平移"子菜单中，如图 2-18 所示。

该菜单中，"实时"选项用于实现实时平移："定点"选项用于根据指定的两点实现移动；"左""右""上""下"选项可分别使图形向左、右、上、下移动。

此外，利用"标准"工具栏上的"⬚"（实时平移）按钮，也可以实现实时移动操作。

2.5.4　栅格捕捉、栅格显示

AutoCAD 2010 提供了栅格捕捉和栅格显示功能。利用栅格捕捉，可以使光标在绘图窗口按指定的步距移动，就像在绘图屏幕上隐含分布着按指定行间距和列间距排列的栅格点，这些栅格点对光标有吸附作用，能够捕捉光标，使光标只能处于由这些点确定的位置上，从而使光标只能按指定的步距移动。栅格显示是指在屏幕上显示分布一些按指定行间距和列间距排列的栅格点，就像在屏幕上铺了一张坐标纸。可以根据需要设置是否启用栅格捕捉和栅格显示功能，还可以设置对应的间距。

利用"草图设置"对话框中的"捕捉和栅格"选项卡，可以进行栅格捕捉与栅格显示功能的设置。选择"工具" / "草图设置"命令，打开"草图设置"对话框，单击"捕捉和栅格"标签，打开"捕捉和栅格"选项卡，如图 2-19 所示。在状态栏上的"⬚"（捕捉模式）按钮或"⬚"（栅格显示）按钮上右击，从弹出的快捷菜单中选择"设置"命令，也可以打开如图 2-19 所示的对话框。

下面介绍"捕捉和栅格"选项卡中主要选项的功能。

（1）"启用捕捉"复选框

用于确定是否启用栅格捕捉功能。在绘图过程中，可以通过单击状态栏上的"⬚"（捕捉模式）按钮实现是否启用栅格捕捉功能之间的切换。

（2）"捕捉间距"选项组

该选项组中的"捕捉 X 轴间距"和"捕捉 Y 轴间距"两个文本框分别用于设置捕捉栅格沿 X 和 Y 方向的间距。

（3）"启用栅格"复选框

用于确定是否启用栅格显示功能。在绘图过程中，可以通过单击状态栏上的"⬚"

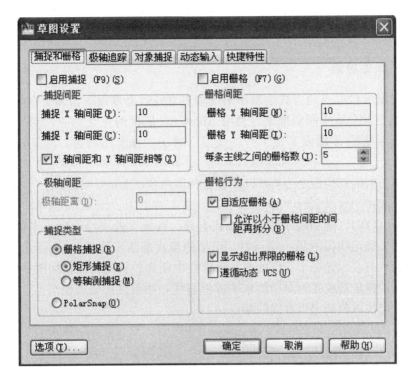

图 2-19　"捕捉和栅格"选项卡

（栅格显示）按钮实现是否启用栅格显示功能之间的切换。

（4）"栅格间距"选项组

该选项组中的"栅格 X 轴间距"和"栅格 Y 轴间距"两个文本框分别用于设置栅格点沿 X 方向和 Y 方向的间距。如果设为 0，表示与捕捉栅格的间距相同。

（5）"极轴间距"文本框

当将捕捉模式设为极轴追踪模式时，确定捕捉时光标移动的距离增量，可以直接在"极轴间距"文本框中输入具体的值（选中 PolarSnap 单选按钮，才能设置极轴间距）。

（6）"捕捉类型"选项组

用于设置捕捉模式。其中，选中"栅格捕捉"单选按钮表示将捕捉模式设为栅格捕捉模式。此时，可通过"矩形捕捉"单选按钮将捕捉模式设为标准的矩形捕捉，即光标沿水平或垂直方向捕捉；选中"等轴测捕捉"单选按钮则表示将捕捉模式设为等轴测模式，该模式用于绘制正等轴测图时的工作环境。在"等轴测捕捉"模式下，栅格和光标十字线已不再互相垂直，而是成绘制等轴测图时的特定角度。如果选中 PolarSnap（极轴捕捉）单选按钮，表示将捕捉模式设置为极轴模式。在该设置下并启用了极轴追踪时，光标的捕捉会从极轴追踪起始点沿着在"极轴追踪"选项卡中设置的角增量方向进行捕捉。

（7）"栅格行为"选项组

用于控制所显示栅格线的外观。其中，如果选中"自适应栅格"复选框，当缩小图形的显示时，可以限制栅格密度；而当放大图形的显示时，则能够生成更多间距更小的栅格线。"显示超出界限的栅格"复选框用于确定所显示的栅格是否受 LIMITS 命令的限制，即如果取消选中此复选框，所显示的栅格位于由 LIMITS 命令确定的绘图范围内，否则显示在整个绘图屏幕中。"遵循动态 UCS"复选框用于确定是否可以更改栅格平面以便动态跟随 UCS 的 XY 平面。

2.5.5 正交功能

用户通过鼠标拾取点的方式绘制水平或垂直直线时会发现，当确定直线的第 2 端点后，所绘直线经常会发生倾斜现象。利用 AutoCAD 提供的正交功能，则可以方便地绘制与当前坐标系统的 X 轴或 Y 轴平行的线段（对于二维绘图而言，就是水平线或垂直线）。

实现正交与否的切换命令为 ORTHO。执行该命令，AutoCAD 提示：

　　　　输入模式[开(ON)/关(OFF)]：

其中"开（ON）"选项表示使正交模式有效。在此设置下绘线时，当输入第一点后通过移动光标来确定线段的另一端点时，引出的橡皮筋线不再是起始点与光标点处的连线，而是起始点与表示光标十字线的两条垂直线中距离较长的那段，如图 2-20(a) 所示。如果此时单击，橡皮筋线变为对应的水平或垂直线，如果直接输入距离值，则 AutoCAD 会沿对应的方向按该值确定出直线的端点。

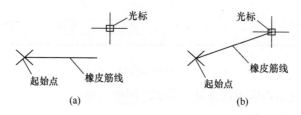

图 2-20　正交模式的启用与关闭

(a) 正交模式下的橡皮筋线形式；(b) 关闭正交模式下的橡皮筋线形式

"输入模式［开（ON）/关（OFF）］："提示中的"关（OFF）"选项用于关闭正交模式，使其失效。关闭正交模式后，当输入第一点后通过移动光标确定线段的另一端点时，引出的橡皮筋线又恢复为起始点与光标点处的连线，其效果如图 2-20(b) 所示。

可以看出，当绘制二维图形时，利用正交功能，可以方便地绘制水平线或垂直线。

说明：

　单击状态栏上的"▇"（正交模式）按钮，可以快速实现是否启用正交功能之间的切换。

2.5.6 对象捕捉

利用 AutoCAD 2010 的对象捕捉功能，在绘图过程中可以快速、准确地确定一些特殊点，如圆心、端点、中点、切点、交点及垂足等。可以通过如图 2-21 所示的"对象捕捉"工具栏和如图 2-22 所示的对象捕捉菜单

图 2-21　"对象捕捉"工具栏

（按下 Shift 键后右击，弹出该快捷菜单）启动对象捕捉功能。另外，调出"对象捕捉"工具栏的方法是，在某个工具栏中的空白处或两个工具栏的间隙处单击右键/出现"AutoCAD"/并弹出的选项菜单/在"对象捕捉"项前挑钩，即可调出"对象捕捉"工具栏（如图 2-21 所示，以后各工具栏调出，也可用该方法）。

如图 2-21 所示的工具栏上的各按钮图标以及如图 2-22 所示的对象捕捉菜单中位于各菜单命令前面的图标形象地说明了各按钮和菜单对应的功能。下面分别对这些功能给予介绍。

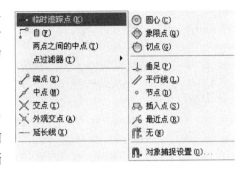

（1）捕捉端点

"对象捕捉"工具栏上的"✐"（捕捉端点）按钮和对象捕捉菜单中的"端点"命令，用于捕捉直线段、圆弧等对象上离光标最近的端点。当 AutoCAD 提示指定点的位置时，单击"✐"按钮或选择对应的菜单命令，AutoCAD 提示：

图 2-22　对象捕捉菜单

　　　_ endp 于

在该提示下只要将光标置于对应的对象上并靠近其端点位置，AutoCAD 将自动捕捉到端点，并显示出捕捉标记，同时浮出"端点"标签，如图 2-23 所示。此时，单击即可确定出对应的端点。

（2）捕捉中点

"对象捕捉"工具栏上的"✐"（捕捉中点）按钮和对象捕捉菜单中的"中点"命令，用于捕捉直线段、圆弧等对象的中点。当 AutoCAD 提示指定点的位置且用户要确定中点时，单击"✐"按钮或选择对应的菜单命令，AutoCAD 提示：

　　　_ mid 于

在该提示下将光标放到对应对象上的中点附近，AutoCAD 会自动捕捉到该中点，并显示出捕捉标记，同时浮出"中点"标签，如图 2-24 所示。此时，单击即可确定出对应的中点。

（3）捕捉交点

"对象捕捉"工具栏上的"✕"（捕捉交点）按钮和对象捕捉菜单中的"交点"命令，用于捕捉直线段、圆弧、圆及椭圆等对象之间的交点，与其对应的捕捉标记如图 2-25 所示（操作过程与前面介绍的捕捉操作类似，只是 AutoCAD 给出的提示和显示出的捕捉标记略有不同，因此不再详述）。

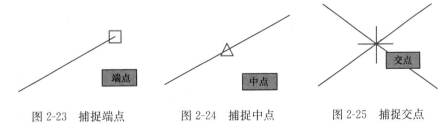

图 2-23　捕捉端点　　　　　图 2-24　捕捉中点　　　　　图 2-25　捕捉交点

（4）捕捉外观交点

"对象捕捉"工具栏上的"✕"（捕捉外观交点）按钮和对象捕捉菜单中的"外观交点"命令，用于捕捉直线段、圆弧、圆及椭圆等对象之间的外观交点，即捕捉假想的将对象延伸之后的交点。假设有如图 2-26(a) 所示的图形，如果要将直线延伸后与圆的交点作为新绘直线的起始点，操作如下：

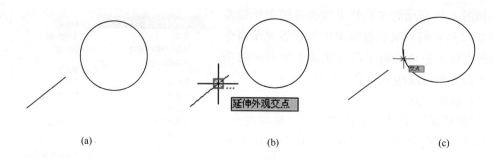

(a)   (b)   (c)

图 2-26　捕捉外观交点

(a) 已有图形；(b) 确定相交对象；(c) 确定另一相交对象

执行 LINE 命令，AutoCAD 提示：

指定第一点：（在该提示下单击按钮"⌧"，表示将确定外观交点）

_ appint 于（将光标放到对应的直线，AutoCAD 显示捕捉标记和对应的标签，如图 2-26（b）所示，单击）/（沿直线方向移动光标，使其放到圆上，AutoCAD 显示捕捉标记和对应的标签，如图 2-26（c）所示，表示已捕捉到交点。单击，即可确定出对应的交点）

指定下一点或［放弃（U）］：↵

在此提示下执行后续操作即可。

（5）捕捉延伸点

"对象捕捉"工具栏上的"▱"（捕捉延长线）按钮和对象捕捉菜单中的"延长线"命令，用于捕捉将已有直线段、圆弧延长一定距离后的对应端点，与其对应的捕捉标记如图 2-27所示。

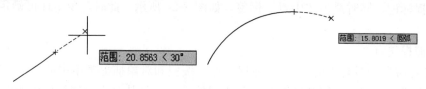

图 2-27　捕捉延伸点

在图 2-27 中，左图浮出的标签说明当前光标位置与直线端点之间的距离以及直线的方向，右图浮出的标签说明当前光标位置与圆弧端点之间的弧长。此时，可以通过单击或输入与已有端点之间的距离的方式确定新点。

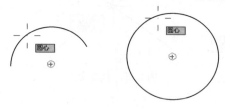

图 2-28　捕捉圆心

（6）捕捉圆心

"对象捕捉"工具栏上的"◎"（捕捉圆心）按钮和对象捕捉菜单中的"圆心"命令，用于捕捉圆或圆弧的圆心位置，与其对应的捕捉标记如图 2-28 所示。

注意，将光标放到圆或圆弧的边界上时，也能够捕捉到它的圆心。

（7）捕捉象限点

"对象捕捉"工具栏上的"◇"（捕捉象限点）按钮和对象捕捉菜单中的"象限点"命令，用于捕捉圆、圆弧和椭圆上离光标最近的象限点，与其对应的捕捉标记如图 2-29

所示。

图 2-29　捕捉象限点

（8）捕捉切点

"对象捕捉"工具栏上的"⊙"（捕捉切点）按钮和对象捕捉菜单中的"切点"命令，用于捕捉与圆、圆弧或椭圆等对象的切点，与其对应的捕捉标记如图 2-30 所示。

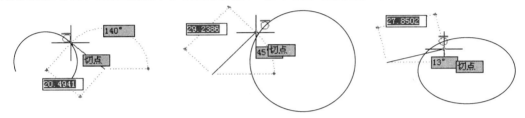

图 2-30　捕捉切点

（9）捕捉垂足

"对象捕捉"工具栏上的"⊥"（捕捉垂足）按钮和对象捕捉菜单中的"垂足"命令，用于捕捉对象之间的正交点，与其对应的捕捉标记如图 2-31 所示。

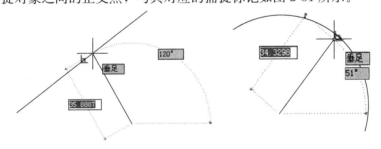

图 2-31　捕捉垂足

（10）捕捉平行线

"对象捕捉"工具栏上的"∥"（捕捉平行线）按钮和对象捕捉菜单中的"平行线"命令，可以用于绘制与已有直线平行的直线。例如，假设有如图 2-32（a）所示的直线，如果要从某点绘制与该直线平行且长度为 100 的直线，进行如下操作：

执行 LINE 命令，AutoCAD 提示：

指定第一点：（确定直线的起始点）

指定下一点或［放弃（U）］：（单击"对象捕捉"工具栏上的按钮"∥"）

_par（将光标放到被平行直线上，AutoCAD 显示出捕捉标记和对应的标签，如图 2-32（b）所示。然后，向右拖动鼠标，当橡皮筋线与已有直线近似平行时，AutoCAD 显示出辅助捕捉线，并显示对应的标签，如图 2-32（c）所示。此时输入 100，然后按 Enter 键或空格键）

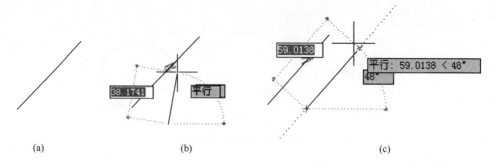

(a)　　　　　　　　　　(b)　　　　　　　　　　(c)

图 2-32　捕捉平行线

(a) 已有图形；(b) 确定平行对象；(c) 确定另一平行对象

指定下一点或［放弃（U）］：↵

至此，完成平行线的绘制。

（11）捕捉插入点

"对象捕捉"工具栏上的"　"（捕捉插入点）按钮和对象捕捉菜单中的"插入点"命令，用于捕捉文字、属性和块等对象的定义点或插入点。

（12）捕捉节点

"对象捕捉"工具栏上的 （捕捉节点）按钮和对象捕捉菜单中的"节点"命令，用于捕捉节点，即执行 POINT、DIVIDE 和 MEASURE 命令绘制的点。

（13）捕捉最近点

"对象捕捉"工具栏上的"　"（捕捉最近点）按钮和对象捕捉菜单中的"最近点"命令，用于捕捉图形对象上与光标最接近的点。

（14）临时追踪点

"对象捕捉"工具栏上的"　"（临时追踪点）按钮和对象捕捉菜单中的"临时追踪点"命令，用于确定临时追踪点。

（15）相对于已有点得到特殊点

"对象捕捉"工具栏上的"　"（捕捉自）按钮和对象捕捉菜单中的"自"命令，用于相对于指定的点确定另一点。

【例 2-2】已知有如图 2-33(a) 所示的图形，试绘制图形的其他部分，结果如图 2-33 (b) 所示。

（1）用点画线图层绘制出中心十字线；

（2）绘制矩形（120×30）；

执行 RECTANG 命令，AutoCAD 提示：

指定第一个角点或[倒角(C)/标高(E)/圆角(F)/厚度(T)/宽度(W)]：在绘图区单击一点即 A 点

指定另一个角点或［面积(A)/尺寸(D)/旋转(R)]：120，30 ↵

（3）绘制矩形（60×20）；

执行 RECTANG 命令，AutoCAD 提示：

指定第一个角点或［倒角(C)/标高(E)/圆角(F)/厚度(T)/宽度(W)]：（单击"对象捕捉"工具栏上的捕捉自"　"按钮)捕捉 A 点

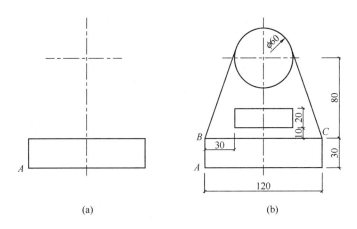

图 2-33　利用对象捕捉功能绘图

(a) 绘制前；(b) 绘制后

_ from 基点：<偏移>：@30，40↵(相对于 A 点确定矩形的左下角点)

　　指定另一个角点或[面积(A)/尺寸(D)/旋转(R)]：@60，20↵

注意，本例通过为 A 点指定相对偏移量来确定矩形的左下角点。

(4) 绘制圆(ϕ60)：

　　执行：_ circle 命令，AutoCAD 提示：

　　指定圆的圆心或［三点(3P)/两点(2P)/切点、切点、半径(T)］：(单击"对象捕捉"工具栏上的捕捉自" "按钮)捕捉 A 点

　　_ from 基点：<偏移>：@60，110↵

　　指定圆的半径或［直径(D)］<10.0000>：30↵

(5) 从 B 点向圆绘制切线：

执行：LINE 命令，AutoCAD 提示：

　　指定第一点：(通过捕捉端点的方式确定 B 点的位置。即单击"对象捕捉"工具栏上的" "按钮)

　　_ endp 于 (将光标放到 A 点附近，AutoCAD 会自动捕捉到端点 A，然后单向指定下一点或［放弃（U）］)：(确定切点位置：单击"对象捕捉"工具栏上的" "按钮)

　　_ tan 到 (将光标放到圆的左侧轮廓上，AutoCAD 会自动捕捉到切点，单击)

　　指定下一点或［放弃（U）］：↵

用同样的方法，从 C 点向圆绘制切线（或镜像已有直线），完成图形的绘制。

2.5.7　对象自动捕捉

如果在绘图过程中需要频繁地捕捉一些相同类型的点，则需要频繁地单击"对象捕捉"工具栏上的对应按钮或通过菜单选择对象捕捉命令。但利用对象自动捕捉功能，可以在绘图过程中自动捕捉到某些特殊点。

这里将对象自动捕捉模式简称为自动捕捉。设置并启用自动捕捉的方式如下：

选择"工具"/"草图设置"命令，从打开的"草图设置"对话框中选择"对象捕捉"选项卡，如图 2-34 所示。在状态栏上的" "（对象捕捉）按钮上右击，从弹出的快捷菜单中选择"设置"命令，也可以打开如图 2-34 所示的对话框。

在该选项卡中，可以通过对"对象捕捉模式"选项组中各复选框的选择确定自动捕捉

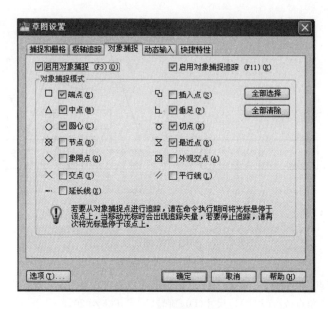

图 2-34 "对象捕捉"选项卡

模式，即确定使 AutoCAD 将自动捕捉到哪些点；"启用对象捕捉"复选框用于确定是否启用自动捕捉功能；"启用对象捕捉追踪"复选框则用于确定是否启用对象捕捉追踪功能。

利用"对象捕捉"选项卡设置默认捕捉模式并启用自动捕捉功能后，在绘图过程中，当 AutoCAD 提示用户确定点时，如果使光标位于对象上在自动捕捉模式中设置的对应点的附近，AutoCAD 会自动捕捉到这些点，并显示捕捉到相应点的小标签，此时单击即可。

说明：

（1）可以通过单击状态栏上的"▯"（对象捕捉）按钮的方式实现是否启用自动捕捉功能之间的切换。

（2）有时会出现下面的情况：使用 AutoCAD 绘图的过程中，AutoCAD 提示确定点时，本来要通过鼠标来拾取屏幕上的某一点，但由于拾取点与某些图形对象距离很近，得到的点并不是所拾取的点，而是已有对象上的某一特殊点，如端点、中点和圆心等。造成该结果的原因是启用了自动捕捉功能，即 AutoCAD 自动捕捉到默认捕捉点。当出现这种情况时，单击状态栏上的"▯"（对象捕捉）按钮关闭自动捕捉功能，可避免这类情况的发生。

可以看出，利用对象自动捕捉功能，可以快速捕捉到一些特殊点，无需单击工具栏按钮或选择菜单命令，然后再根据提示拾取对象。

2.5.8 极轴追踪

极轴追踪指当 AutoCAD 提示用户指定点的位置时（如指定直线的另一端点），如果拖动光标，使光标接近预先设定的方向（即极轴追踪方向），AutoCAD 会自动将橡皮筋线吸附到该方向，同时沿该方向显示极轴追踪矢量，并浮出一小标签，说明当前光标位置相对于前一点的极坐标，如图 2-35 所示。

极轴追踪矢量的起始点又称为追踪点。

从图 2-35（a）可以看出，当前光标位置相对于前一点（即追踪点）的极坐标为 19.1<135°，即两点之间的距离为 19.1，极轴追踪矢量与 X 轴正方向的夹角为 135°。此时，

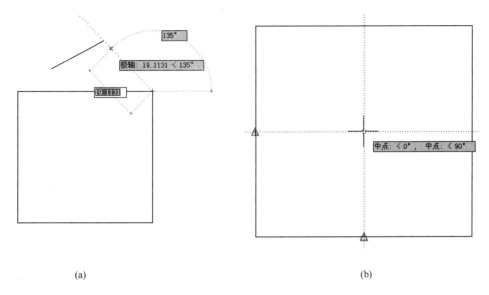

| (a) | (b) |

图 2-35 极轴追踪示例

（a）显示极轴追踪矢量；（b）用极轴追踪捕捉中心点

单击，AutoCAD 会将该点作为绘图所需点；如果直接输入一个数值，AutoCAD 则沿极轴追踪矢量方向按此长度值确定点的位置；如果沿极轴追踪矢量方向拖动鼠标，Auto-CAD 会通过浮出的小标签动态显示与光标位置对应的极轴追踪矢量的值（即显示"距离＜角度"）。

从图 2-35(b) 可以看出，当前光标位置相对于第一点（即追踪点）的极坐标为中点＜0°，第 2 点的极坐标为中点＜90°。

用户可以设置是否启用极轴追踪功能以及极轴追踪方向等性能参数，设置过程如下。

选择"工具"/"草图设置"命令，打开"草图设置"对话框，打开"极轴追踪"选项卡，如图 2-36所示。在状态栏上的" 🧭 "（极轴追踪）按钮上右击，从快捷菜单中选择"设置"命令，也可以打开如图 2-36 所示的对话框。

该对话框中的"启用极轴追踪"复选框用于确定是否启用极轴追踪。在绘图过程中，可以通过单击状态栏上的" 🧭 "（极轴追踪）按钮实现是否启用极轴追踪功能之间的切换。

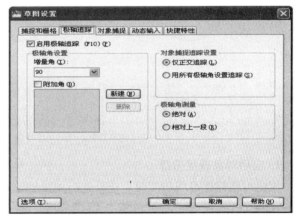

图 2-36 "极轴追踪"选项卡

该对话框中的"极轴角设置"选项组用于确定极轴追踪的追踪方向。可以通过"增量角"下拉列表框确定追踪方向的角度增量，列表中有 90、45、30、22.5、18、15、10、5

等多种选择。例如，选择 15，表示 AutoCAD 将在 0°、15°、30°等以 15°为角度增量的方向进行极轴追踪。"附加角"复选框用于确定除由"增量角"下拉列表框设置追踪方向外，是否再附加追踪方向。如果选中该复选框，可通过"新建"按钮确定附加追踪方向的角度，通过"删除"按钮删除已有的附加角度。

"对象捕捉追踪设置"选项组用于确定对象捕捉追踪的模式。其中，"仅正交追踪"表示启用对象捕捉追踪后，仅显示正交形式的追踪矢量；"用所有极轴角设置追踪"表示如果启用对象捕捉追踪，当指定追踪点后，AutoCAD 允许光标沿"极轴角设置"选项组中设置的方向进行极轴追踪。

"极轴角测量"选项组表示极轴追踪时角度测量的参考系。其中，"绝对"表示相对于当前 UCS（UCS：用户坐标系）测量，即极轴追踪矢量的角度相对于当前 UCS 进行测量；"相对上一段"则表示角度相对于前一图形对象进行测量。

2.5.9 对象捕捉追踪

对象捕捉追踪是对象捕捉与极轴追踪的综合应用。例如，已知在图 2-37(a) 中有一个圆和一条直线，当执行 LINE 命令确定直线的起始点时，利用对象捕捉追踪功能，可以找到一些特殊点，如图 2-37(b)、(c) 所示。

在图 2-37(b) 中，所捕捉到的点的 X、Y 坐标分别与已有直线端点的 X 坐标和圆心的 Y 坐标相同。在图 2-37(c) 中，所捕捉到的点的 Y 坐标与圆心的 Y 坐标相同，且位于相对于已有直线端点的 45°方向。单击，即可得到对应的点。

利用对象捕捉追踪功能，可以容易地得到如图 2-37(b)、(c) 所示的特殊点。下面介绍如何启用对象捕捉追踪及其操作方式。

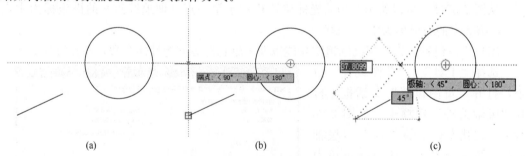

图 2-37　对象捕捉追踪
(a) 已有图形对象；(b) 捕捉特殊点；(c) 捕捉特殊点

1. 启用对象捕捉追踪

使用对象捕捉追踪功能时，应首先启用极轴追踪和对象自动捕捉功能，即单击状态栏上的"🔳"（极轴追踪）和"🔲"（对象捕捉）按钮，使它们变为蓝色，并根据绘图需要设置极轴追踪的增量角、设置对象自动捕捉的默认捕捉模式。

在"草图设置"对话框中的"对象捕捉"选项卡中（图 2-34），"启用对象捕捉追踪"复选框用于确定是否启用对象捕捉追踪。在绘图过程中，利用 F11 键或单击状态栏上的"🔳"（对象捕捉追踪）按钮，可随时切换对象捕捉追踪的启用与否。

用户可利用如图 2-36 所示的对话框设置极轴追踪的增量角，利用如图 2-34 所示的对话框设置对象自动捕捉的默认捕捉模式。

2. 使用对象捕捉追踪

下面仍以图 2-37 为例说明对象捕捉追踪的使用方法。假设已启用极轴追踪、对象自动捕捉以及对象捕捉追踪；通过"草图设置"对话框中的"极轴追踪"选项卡（图 2-36），将增量角设为 45°，选中"用所有极轴角设置追踪"单选按钮；通过"对象捕捉"选项卡（图 2-34），将对象自动捕捉模式设为捕捉到端点和圆心等。

执行 LINE 命令，AutoCAD 提示：

指定第一点：

将光标置于直线端点附近，AutoCAD 捕捉到作为追踪点的对应端点，并显示出捕捉标记与标签提示，如图 2-38 所示。

再将光标置于圆心附近，AutoCAD 捕捉到作为追踪点的对应圆心，并显示出捕捉标记与标签提示，如图 2-39 所示。

然后拖动鼠标，当光标的 X、Y 坐标分别与直线端点的 X 坐标和圆心的 Y 坐标接近时，AutoCAD 从两个捕捉到的点（即追踪点）引出的追踪矢量（此时的追踪矢量沿两个方向延伸，称其为全屏追踪矢量）就会捕捉到对应的特殊点（即交点），并显示出说明光标位置的标签，如图 2-37(b) 所示。此时单击，就可以该点作为直线的起始点，而后根据提示进行其他操作即可。如果不单击，继续向右移动光标，则可以捕捉到如图 2-37(c) 所示的特殊点。

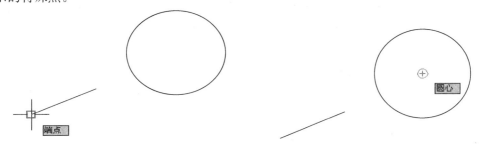

图 2-38　捕捉到端点　　　　　　　　　　图 2-39　捕捉到圆心

说明：

利用如图 2-21 所示的"对象捕捉"工具栏上的"临时追踪点"按钮"⚊"或在如图 2-22 所示的对象捕捉菜单上的"临时追踪点"命令上，可以设置对象捕捉追踪时的临时追踪点。

2.6　打　印　图　形

用 AutoCAD 完成图形对象的绘制后，通常要通过绘图仪或打印机将其打印输出。本节介绍与打印图形有关的内容。

2.6.1　页面设置

1. 功能

设置图纸尺寸及打印设备等。

2. 命令调用方式

命令：PAGESETUP。菜单命令："文件" / "页面设置管理器"命令。

3. 命令执行方式

执行 PAGESETUP 命令，打开"页面设置管理器"对话框，如图 2-40 所示。

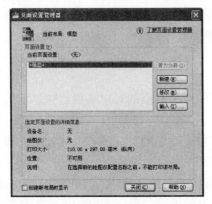

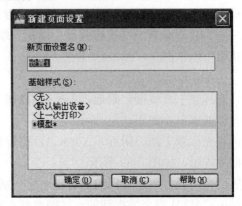

图 2-40 "页面设置管理器"对话框   图 2-41 "新建页面设置"对话框

在"页面设置"选项组中的列表框内显示当前已有的页面设置，并在"选定页面设置的详细信息"标签框中显示所指定页面设置的相关信息。该对话框的右侧有"置为当前""新建""修改"和"输入"四个按钮，分别用于将在列表框中选中的页面设置设为当前设置、新建页面设置、修改在列表框中选中的页面设置以及从已有图形中导入页面设置。下面介绍新建页面设置的方法。

单击"新建"按钮，打开如图 2-41 所示的"新建页面设置"对话框，在该对话框中选择基础样式，并输入新页面设置的名称，然后单击"确定"按钮，打开"页面设置"对话框，如图 2-42 所示。

下面简要介绍该对话框中各主要选项的功能。

（1）"页面设置"选项组

AutoCAD 在此选项组中显示出当前页面设置的名称（如设置1）。

（2）"打印机/绘图仪"选项组

"名称"下拉列表框用于设置打印设备。指定打印设备后，AutoCAD 将在该选项组内显示与该设备对应的信息。

（3）"图纸尺寸"选项组

通过下拉列表框确定输出图纸的大小。

（4）"打印区域"选项组

用于确定图形的打印范围。可以在"打印范围"下拉列表框的"窗口""范围""图形界限"和"显示"等各选项之间进行选择。其中"窗口"表示打印位于指定矩形窗口中的图形；"范围"表示打印指定区域的图形；"图形界限"表示将打印位于指定的绘图区域（LIMITS）命令设置的绘图范围内的全部图形；"显示"则表示将打印当前显示的图形。

（5）"打印偏移"选项组

用于确定打印区域相对于图纸左下角点的偏移量。

（6）"打印比例"选项组

用于设置图形的打印比例。用户可以设置具体的比例值，也可以选择"布满图纸"复选框，使图形布满整个图纸，此时 AutoCAD 将自动确定打印比例。

（7）"打印样式表"选项组

用于选择、新建、修改打印样式表。用户可以通过下拉列表框选择已有的样式表，如果选择"新建"选项，则允许用户新建打印样式表。

（8）"着色视口选项"选项组

用于控制输出打印三维图形时的打印模式。

（9）"打印选项"选项组

用于确定打印图形的方式，即是按图形的线宽打印图形，还是根据打印样式打印图形。如果用户在绘图时直接对不同的线型设置了线宽，一般应选择"打印对象线宽"选项；如果需要用不同的颜色表示不同线宽的对象，则应选择"按样式打印"选项。

（10）"图形方向"选项组

用于确定图形的打印方向，按照需要从中选择即可。

完成上述设置后，可以单击"预览"按钮，预览打印效果。单击"确定"按钮，AutoCAD 返回到"页面设置管理器"对话框，并将新建立的设置显示在列表框中。此时，可以将新样式设为当前样式，然后关闭对话框。至此，完成页面的设置。

图 2-42 "页面设置"对话框　　　　　图 2-43 "打印"对话框

2.6.2 开始打印

1. 功能

通过绘图仪或打印机将图形打印输出到图纸或输出到文件。

2. 命令调用方式

命令：PLOT。工具栏："标准"/" 🖨 "（打印）按钮。菜单命令："文件"/"打印"命令。

3. 命令执行方式

执行 PLOT 命令，打开"打印"对话框，如图 2-43 所示。

通过"页面设置"选项组中的"名称"下拉列表框指定页面设置后，该对话框中显示与其对应的打印设置,用户也可以通过对话框中的各项进行单独设置。

对话框中的"预览"按钮用于预览打印效果。如果预览图形满足打印要求,单击"确定"按钮,即可将图形打印输出到图纸。

2.7 本 章 小 结

本章介绍了 AutoCAD 2010 图形文件的创建方法,用 AutoCAD 2010 绘图时的基本设置,如设置图形界限、绘图单位以及系统变量;AutoCAD 2010 的线型、线宽、颜色和图层等概念及它们的使用方法;控制图形的显示比例、显示位置和准确、快速地确定一些特殊点。利用 AutoCAD 2010 提供的显示缩放和显示移动功能,可以放大图形的局部以便进行绘图操作或查看图形的细节;完成图形的绘制后,能够将其通过绘图仪或打印机输出到图纸。还可以根据需要进行不同的页面设置,如设置不同的图纸尺寸、打印设备以及打印比例等。

绘制工程图时要用到各种类型的线型,AutoCAD 2010 能够实现这些要求。与手工绘图不同,AutoCAD 提供了图层的概念,用户可以根据需要建立多个图层,并为每一图层设置不同的线型和颜色。当需要用某一线型绘图时,一般首先应将设有对应线型的图层设为当前层,那么所绘图形的线型和颜色就会与当前图层的线型和颜色一致。按照本书介绍的方法,用 AutoCAD 绘出的图形一般不能反映出线宽信息,而是通过打印设置将不同的颜色设置成不同的输出线宽,即通过打印机或绘图仪输出到图纸上的图形是有线宽的。

AutoCAD 2010 提供了专门用于图层管理的"图层"工具栏和用于颜色、线型、线宽管理的"特性"工具栏,利用这两个工具栏可以方便地进行图层、颜色和线型等设置及相关操作。显然,每当开始绘制一幅新图形时设置图层会显得很繁琐,因为需要做大量重复的工作。

本章还介绍了当需要查看图形的整体效果或了解各视图之间的位置关系时,再将全部图形显示在屏幕即可。读者在完成前面章节的绘图练习时可能会遇到了一些问题:由于不能准确地确定点,所以会遇到所绘直线没有准确地与圆相切,或两个圆不同心,或阵列后得到的阵列对象相对于阵列中心偏移等问题。而利用 AutoCAD 2010 提供的对象捕捉功能,就可以避免这些问题的发生。读者在完成本书后续章节的绘图练习过程中,当需要确定一些特殊点时,切记要利用对象捕捉、极轴追踪或对象捕捉追踪等功能,不要再凭目测去拾取点。凭目测确定的点一般均存在误差。例如,凭目测给出切线后,即使在绘图屏幕显示的图形似乎满足相切要求,但用 ZOOM 命令放大切点位置后,就会发现该直线并没有与圆真正相切。还有介绍了正交、栅格显示以及栅格捕捉等功能,这些功能也可以提高绘图的效率与准确性。

第3章 绘制基本二维图形和编辑图形

本章要点：

本章介绍了 AutoCAD 2010 的基本二维绘图和编辑功能。通过本章的学习，读者应掌握以下内容：

- 绘制直线对象，如绘制线段、射线及构造线
- 绘制矩形和等边多边形
- 绘制曲线对象，如绘制圆、圆环、圆弧、椭圆及椭圆弧
- 设置点的样式并绘制点对象，如直接绘制点、绘制定数等分点及绘制定距等分点
- 绘制、编辑多段线
- 绘制、编辑样条曲线
- 绘制、编辑多线

3.1 绘 制 各 种 线

利用 AutoCAD 2010，可以绘制直线、射线以及构造线等直线对象。

3.1.1 绘制直线

1. 功能

根据指定的端点绘制直线段。

2. 命令调用方式

命令：LINE。工具栏："绘图" / " ✐ "（直线）按钮。菜单命令："绘图" / "直线"命令。

3. 命令执行方式

单击工具栏："绘图" / " ✐ "（直线）按钮。AutoCAD 提示：

指定第一点：（确定直线段的起始点）

指定下一点或[放弃(U)]：（确定直线段的另一端点位置，或执行"放弃(U)"选项重新确定起始点）

指定下一点或[放弃(U)]：（可以直接按 Enter 键或 Space 键结束命令，或确定直线段的另一端点位置，或执行"放弃(U)"选项取消前一次操作）

指定下一点或[闭合(C)/放弃(U)]：（可以直接按 Enter 键或 Space 键结束命令，或确定直线段的另一端点位置，或执行"放弃(U)"选项取消前一次操作，或执行"闭合(C)"选项创建封闭多边形）

指定下一点或[闭合(C)/放弃(U)]：/（也可以继续确定端点位置、执行"放弃(U)"选项、执行"闭合(C)"选项）

执行结果：AutoCAD 绘出连接对应点的一系列直线段。

4. 说明

(1) 执行 AutoCAD 的某一命令,且当 AutoCAD 给出的提示中有多个选择项时(例如,提示"指定下一点或[闭合(C)/放弃(U)]"中有三个选择项,即"指定下一点""闭合(C)"和"放弃(U)"选项),用户可以直接执行默认选项(如指定一点执行"指定下一点"选项),或从键盘输入要执行选项的关键字母(即位于选择项括号内的字母。输入的字母不区分大小写,本书一般采用大写)后按 Enter 键或空格键执行对应的选择项;或右击,从弹出的快捷菜单中确定选择项。

(2) 用 LINE 命令绘制出的一系列直线中的各条线段均为独立的对象,即用户可以对各直线段进行单独的编辑操作。

(3) 当用 AutoCAD 绘制直线或进行其他绘图操作,系统提示用户指定点的位置时,一般可以用坐标的方式确定点。

(4) 提示"指定下一点或[放弃(U)]:"或提示"指定下一点或[闭合(C)/放弃(U)]:"中,"放弃(U)"选项用于放弃前一次操作。用户可以连续执行"放弃(U)"命令,按照与绘图顺序相反的次序依次取消已绘线段,直到重新确定起始点;"闭合(C)"选项用于在最后一条直线的终点与第一条直线的起点之间绘制直线,从而构成封闭多边形,并结束 LINE 命令。

(5) 结束 LINE 命令后,如果再次执行 LINE 命令,并在"指定第一点:"提示下直接按 Enter 键或空格键,AutoCAD 会以上一次所绘直线的终点作为新绘直线的起点。

(6) 动态输入

当启动 LINE 命令后,AutoCAD 在命令窗口提示"指定第一点:"的同时,可能会在光标附近显示一个提示框(即"工具栏提示"),在工具栏提示中显示对应的 AutoCAD 提示"指定第一点:"和光标的当前坐标值,如图 3-1 所示[如果读者启动 LINE 命令后在绘图屏幕上没有显示工具栏提示,应按下状态栏上的" ▛ "(动态输入)按钮。如果工具栏提示中显示的内容与图 3-1 不一致,也属于正常现象,通过后面介绍的动态输入设置,可以设置 AutoCAD 所显示的具体信息]。

此时,用户移动光标,工具栏提示也会随着光标移动,且显示的坐标值会动态变化,以反映光标的当前坐标值。

在如图 3-1 所示的状态下,可以直接在工具栏提示中输入点的坐标值,而不必切换到命令行进行输入(切换到命令行的方式:在命令窗口中,将光标置于"命令:"提示的后面,单击)。

当在"指定第一点:"提示下指定直线的第一点后,AutoCAD 又会显示对应的工具栏提示,如图 3-2 所示。

图 3-1 动态显示工具栏提示   图 3-2 动态提示

此时,可以直接通过工具栏提示输入对应的极坐标来确定新端点。注意,在工具栏提示中，"指定下一点或"之后有一个向下的小箭头，如果按键盘上的↓键，会显示与当前操作相关的选项，如图3-3所示。此时，可以通过单击某一选项的方法执行该选项。

当系统显示工具栏提示时，可以通过Tab键在显示的坐标值之间切换。

用户可以根据需要启用或关闭动态输入功能。单击状态栏上的动态输入按""，使其变蓝，会启动动态输入功能；再单击""按钮，使其变灰，则取消动态输入功能。

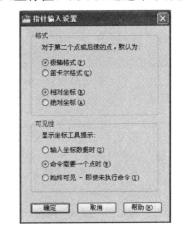

图3-3　显示操作选项

（7）动态输入设置

用户可以对动态输入的行为进行设置，具体方法如下。

选择"工具"/"草图设置"命令，打开"草图设置"对话框，单击"动态输入"标签，打开"动态输入"选项卡，如图3-4所示。该选项卡用于动态输入方面的设置。

在"动态输入"选项卡中，"启用指针输入"复选框用于确定是否启用指针输入。启用指针输入后，在工具栏提示中会动态地显示光标坐标值（如图3-1～图3-3所示），当AutoCAD提示输入点时，可以在工具栏提示中输入坐标值，而不必通过命令行输入。

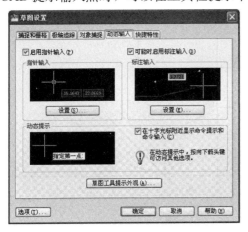

图3-4　"动态输入"选项卡　　　　图3-5　"指针输入设置"对话框

单击"指针输入"选项组中的"设置"按钮，打开"指针输入设置"对话框，如图3-5所示。用户可以通过此对话框设置工具栏提示中的显示格式及显示工具栏所提示的条件（通过"可见性"选项组设置）。

在"动态输入"选项卡中，"可能时启用标注输入"复选框用于确定是否启用标注输入功能。启用标注输入后，当提示输入第二个点或距离时，AutoCAD将分别动态显示出标注提示、距离值与角度值的工具栏提示，如图3-6所示。

同样，此时可以在工具栏提示中输入对应的值，而不必通过命令行输入值。

需要说明的是，如果同时打开了指针输入和标注输入，当标注输入有效时会取代指针输入。

单击"标注输入"选项组中的"设置"按钮，打开"标注输入的设置"对话框，如图3-7所示。可以通过该对话框进行标注输入的相关设置。

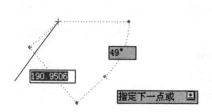

图 3-6　启用标注输入后的工具栏提示　　　　图 3-7　"标注输入的设置"对话框

在"动态输入"选项卡中，"草图工具提示外观"按钮用于草图工具提示的外观。

（8）执行 LINE 命令后，当 AutoCAD 提示"指定下一点或［放弃（U）："或提示"指定下一点或［闭合（C）/放弃（U）："时，拖动鼠标，AutoCAD 会从前一点引出一条随鼠标动态变化的直线（与是否启用动态输入无关），通常称该直线为橡皮筋线。将光标移到某一位置后单击，即可确定点的位置，AutoCAD 将橡皮筋线转化为实际直线。

【例 3-1】绘制如图 3-8 所示的图形（采用相对坐标输入）。

在"绘图"工具栏上单击"直线（Line）"按钮。

命令行：_ line 指定第一点：在绘图区内任意点取一点即单击左键，就是 A 点。

命令行：指定下一点或［放弃（U）］：0，30↵（输入 B 点坐标）。

命令行：指定下一点或［放弃（U）］：—40，20↵（输入 C 点坐标）。

命令行：指定下一点或［闭合（C）/放弃（U）］：0，30↵（输入 D 点坐标）。

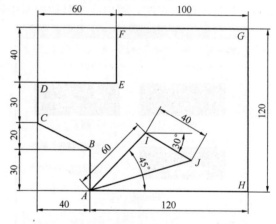

图 3-8　直线绘制多边形

命令行：指定下一点或［闭合（C）/放弃（U）］：60，0↵（输入 E 点坐标）。

命令行：指定下一点或［闭合（C）/放弃（U）］：0，40↵（输入 F 点坐标）。

命令行：指定下一点或［闭合（C）/放弃（U）］：100，0↵（输入 G 点坐标）。

命令行：指定下一点或［闭合（C）/放弃（U）］：0，—120↵（输入 H 点坐标）。

命令行：指定下一点或［闭合（C）/放弃（U）］：C↵（自动封闭多边形并退出画直线命令）

再次在"绘图"工具栏上单击 直线（Line）按钮。

line 指定第一点：在绘图区内捕捉 A，

命令行：_ 指定下一点或［放弃（U）］：60＜45↵（采用相对极坐标方式输入 I 点坐标并回车或按空格键）。

命令行：指定下一点或［闭合（C）/放弃（U）］：40＜—30↵（输入 J 点坐标）。

命令行：指定下一点或［闭合（C）/放弃（U）］：C↵。

说明：

用户可以根据需要更改图形的显示比例和显示位置（注意：更改后图形的实际大小不变），或删除不需要的图形。

更改显示比例的常用方法：单击"标准"工具栏中的" 🔍 "（实时缩放）按钮，光标变成了放大镜状态，此时，按住左键，向上拖动鼠标将放大图形，向下拖动鼠标则缩小图形。如果按 Esc 键或 Enter 键，或右击并从弹出的快捷菜单选择"退出"命令，则可结束缩放操作。

更改显示位置的常用方法：单击"标准"工具栏中" 🖑 "（实时平移）按钮，光标变成了小手形状，此时，按住左键并向某一方向拖动鼠标，即可使图形沿光标移动的方向移动，如果按 Esc 键、Enter 键、空格键，或右击并从弹出的快捷菜单选择"退出"命令，则结束移动操作。

删除图形的方法：单击"修改"工具栏中的" ✍ "（删除）按钮，然后在"选择对象："提示下选择要删除的图形，按 Enter 键或空格键即可。

3.1.2　绘制射线

1. 功能

绘制沿单方向无限长的直线。射线一般用作辅助线。

2. 命令调用方式

命令：RAY。菜单命令："绘图" / "射线"命令。

3. 命令执行方式

执行 RAY 命令，AutoCAD 提示：

指定起点：（确定射线的起始点位置）

指定通过点：（确定射线通过的任一点。确定后 AutoCAD 绘出过起点与该点的射线）

指定通过点：↵（也可以继续指定通过点，绘制过同一点的一系列射线）

3.1.3　绘制构造线

1. 功能

绘制沿两个方向无限长的直线。构造线一般用作辅助线。

2. 命令调用方式

命令：XLINE。工具栏："绘图" / " ✍ "（构造线）按钮。菜单命令："绘图" / "构造线"命令。

3. 命令执行方式

单击工具栏："绘图" / " ✍ "（构造线）按钮，AutoCAD 提示：

指定点或[水平(H)/垂直(V)/角度(A)/二等分(B)/偏移(O)]：

下面介绍提示中各选项的含义及其操作。

（1）指定点

绘制通过指定两点的构造线，为默认选项。如果在上面的提示下确定点的位置，即执行默认选项，AutoCAD 提示：

指定通过点：

在此提示下再确定一点，AutoCAD 绘出通过这两点的构造线，同时提示：

指定通过点：

在此提示下如果继续确定点的位置，AutoCAD 会绘出过第一点与该点的构造线；按 Enter 键或空格键，结束命令的执行。

（2）水平（H）

绘制通过指定点的水平构造线。执行该选项，AutoCAD 提示：

指定通过点：

在此提示下确定一点，AutoCAD 绘出通过该点的水平构造线，同时继续提示：

指定通过点：

在此提示下继续确定点的位置，AutoCAD 会绘出通过指定点的水平构造线；按 Enter 键或空格键，可结束命令的执行。

（3）垂直（V）

绘制垂直构造线，具体绘制过程与绘制水平构造线类似，此处不再介绍。

（4）角度（A）

绘制沿指定方向或与指定直线之间的夹角为指定角度的构造线。执行该选项，AutoCAD 提示：

输入构造线的角度(0)或[参照(R)]：

如果在该提示下直接输入角度值，即响应默认选项"输入构造线的角度"，AutoCAD 提示：

指定通过点：

在此提示下确定点的位置，AutoCAD 绘制出通过该点且与 X 轴正方向之间的夹角为给定角度的构造线，而后 AutoCAD 会继续提示"指定通过点："，在该提示下，可以绘出多条与 X 轴正方向之间的夹角为指定角度的平行构造线。

如果在"输入构造线的角度(0)或[参照(R)]："提示下执行"参照(R)"选项，表示将绘制与已知直线之间的夹角为指定角度的构造线，AutoCAD 会提示：

选择直线对象：

在该提示下选择已有直线，AutoCAD 提示：

输入构造线的角度：

输入角度值后按 Enter 键或空格键，AutoCAD 提示：

指定通过点：

在该提示下确定一点，AutoCAD 绘出过该点，且与指定直线之间的夹角为给定角度的构造线。同样，如果在后续的"指定通过点："提示下继续指定新点，可以绘出多条平行构造线；按 Enter 键或空格键，即可结束命令的执行。

（5）二等分（B）

绘制平分由指定三点所确定的角的构造线。执行该选项，AutoCAD 提示：

指定角的顶点：（确定角的顶点位置）

指定角的起点：（确定角的起始点位置）

指定角的端点：（确定角的另一端点位置）

执行结果：绘出过顶点且平分由指定三点所确定的角的构造线。

（6）偏移（O）

绘制与指定直线平行的构造线。执行该命令，AutoCAD 提示：

指定偏移距离或[通过(T)]：

此时，可以通过两种方法绘制构造线。如果执行"通过（T）"命令，表示绘制过指定点且与指定直线平行的构造线，此时，AutoCAD 提示：

  选择直线对象：（选择被平行的直线）

  指定通过点：（确定构造线所通过的点位置）

执行结果：AutoCAD 绘出与指定直线平行，并通过指定点的构造线，而后继续提示：

  选择直线对象：

此时，可以继续重复上述过程绘制构造线，或按 Enter 键或空格键结束命令的执行。

如果在"指定偏移距离或[通过(T)]："提示下输入一数值，表示要绘制与指定直线平行，且与其距离为该值的构造线，此时，AutoCAD 提示：

  选择直线对象：（选择被平行的直线）

  指定向哪侧偏移：（相对于所选择直线，在构造线所在一侧的任意位置单击鼠标拾取键）

  选择直线对象：（继续选择直线对象绘制与其平行的构造线，或按 Enter 键或空格键结束命令的执行）。

执行结果：AutoCAD 绘制出满足条件的构造线。

3.2　绘制矩形和正多边形

利用 AutoCAD 2010，可以方便地绘制矩形和正多边形（等边多边形）。

3.2.1　绘制矩形

1. 功能

根据指定的尺寸或条件绘制矩形。

2. 命令调用方式

命令：RECTANG。工具栏："绘图" / "□"（矩形）按钮。菜单命令："绘图" / "矩形"命令。

3. 命令执行方式

单击工具栏："绘图"/"□"(矩形)按钮，AutoCAD 提示：

  指定第一个角点或[倒角(C)/标高(E)/圆角(F)/厚度(T)/宽度(W)]：

下面介绍提示中各选项的含义及其操作。

（1）指定第一个角点

指定矩形的某一角点位置，为默认选项。执行该默认选项，即确定矩形的一角点位置后，AutoCAD 提示：

  指定另一个角点或[面积(A)/尺寸(D)/旋转(R)]：

1) 指定另一个角点

指定矩形的另一角点位置，即确定矩形中与已指定角点成对角关系的另一角点位置。确定该点后，AutoCAD 绘出对应的矩形。

2) 面积（A）

根据面积绘制矩形。执行该选项，AutoCAD 提示：

  输入以当前单位计算的矩形面积：（输入所绘矩形的面积）

  计算矩形标注时依据[长度(L)/宽度(W)]<长度>：（利用"长度(L)"或"宽度(W)"选项输入

矩形的长或宽。用户响应后，AutoCAD 按指定的面积和对应的尺寸绘出矩形）

3）尺寸（D）

根据矩形的长和宽绘制矩形。执行该选项，AutoCAD 提示：

指定矩形的长度：（输入矩形的长度）

指定矩形的宽度：（输入矩形的宽度）

指定另一个角点或［面积（A）/尺寸（D）/旋转（R）］：（拖动鼠标确定所绘矩形对角点相对于第一角点的位置，确定后单击，AutoCAD 按指定的长和宽绘出矩形）

4）旋转（R）

绘制按指定角度放置的矩形。执行该选项，AutoCAD 提示：

指定旋转角度或［拾取点（P）］：（输入旋转角度，或通过拾取点的方式确定角度）

指定另一个角点或［面积（A）/尺寸（D）/旋转（R）］：（通过执行某一选项绘出对应的矩形）

（2）倒角（C）

确定矩形的倒角尺寸，使所绘矩形在各角点处按设置的尺寸倒角。执行该选项，AutoCAD 提示：

指定矩形的第一个倒角距离：（输入矩形的第一倒角距离）

指定矩形的第二个倒角距离：（输入矩形的第二倒角距离）

指定第一个角点或［倒角（C）/标高（E）/圆角（F）/厚度（T）/宽度（W）］：（确定矩形的角点位置或进行其他设置）

（3）标高（E）

确定矩形的绘图高度，即确定绘图面与 XY 面之间的距离。此功能一般用于三维绘图。执行该选项，AutoCAD 提示：

指定矩形的标高：（输入高度值）

指定第一个角点或［倒角（C）/标高（E）/圆角（F）/厚度（T）/宽度（W）］：（确定矩形的角点位置或进行其他设置）

（4）圆角（F）

确定矩形角点处的圆角半径，使所绘矩形在各角点处按该半径绘出圆角。执行该选项，AutoCAD 提示：

指定矩形的圆角半径：（输入圆角的半径值）

指定第一个角点或［倒角（C）/标高（E）/圆角（F）/厚度（T）/宽度（W）］：（确定矩形的角点位置或进行其他设置）

（5）厚度（T）

确定矩形的绘图厚度，使所绘矩形具有一定的厚度，多用于三维绘图。执行该选项，AutoCAD 提示：

指定矩形的厚度：（输入厚度值）

指定第一个角点或［倒角（C）/标高（E）/圆角（F）/厚度（T）/宽度（W）］：（确定矩形的角点位置或进行其他设置）

（6）宽度（W）

设置矩形的线宽。执行该选项，AutoCAD 提示：

指定矩形的线宽：（输入宽度值）

指定第一个角点或［倒角（C）/标高（E）/圆角（F）/厚度（T）/宽度（W）］：（确定矩形的角点位置或进行其他设置）

当绘制具有特殊要求的矩形时（如有倒角或圆角的矩形），应首先进行相应的设置，然后再确定矩形的角点位置。

3.2.2 绘制正多边形

1. 功能

绘制正多边形，即等边多边形。

2. 命令调用方式

命令：POLYGON。工具栏："绘图"/"⬠"（正多边形）按钮。菜单命令："绘图"/"正多边形"命令。

3. 命令执行方式

单击工具栏："绘图"/"⬠"（正多边形）按钮，AutoCAD提示：

输入边的数目：（确定多边形的边数，其允许值为3～1024）

指定正多边形的中心点或［边（E）］：

下面介绍提示中各选项的含义及其操作。

（1）指定正多边形的中心点

该默认选项要求用户确定正多边形的中心点，指定后将利用多边形的假想外接圆或内切圆来绘制正多边形。执行该选项，即确定多边形的中心点后，AutoCAD提示：

输入选项［内接于圆（I）/外切于圆（C）］：

此提示中的"内接于圆（I）"选项表示所绘多边形将内接于假想的圆。执行该选项，AutoCAD提示：

指定圆的半径：

输入圆的半径后，AutoCAD会假设有一半径为输入值、圆心位于多边形中心的圆，并按照指定的边数绘制出与该圆内接的多边形。

如果在"输入选项［内接于圆（I）/外切于圆（C）］："提示下执行"外切于圆（C）"选项，所绘制的多边形将外切于假想的圆。执行该选项，AutoCAD提示：

指定圆的半径：

输入圆的半径后，AutoCAD会假设有一半径为输入值、圆心位于正多边形中心的圆，并按照指定的边数绘制出与该圆外切的多边形。

（2）边（E）

根据多边形某一条边的两个端点绘制多边形。执行该选项，AutoCAD依次提示：

指定边的第一个端点：

指定边的第二个端点：

依次确定边的两端点后，AutoCAD将以这两个点作为多边形的一条边的两个端点，并按指定的边数绘制出等边多边形。

说明：

当通过"边（E）"选项绘制等边多边形时，AutoCAD总是从指定的第一个端点到第二个端点、沿逆时针方向绘制多边形。

【例3-2】绘制如图3-9所示的图形。

（1）绘制矩形

单击工具栏："绘图"/"▭"（矩形）按钮，AutoCAD提示：

指定第一个角点或[倒角(C)/标高(E)/圆角(F)/厚度(T)/宽度(W)]：F↵（设置圆角半径）

指定矩形的圆角半径：10↵

指定第一个角点或[倒角(C)/标高(E)/圆角(F)/厚度(T)/宽度(W)]：（在屏幕上拾取一点作为矩形的左下角点）

指定另一个角点或[面积(A)/尺寸(D)/旋转(R)]：@200，150↵（用相对坐标指定矩形的另一角点）

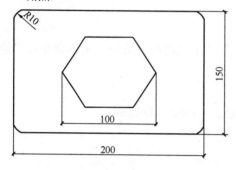

图 3-9　绘制矩形与等边六边形

（2）绘制六边形

单击工具栏："绘图"/"⬡"（正多边形）按钮，AutoCAD 提示：

输入边的数目：6↵

指定正多边形的中心点或[边(E)]：（拾取矩形的中心点。捕捉矩形左边中点，捕捉底边中点，向矩形中心处两条相交的虚线就是矩形的中点，并单击鼠标左键）

输入选项[内接于圆(I)/外切于圆(C)]＜I＞：直接按空格或↵

指定圆的半径：50↵

3.3　绘　制　曲　线

利用 AutoCAD 2010，可以绘制圆、圆环、圆弧和椭圆等曲线对象。

3.3.1　绘制圆

1. 功能

绘制指定尺寸的圆。

2. 命令调用方式

命令：CIRCLE。工具栏："绘图"/"⊙"（圆）按钮。菜单命令："绘图"/"圆"命令。

3. 命令执行方式

单击工具栏："绘图"/"⊙"（圆）按钮，AutoCAD 提示：

指定圆的圆心或[三点(3P)/两点(2P)/相切、相切、半径(T)]

下面介绍提示中各选项的含义及其操作。

（1）指定圆的圆心

根据圆心位置和圆的半径（或直径）绘制圆，为默认选项。响应该默认选项，即确定圆心位置后，AutoCAD 提示：

指定圆的半径或[直径(D)]：

此时，可以直接输入半径值并绘制圆，也可以执行"直径(D)"选项，通过指定圆的直径来绘制圆。

AutoCAD 提供了如图 3-10 所示的绘圆子菜单，也可以利用子菜单中的"圆心、半径"和"圆心、直径"选项执行相应的操作。

（2）三点（3P）

绘制过指定三点的圆。执行该选项，AutoCAD 依次提示：

指定圆上的第一个点：
指定圆上的第二个点：
指定圆上的第三个点：

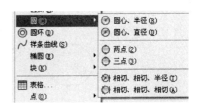

图 3-10　绘制圆的子菜单

根据提示依次指定点后，AutoCAD 绘出过这指定三点的圆。用户也可以通过绘圆的子菜单中的"三点"选项（图 3-10）执行此操作。

（3）两点（2P）

绘制过指定两点且以这两点之间的距离为直径的圆。执行该选项，AutoCAD 依次提示：

指定圆直径的第一个端点：
指定圆直径的第二个端点：

根据提示指定两点后，AutoCAD 绘出过这两点，且以这两点间的距离为直径的圆。用户也可以通过绘圆子菜单中的"两点"选项执行此操作。

（4）相切、相切、半径（T）

绘制与已有两对象相切，且半径为指定值的圆。执行该选项，AutoCAD 依次提示：

指定对象与圆的第一个切点：
指定对象与圆的第二个切点：
指定圆的半径：

根据提示依次选择相切对象并输入圆的半径，AutoCAD 绘制出相应的圆；也可以通过绘圆子菜单中的"相切、相切、半径"选项执行此操作。

说明：

（1）当用"相切、相切、半径（T）"选项绘圆时，如果在"指定圆的半径："提示下给出的圆半径太小，则不能绘出圆，AutoCAD 将结束命令的执行并提示："圆不存在"。

（2）当用"相切、相切、半径（T）"选项绘圆时，选择相切对象时的选择位置不同，得到的结果也不同，如图 3-11 所示（图中的小叉用于说明选择对象时的选择位置）。

可以看出，AutoCAD 总是在离拾取点近的位置绘制相切圆。

【例 3-3】绘制如图 3-12 所示的三个圆。

（1）绘制已知圆心位置和直径的圆

执行 CIRCLE 命令，AutoCAD 提示：

指定圆的圆心或［三点(3P)/两点(2P)/相切、相切、半径(T)］：110，140 ↵（确定圆心）
指定圆的半径或［直径(D)］：D↵
指定圆的直径：120 ↵

（2）绘制通过已知三点的圆

选择"绘图"/"圆"/"三点"命令，AutoCAD 提示：

指定圆上的第一个点：210，210 ↵
指定圆上的第二个点：♯310，220 ↵（用绝对坐标绘制点，前面需要加♯）
指定圆上的第三个点：♯240，170 ↵

（3）绘制与两圆相切的圆

选择"绘图"/"圆"/"相切、相切、半径"命令，AutoCAD 提示：

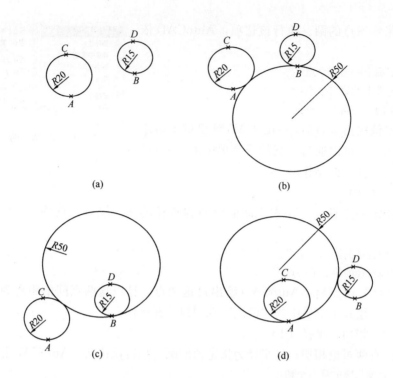

图 3-11 用"相切、相切、半径（T）"选项绘制圆

(a) 已有两圆；(b) 在 A、B 两点附近选择已有两圆；(c) 在 C、B 两点
附近选择已有两圆；(d) 在 A、D 两点附近选择已有两圆

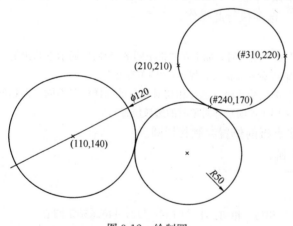

图 3-12 绘制圆

指定对象与圆的第一个切点：（在直径为 120 的圆的右下方拾取该圆）

指定对象与圆的第二个切点：（在由三点确定的圆的左下方拾取该圆）

指定圆的半径：50 ↵

执行结果如图 3-12 所示。

3.3.2 绘制圆环

1. 功能

绘制指定尺寸的圆环。

2. 命令调用方式

命令：DONUT。菜单命令："绘图"／"圆环"命令。

3. 命令执行方式

执行 DONUT 命令，AutoCAD 提示：

指定圆环的内径：（输入圆环的内径）

指定圆环的外径：（输入圆环的外径）

指定圆环的中心点或＜退出＞：（确定圆环的中心点位置，或按 Enter 键或空格键结束命令的执行）

当执行 DONUT 命令时，如果在提示"指定圆环的内径："下输入"0 ↵"，AutoCAD

则会绘制出填充的圆。

说明：

在命令行输入 FILL 命令，格式如下：

命令：fill

输入模式 [开(ON)/关(OFF)] <开>：

可以设置输入模式 [开(ON)/关(OFF)] <开>：即设置是否填充圆环，填充与否的
效果如图 3-13 所示。

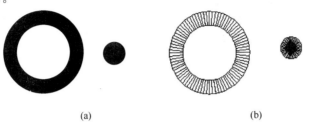

(a)   (b)

图 3-13 填充与否的效果

(a) 填充的圆环；(b) 未填充的圆环

另外，使用 FILL 命令更改填充设置后，可以通过执行 REGEN 命令（菜单命令：
"视图" / "重生成" 命令）查看设置结果。

3.3.3 绘制圆弧

1. 功能

根据已知条件绘制指定尺寸的圆弧。

2. 命令调用方式

命令：ARC。工具栏："绘图" / " "（圆弧）按钮。菜单命令："绘图" / "圆弧"
命令。

3. 命令执行方式

AutoCAD 提供了多种绘制圆弧的方法，"圆弧"子菜单如图 3-14 所示。

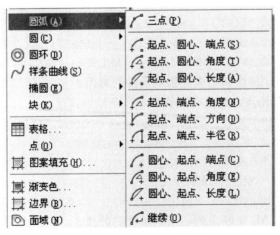

图 3-14 "圆弧"子菜单

执行 ARC 命令后，AutoCAD 给出不同的提示，以便根据不同的条件绘制圆弧。下面通过菜单命令介绍圆弧的绘制方法。

（1）根据三点绘制圆弧

三点是指圆弧的起点、圆弧上的任意一点以及圆弧的终点。选择"绘图"/"圆弧"/"三点"命令，AutoCAD 提示：

指定圆弧的起点或[圆心(C)]：（确定圆弧的起始点位置）

指定圆弧的第二个点或[圆心(C)/端点(E)]：（确定圆弧上的任一点）

指定圆弧的端点：（确定圆弧的终点位置）

执行结果：AutoCAD 绘制出由指定三点确定的圆弧。

（2）根据圆弧的起始点、圆心和终止点绘制圆弧

选择"绘图"/"圆弧"/"起点、圆心、端点"命令，AutoCAD 提示：

指定圆弧的起点或[圆心(C)]：（确定圆弧的起始点位置）

指定圆弧的第二个点或[圆心(C)/端点(E)]：_c 指定圆弧的圆心：（确定圆弧的圆心。在给出的提示中，"_c 指定圆弧的圆心："是 AutoCAD 自动执行的选择项以及给出的对应提示）

指定圆弧的端点或[角度(A)/弦长(L)]：（确定圆弧的另一端点）

执行结果：AutoCAD 绘制出满足指定条件的圆弧。

（3）根据圆弧的起始点、圆心和圆弧的包含角（圆心角）绘制圆弧

选择"绘图"/"圆弧"/"起点、圆心、角度"命令，AutoCAD 提示：

指定圆弧的起点或[圆心(C)]：（确定圆弧的起始点位置）

指定圆弧的第二个点或[圆心(C)/端点(E)]：_c 指定圆弧的圆心：（确定圆弧的圆心位置）

指定圆弧的端点或[角度(A)/弦长(L)]：_a 指定包含角：（输入圆弧的包含角）

执行结果：AutoCAD 绘制出满足指定条件的圆弧。

说明：

在默认的角度正方向设置下，当提示"指定包含角："时，若输入正角度值（在角度值前加或不加"+"号），AutoCAD 从起始点绕圆心沿逆时针方向绘制圆弧；如果输入负角度值（即用符号"－"作为角度值的前缀），则 AutoCAD 沿顺时针方向绘制圆弧。在其他绘制圆弧方法中，该提示下有相同的规则。此外，用户也可以设置正角度的方向。

（4）根据圆弧的起始点、圆心和圆弧的弦长绘制圆弧

选择"绘图"/"圆弧"/"起点、圆心、长度"命令，AutoCAD 提示：

指定圆弧的起点或[圆心(C)]：（确定圆弧的起始点位置）

指定圆弧的第二个点或[圆心(C)/端点(E)]：_c 指定圆弧的圆心：（确定圆弧的圆心位置）

指定圆弧的端点或[角度(A)/弦长(L)]：_L 指定弦长：（输入圆弧的弦长）

执行结果：AutoCAD 绘制出满足指定条件的圆弧。

（5）根据圆弧的起始点、终点和圆弧的包含角绘制圆弧

选择"绘图"/"圆弧"/"起点、端点、角度"命令，AutoCAD 提示：

指定圆弧的起点或[圆心(C)]：（确定圆弧的起始点位置）

指定圆弧的第二个点或[圆心(C)/端点(E)]：_e

指定圆弧的端点：（确定圆弧的终点位置）

指定圆弧的圆心或[角度(A)/方向(D)/半径(R)]：_a 指定包含角：（确定圆弧的包含角）

执行结果：AutoCAD 绘制出满足指定条件的圆弧。

（6）其他绘制圆弧方法

选择"绘图"/"圆弧"/"起点、端点、方向"命令，可以根据圆弧的起始点、终点和圆弧在起始点处的切线方向绘制圆弧。选择"绘图"/"圆弧"/"起点、端点、半径"命令，可以根据圆弧的起始点、终止点和圆弧的半径绘制圆弧。选择"绘图"/"圆弧"/"圆心、起点、端点"命令，可以根据圆弧的圆心、起始点和终点位置绘制圆弧。选择"绘图"/"圆弧"/"圆心、起点、角度"命令，可以根据圆弧的圆心、起始点和圆弧的包含角绘制圆弧。选择"绘图"/"圆弧"/"圆心、起点、长度"命令，可以根据圆弧的圆心、起始点和圆弧的弦长绘制圆弧。选择"绘图"/"圆弧"/"继续"命令，可以绘制连续圆弧，即 AutoCAD 会以最后一次绘制直线或绘制圆弧时确定的终止点作为新圆弧的起始点，并以最后所绘直线的方向或以所绘圆弧在终止点处的切线方向为新圆弧在起始点处的切线方向开始绘制圆弧。

【例 3-4】绘制如图 3-15 所示的 4 段圆弧。

（1）绘制圆弧 1

根据已知三点绘制此圆弧。选择"绘图"/
"圆弧"/"三点"命令，AutoCAD 提示：

  指定圆弧的起点或[圆心(C)]：100，210↵
  指定圆弧的第二个点或[圆心(C)/端点(E)]：
＃170，250↵
  指定圆弧的端点：＃240，210↵

（2）绘制圆弧 2

根据圆弧的起始点、终止点和包含角绘制此圆弧。

选择"绘图"/"圆弧"/"起点、端点、角度"命令，AutoCAD 提示：

  指定圆弧的起点或[圆心(C)]：240，210↵
  指定圆弧的第二个点或[圆心(C)/端点(E)]：_ e
  指定圆弧的端点：＃240，100↵
  指定圆弧的圆心或[角度(A)/方向(D)/半径(R)]：_ a 指定包含角：−110 ↵(注意：要输入负角度)

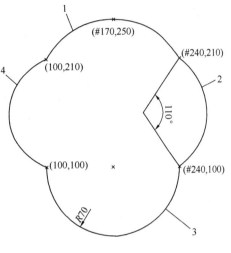

图 3-15　绘制圆弧

（3）绘制圆弧 3

根据圆弧的起始点、端点和半径绘制该圆弧。选择"绘图"/"圆弧"/"起点、端点、半径"命令，AutoCAD 提示：

  指定圆弧的起点或[圆心(C)]：100，100↵
  指定圆弧的第二个点或[圆心(C)/端点(E)]：_ e
  指定圆弧的端点：＃240，100↵
  指定圆弧的圆心或[角度(A)/方向(D)/半径(R)]：_ r 指定圆弧的半径：70↵

（4）绘制圆弧 4

根据圆弧的起始点、终止点和起始点处的切线方向绘制该圆弧。选择"绘图"/"圆弧"/"起点、端点、方向"命令，AutoCAD 提示：

  指定圆弧的起点或[圆心(C)]：100，210↵
  指定圆弧的第二个点或[圆心(C)/端点(E)]：_ e
  指定圆弧的端点：＃100，100↵

指定圆弧的圆心或[角度(A)/方向(D)/半径(R)]：_d指定圆弧的起点切向：-160↵

最后的执行结果如图 3-15 所示。

3.3.4 绘制椭圆和椭圆弧

1. 功能

根据已知条件绘制指定尺寸的椭圆或椭圆弧。

2. 命令调用方式

命令：ELLIPSE。工具栏："绘图"/" ⬮ "（椭圆）按钮。菜单命令："绘图"/
"椭圆"命令。

3. 命令执行方式

单击工具栏："绘图"/" ⬮ "（椭圆）按钮，AutoCAD 提示：

　　　　指定椭圆的轴端点或[圆弧(A)/中心点(C)]：

下面分别介绍各选项的含义及其操作。

（1）指定椭圆的轴端点

根据椭圆某一条轴上的两个端点的位置及其他条件绘制椭圆，为默认选项。确定椭圆
上某一条轴的端点位置(图 3-16)，AutoCAD 提示：

　　　　指定轴的另一个端点：（确定同一轴上的另一端点位置）

　　　　指定另一条半轴长度或[旋转(R)]：

在此提示下如果直接输入另一条轴的半长度，即执行默认选项，AutoCAD 绘制出对
应的椭圆，如图 3-16 所示。如果执行"旋转(R)"选项，AutoCAD 提示：

　　　　指定绕长轴旋转的角度：

在此提示下输入角度值，AutoCAD 即可绘制出椭圆，该椭圆是过确定两点，且以这
两点之间的距离为直径的圆绕所确定椭圆轴旋转指定角度后得到的投影椭圆。

（2）中心点(C)

根据椭圆的中心位置等条件绘制椭圆(图 3-17)。执行该选项，AutoCAD 提示：

　　　　指定椭圆的中心点：（确定椭圆的中心位置）

　　　　指定轴的端点：（确定椭圆某一轴的一端点位置）

　　　　指定另一条半轴长度或[旋转(R)]：（输入另一轴的半长。或通过"旋转(R)"选项确定椭圆）

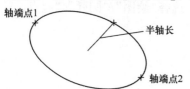

图 3-16　根据轴端点和
半轴长绘制椭圆

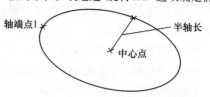

图 3-17　根据中心点、轴端点
和半轴长绘制椭圆

（3）圆弧（A）

绘制椭圆弧。执行该选项，AutoCAD 提示：

　　　　指定椭圆弧的轴端点或[中心点(C)]：

在此提示下的操作与前面介绍的绘制椭圆的过程完全相同。确定椭圆的形状后，

AutoCAD 继续提示：

指定起始角度或［参数(P)］：

下面介绍这两个选项的含义。

1）指定起始角度

通过确定椭圆弧的起始角(椭圆圆心与椭圆的第一条轴端点的连线方向为 0 度方向)来绘制椭圆弧，为默认选项。输入椭圆弧的起始角，AutoCAD 提示：

指定终止角度或［参数(P)/包含角度(I)］：

此提示中的三个选项中，"指定终止角度"选项要求用户根据椭圆弧的终止角确定椭圆弧另一端点的位置；"包含角度(I)"选项将用于根据椭圆弧的包含角确定椭圆弧；"参数(P)"选项将通过参数确定椭圆弧的另一个端点位置，该选项的执行方式与执行选项"参数(P)"操作相同，介绍如下。

2）参数(P)

此选项允许通过指定的参数绘制椭圆弧。执行该选项，AutoCAD 提示：

指定起始参数或［角度(A)］：

通过"角度(A)"选项可以切换到前面介绍的利用角度确定椭圆弧的方式。执行默认选项，AutoCAD 将按下面公式确定椭圆弧的起始角 $P(n)$：

$$P(n) = c + a\cos n + b\sin n$$

在此计算公式中，n 为用户输入的参数；c 为椭圆弧的半焦距；a 和 b 分别为椭圆长轴与短轴的半轴长。

输入起始参数后，AutoCAD 提示：

指定终止参数或［角度(A)/包含角度(I)］：

在此提示下可通过"角度(A)"选项确定椭圆弧另一端点位置；通过"包含角度(I)"选项确定椭圆弧的包含角。如果利用"指定终止参数"这一默认选项提供椭圆弧的另一参数，AutoCAD 仍利用前面介绍的公式确定椭圆弧的另一端点位置。

【例 3-5】绘制如图 3-18 所示的椭圆。

（1）绘制水平椭圆

执行 ELLIPSE 命令，AutoCAD 提示：

指定椭圆的轴端点或［圆弧（A）/中心点(C)］：20, 170 ↵

指定轴的另一个端点：♯180, 170 ↵

指定另一条半轴长度或［旋转(R)］：50 ↵

（2）绘制倾斜放置的椭圆

执行 ELLIPSE 命令，AutoCAD 提示：

指定椭圆的轴端点或［圆弧（A）/中心点(C)］：C↵

指定椭圆的中心点：100, 170 ↵

指定轴的端点：♯60, 110 ↵

指定另一条半轴长度或［旋转(R)］：36 ↵

执行结果如图 3-18 所示。

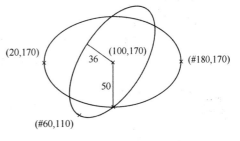

图 3-18　绘制椭圆

3.4 绘 制 点

点是组成图形的最基本的对象之一。利用 AutoCAD 2010，可以方便地绘制出点并控制点的显示样式。

3.4.1 绘制点

1. 功能

在指定的位置绘制点。

2. 命令调用方式

命令：POINT。工具栏："绘图"/"·"（点）按钮。菜单命令："绘图"/"点"/"单点"命令；"绘图"/"点"/"多点"命令（同时绘制多个点）。

3. 命令执行方式

执行 POINT 命令，AutoCAD 提示：

指定点：

在该提示下确定点的位置，AutoCAD 会在该位置绘制出相应的点，而后 AutoCAD 继续提示：

指定点：

此时，可以继续绘制点，也可以按 Esc 键结束命令。

说明：

执行绘制点操作后，绘制出的点可能很小，在屏幕上不明显，用户可以根据需要设置点的样式。

3.4.2 设置点的样式与大小

1. 功能

设置点的样式与大小。

2. 命令调用方式

命令：DDPTYPE。菜单命令："格式" / "点样式"命令。

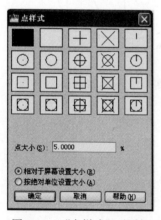

图 3-19 "点样式"对话框

3. 命令执行方式

执行 DDPTYPE 命令，打开如图 3-19 所示的"点样式"对话框，可以通过该对话框选择需要的点样式。此外，还可以利用对话框中的"点大小"编辑框设置点的大小。

3.4.3 绘制定数等分点

1. 功能

将点对象沿对象的长度方向或周长等间隔排列。

2. 命令调用方式

命令：DIVIDE。菜单命令："绘图" / "点" / "定数等分"命令。

3. 命令执行方式

执行 DIVIDE 命令，AutoCAD 提示：

> 选择要定数等分的对象：(选择对应的对象)
>
> 输入线段数目或[块(B)]：

在此提示下直接输入等分数，即响应默认选项，AutoCAD 会在指定的对象上绘制出等分点。另外，利用"块(B)"选项可以在等分点处插入块。

为查看用 DIVIDE 命令绘制的等分点，可以通过如图 3-19 所示的"点样式"对话框设置点的样式。

3.4.4 绘制定距等分点

1. 功能

将点对象在指定的对象上按指定的间隔放置。注意该功能与前面介绍的绘制定数等分点的区别。

2. 命令调用方式

命令：MEASURE。菜单命令："绘图"/"点"/"定距等分"命令。

3. 命令执行方式

执行 MEASURE 命令，AutoCAD 提示：

> 选择要定距等分的对象：(选择对象)
>
> 指定线段长度或[块(B)]：

在该提示下直接输入长度值，即执行默认选项，AutoCAD 将在对象上的对应位置绘制出点。同样，可以利用"点样式"对话框设置所绘制点的样式。如果在"指定线段长度或[块(B)]："提示下执行"块(B)"选项，表示将在对象上按指定的长度插入块。

说明：

> 执行 MEASURE 命令，选择要定距等分的对象并指定线段长度后，AutoCAD 总是从离拾取点近的端点处开始绘制点。

【例 3-6】 图 3-20(a)中有两条相同的圆弧，试对第一条圆弧绘制等分点，分段数为 6；对第二条圆弧从左端起按间隔距离 40 绘制点；点样式为小叉状，如图 3-20(b)所示。

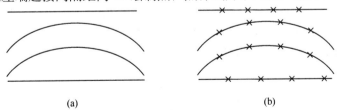

(a)　　　　　　　　　　　　　(b)

图 3-20　绘制定数等分和定距等分点

(a)原图形；(b)绘图结果

(1) 设置点样式

执行 DDPTYPE 命令，打开"点样式"对话框，选中小叉状图标（图 3-19，此图标位于第一行的第四列），然后单击该对话框中的"确定"按钮即完成点样式的设置。

(2) 对第一条圆弧绘制等分点

执行 DIVIDE 命令，AutoCAD 提示：

选择要定数等分的对象：（选择第一条圆弧）

输入线段数目或［块（B）］：5↵

（3）对第二条圆弧按指定的间隔绘制点

执行 MEASURE 命令，AutoCAD 提示：

选择要定距等分的对象：（选择第二条圆弧。请注意，应在靠近圆弧的左端点处拾取圆弧）

指定线段长度或［块（B）］：50↵

执行结果如图 3-20（b）所示。需要注意的是，图 3-20（b）中的两个图是不同的。请读者分析：如果执行 MEASURE 命令时，在"选择要定距等分的对象："提示下，在靠近第二条圆弧的右端点的位置选择该圆弧，会得到什么样的结果？

3.5　绘制、编辑多段线

3.5.1　绘制多段线

1. 功能

绘制：二维多段线。多段线是由直线段和圆弧段构成的，且可以有宽度的图形对象，如图 3-21 所示。

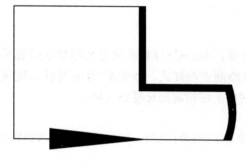

图 3-21　多段线

2. 命令调用方式

命令：PLINE。工具栏："绘图"/"➘"（多段线）按钮。菜单命令："绘图"/"多段线"命令。

3. 命令执行方式

执行 PLINE 命令，AutoCAD 提示：

指定起点：（确定多段线的起始点）

当前线宽为 0.0000（说明当前的绘图线宽）

指定下一个点或［圆弧（A）/半宽（H）/长度（L）/放弃（U）/宽度（W）］：

如果在此提示下再确定一点，即执行"指定下一个点"选项，AutoCAD 将按当前线宽设置绘制出连接两点的直线段，同时给出提示：

指定下一点或［圆弧（A）/闭合（C）/半宽（H）/长度（L）/放弃（U）/宽度（W）］：

该提示比前面的提示多了一个"闭合（C）"选项。下面介绍这两个提示中各选项的含义及其操作。

（1）指定下一点

确定多段线另一端点的位置，为默认选项。用户响应后，AutoCAD 按当前线宽设置从前一点向该点绘出一条直线段，而后重复给出提示"指定下一点或［圆弧（A）/闭合（C）/半宽（H）/长度（L）/放弃（U）/宽度（W）］："。

（2）圆弧（A）

使 PLINE 命令由绘直线方式改为绘圆弧方式。执行该选项，AutoCAD 提示：

指定圆弧的端点或

［角度（A）/圆心（CE）/闭合（CL）/方向（D）/半宽（H）/直线（L）/半径（R）/第二个点（S）/放弃（U）/宽度（W）］：

如果在此提示下直接确定圆弧的端点，即响应默认选项，AutoCAD 将绘出以前一点和当前点为两端点，以上一次所绘直线的方向或所绘弧的终点切线方向为起始点方向的圆弧，而后继续给出上面所示的绘圆弧提示。

下面介绍绘圆弧提示中其余各选项的含义及其操作。

1）角度（A）

根据圆弧的包含角绘制圆弧。执行此选项，AutoCAD 提示：

指定包含角：

在此提示下应输入圆弧的包含角。同样，在默认的正角度方向设置下，输入正角度值表示沿逆时针方向绘圆弧，否则沿顺时针方向绘圆弧。输入包含角后，AutoCAD 提示：

指定圆弧的端点或［圆心（CE）/半径（R）］：

此时，可以根据提示通过确定圆弧的另一端点、圆心或半径来绘制圆弧。

2）圆心（CE）

根据圆弧的圆心绘制圆弧。执行该选项，AutoCAD 提示：

指定圆弧的圆心：

在该提示下应确定圆弧的圆心位置。需要注意的是，应通过输入"CE"来执行该选项。确定圆弧的圆心位置后，AutoCAD 提示：

指定圆弧的端点或［角度（A）/长度（L）］：

此时，可以根据提示通过确定圆弧的另一端点、包含角或弦长绘制圆弧。

3）闭合（CL）

利用圆弧封闭多段线。闭合后，AutoCAD 结束 PLINE 命令的执行。

4）方向（D）

确定所绘制圆弧在起始点处的切线方向。执行该选项，AutoCAD 提示：

指定圆弧的起点切向：

此时，可以通过输入起始方向与水平方向的夹角来确定圆弧的起点切向。确定起始方向后，AutoCAD 提示：

指定圆弧的端点：

在该提示下确定圆弧的另一个端点，即可绘出圆弧。

5）半宽（H）

确定圆弧的起始半宽与终止半宽。执行该选项，AutoCAD 依次提示：

指定起点半宽：（输入起始半宽）

指定端点半宽：（输入终止半宽）

确定起始半宽和终止半宽后，下一次所绘圆弧将按此设置绘制。

6）直线（L）

将绘圆弧方式更改为绘直线方式。执行该选项，AutoCAD 返回到"指定下一个点或［圆弧（A）/半宽（H）/长度（L）/放弃（U）/宽度（W）］："提示。

7）半径（R）

根据半径绘制圆弧。执行该选项，AutoCAD 提示：

指定圆弧的半径：（输入圆弧的半径值）

指定圆弧的端点或［角度（A）］：

此时，可以根据提示通过确定圆弧的另一端点或包含角绘制圆弧。

8）第二个点（S）

根据圆弧上的其他两点绘制圆弧。执行该选项，AutoCAD 依次提示：

    指定圆弧上的第二个点：

    指定圆弧的端点：

用户响应即可。

9）放弃（U）

取消上一次绘出的圆弧。利用该选项可以修改绘图过程中的错误操作。

10）宽度（W）

确定所绘制圆弧的起始和终止宽度。执行此选项，AutoCAD 依次提示：

    指定起点宽度：

    指定端点宽度：

用户根据提示响应即可。设置宽度后，下一段圆弧将按此宽度设置绘制。

（3）闭合（C）

执行此选项，AutoCAD 从当前点向多段线的起始点用当前宽度绘制直线段，即封闭所绘多段线，然后结束命令的执行。

（4）半宽（H）

确定所绘多段线的半宽度，即所设值为多段线宽度的一半。执行该选项，AutoCAD 依次提示：

    指定起点半宽：

    指定端点半宽：

用户依次响应即可。

（5）长度（L）

从当前点绘指定长度的直线段。执行该选项，AutoCAD 提示：

    指定直线的长度：

在此提示下输入长度值，AutoCAD 将沿着前一段直线方向绘出长度为输入值的直线段。如果前一段对象是圆弧，所绘直线的方向沿着该圆弧终点的切线方向。

（6）放弃（U）

删除最后绘制的直线段或圆弧段。执行该选项，可以及时修改在绘多段线过程中出现的错误。

（7）宽度（W）

确定多段线的宽度。执行该选项，AutoCAD 依次提示：

    指定起点宽度：

    指定端点宽度：

用户根据提示响应即可。

4. 说明

（1）用 PLINE 命令绘出的多段线属于一个图形对象。

（2）在 3.2 节中介绍的绘图命令中，使用 RECTANG（绘制矩形）和 POLYGON（绘制等边多边形）命令绘制出的图形对象均属于多段线对象。

（3）可以用 EXPLODE 命令（菜单命令："修改"/"分解"命令）将多段线对象中多段线

的直线段和圆弧段分解成单独的对象，即将原来属于一个对象的多段线分解成直线和圆弧对象，且分解后不再有线宽信息。

（4）可以通过命令 FILL 或系统变量 FILLMODE 决定是否填充有宽度的多段线。

【例 3-7】绘制如图 3-22 所示的箭头。

执行 PLINE 命令，AutoCAD 提示：

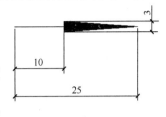

图 3-22　绘制箭头

指定起点：（在绘图窗口的适当位置任意拾取一点）

指定下一个点或［圆弧（A）/半宽（H）/长度（L）/放弃（U）/宽度（W）］：10，0↵

指定下一点或［圆弧（A）/闭合（C）/半宽（H）/长度（L）/放弃（七）/宽度（W）］：W↵（设置线宽）

指定起点宽度＜0.0＞：3↵

指定端点宽度＜3.0＞：0↵

指定下一点或［圆弧（A）/闭合（C）/半宽（H）/长度（L）/放弃（U）/宽度（W）］：L↵

指定直线的长度：15↵

指定下一点或［圆弧（A）/闭合（C）/半宽（H）/长度（L）/放弃（U）/宽度（W）］：↵

执行结果如图 3-22 所示。由以上操作可以看出，利用多段线可以方便地绘制出各种箭头。

3.5.2　编辑多段线

1. 功能

编辑已有的多段线。

2. 命令调用方式

命令：PEDIT。工具栏："修改Ⅱ"/" "（编辑多段线）按钮。菜单命令："修改"/"对象"/"多段线"命令。

3. 命令执行方式

执行 PEDIT 命令，AutoCAD 提示：

选择多段线或［多条（M）］：

在此提示下选择要编辑的多段线，即执行"选择多段线"默认选项，AutoCAD 提示：

输入选项［闭合（C）/合并（J）/宽度（W）/编辑顶点（E）/拟合（F）/样条曲线（S）/非曲线化（D）/线型生成（L）/反转（R）/放弃（U）］：

说明：

如果执行 PEDIT 命令后，选择使用 LINE 命令绘制的直线或用 ARC 命令绘制的圆弧，AutoCAD 会提示所选择对象不是多段线，并询问用户是否将其转换成多段线。如果选择"是"，AutoCAD 将其转换成多段线，并继续提示：

输入选项［闭合（C）/合并（J）/宽度（W）/编辑顶点（E）/拟合（F）/样条曲线（S）/非曲线化（D）/线型生成（L）/反转（R）/放弃（U）］：

下面介绍提示中各选项的含义及其操作。

（1）闭合（C）

执行该选项，AutoCAD 将封闭所编辑的多段线，然后给出提示：

输入选项［打开（O）/合并（J）/宽度（W）/编辑顶点（E）/拟合（F）/样条曲线（S）/非曲线化（D）/线型生成（L）/反转（R）/放弃（U）］：

即将"闭合（C）"选项换成"打开（O）"选项。此时，若执行"打开（O）"选项，AutoCAD 会将多段线从封闭处打开，同时提示中的"打开（O）"选项又转换为"闭合（C）"选项。

（2）合并（J）

将非封闭多段线与已有直线、圆弧或多段线合并成一条多段线对象。执行该选项，AutoCAD 提示：

　　　选择对象：

在此提示下选择各对象后，AutoCAD 将它们连成一条多段线。

需要说明的是，对于合并到多段线上的对象，除非执行 PEDIT 命令后执行"多条（M）"选项进行合并（见后面的介绍），否则这些对象的端点必须彼此重合，如果没有重合，选择各对象后 AutoCAD 提示：

　　　0 条线段已添加到多段线

（3）宽度（W）

为整条多段线指定统一的新宽度。执行该选项，AutoCAD 提示：

　　　指定所有线段的新宽度：

在此提示下输入新线宽值，所编辑多段线上的各线段均会变为该宽度。

（4）编辑顶点（E）

编辑多段线的顶点。执行该选项，AutoCAD 提示：

　　　输入顶点编辑选项

　　　[下一个（N）/上一个（P）/打断（B）/插入（I）/移动（M）/重生成（R）/拉直（S）/切向（T）/宽度（W）/退出（X）]：

同时 AutoCAD 用一个小叉标记出多段线的当前编辑顶点，即第一顶点。提示中各选项的含义及其操作如下。

1）下一个（N）、上一个（P）

"下一个（N）"选项可将用于标记当前编辑顶点的小叉标记移动到多段线的下一个顶点；"上一个（P）"选项则把小叉标记移动到多段线的前一个顶点，以改变当前编辑顶点。

2）打断（B）

删除多段线上指定两顶点之间的线段。执行该选项，AutoCAD 将当前编辑顶点作为第一断点，并提示：

　　　输入选项 [下一个（N）/上一个（P）/执行（G）/退出（X）] <N>：

其中，"下一个（N）"和"上一个（P）"选项分别使编辑顶点后移或前移，以确定第二断点；"执行（G）"选项用于执行对位于第一断点到第二断点之间的多段线的删除操作，而后返回到上一级提示；"退出（X）"选项用于退出"打断（B）"操作，返回到上一级提示。

3）插入（I）

在当前编辑的顶点之后插入一个新顶点。执行该选项，AutoCAD 提示：

　　　指定新顶点的位置：

在此提示下确定新顶点的位置即可。

4）移动（M）

将当前的编辑顶点移动到新位置。执行该选项，AutoCAD 提示：

指定标记顶点的新位置：

在该提示下确定顶点的新位置即可。

5）重生成（R）

重新生成多段线。

6）拉直（S）

拉直多段线中位于指定两顶点之间的线段，即用连接这两点的直线代替原来的折线。执行该选项，AutoCAD 将当前编辑顶点作为第一拉直端点，并提示：

输入选项［下一个（N）/上一个（P）/执行（G）/退出（X）］<N>：

其中，"下一个（N）"和"上一个（P）"选项用于确定第二拉直点；"执行（G）"选项执行对位于两顶点之间的线段的拉直，即用一条直线代替它们，而后返回到上一级提示；"退出（X）"选项表示退出"拉直（S）"操作，返回到上一级提示。

7）切向（T）

改变当前所编辑顶点的切线方向。该功能主要用于确定对多段线进行曲线拟合时的拟合方向。执行该选项，AutoCAD 提示：

指定顶点切向：

可以直接输入表示切向方向的角度值，也可以通过指定点来确定方向。如果指定了一点，AutoCAD 以多段线的当前点与该点的连线方向作为切线方向。指定了顶点的切线方向后，AutoCAD 用一个箭头表示该切线方向。

8）宽度（W）

修改多段线中位于当前编辑顶点之后的直线段或圆弧段的起始宽度和终止宽度。执行该选项，AutoCAD 依次提示：

指定下一条线段的起点宽度：（输入起点宽度）

指定下一条线段的端点宽度：（输入终点宽度）

用户响应后，对应图形的宽度会发生相应的变化。

9）退出（X）

退出"编辑顶点（E）"操作，返回到执行 PEDIT 命令后的提示。

（5）拟合（F）

创建圆弧拟合多段线（即由圆弧连接每一顶点的平滑曲线），且拟合曲线要经过多段线的所有顶点，并采用指定的切线方向。图 3-23 为用圆弧拟合多段线的效果。

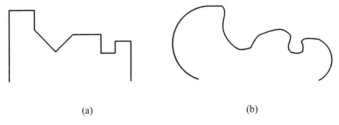

(a)   (b)

图 3-23　用圆弧拟合多段线

(a) 原多段线；(b) 拟合后

（6）样条曲线（S）

创建样条曲线拟合多段线，拟合效果如图 3-24 所示。

(a)　　　　　　　　　　　　　　　　　(b)

图 3-24　用样条曲线拟合多段线

(a) 原多段线；(b) 拟合后

从图 3-23 和图 3-24 可以看出，由"样条曲线（S）"选项和"拟合（F）"选项所绘制的曲线有很大的差别。

系统变量 SPLFRAME 控制是否显示所生成的样条曲线的边框，当系统变量的值为 0 时（默认值），只显示拟合曲线；当系统变量的值为 1 且图形重新生成后，会同时显示拟合曲线和曲线的线框，如图 3-25 所示。

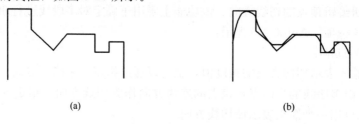

(a)　　　　　　　　　　　　　　　　　(b)

图 3-25　用样条曲线拟合多段线后显示线框

(a) 原多段线；(b) 拟合后（系统变量 SPLFRAME=1）

（7）非曲线化（D）

反拟合，一般可以使多段线恢复到执行"拟合（F）"或"样条曲线（S）"选项前的状态。

（8）线型生成（L）

规定非连续型多段线在各顶点处的绘线方式。执行该选项，AutoCAD 提示：

输入多段线线型生成选项［开（ON）/关（OFF）］:

如果执行"开（ON）"选项，多段线在各顶点处自动按折线处理，即不考虑非连续线在转折处是否有断点；如果执行"关（OFF）"选项，AutoCAD 在每段多段线的两个顶点之间按起点、终点的关系绘出多段线。具体效果如图 3-26 所示（注意两条曲线在各拐点处的差别）。

(a)　　　　　　　　　　　　　　　　　(b)

图 3-26　"线型生成（L）"选项的控制效果

(a) 线型生成（L）=ON；(b) 线型生成（L）=OFF

（9）反转（R）

改变多段线上的顶点顺序。当编辑多段线顶点时会看到此顺序。

70

（10）放弃（U）

取消 PEDIT 命令的上一次操作。用户可重复执行该选项。

执行 PLINE 命令后，AutoCAD 提示"选择多段线［多条（M）］:"。前面介绍了"选择多段线"选项的操作，"多条（M）"选项则允许用户同时编辑多条多段线。在"选择多段线［多条（M）］:"提示下执行"多条（M）"选项，AutoCAD 提示：

　　选择对象：

在此提示下可以选择多个对象。选择对象后 AutoCAD 提示：

　　［闭合（C）/打开（O）/合并（J）/宽度（W）/拟合（F）/样条曲线（S）/非曲线化（D）/线型生成（L）/反转（R）/放弃（U）］:

提示中的各选项与前面介绍的同名选项的功能相同。利用以上各选项，可以同时对多条多段线进行编辑操作。但提示中的"合并（J）"选项可以将用户选择的并没有首尾相连的多条多段线合并成一条多段线。执行"合并（J）"选项，AutoCAD 提示：

　　输入模糊距离或［合并类型（J）］:

提示中各选项的功能如下。

（1）输入模糊距离

确定模糊距离，即确定将使相距多远的两条多段线的两端点连接在一起。

（2）合并类型（J）

确定合并的类型。执行该选项，AutoCAD 提示：

　　输入合并类型［延伸（E）/添加（A）/两者都（B）］＜延伸＞:

其中，执行"延伸（E）"选项可以将通过延伸或修剪靠近端点的线段连接；"添加（A）"执行选项可以使通过在相近的两个端点处添加直线段实现连接；执行"两者都（B）"选项表示如果可能，可以通过延伸或修剪靠近端点的线段实现连接，否则在相近的两端点处添加直线段。

3.6　绘制、编辑样条曲线

3.6.1　绘制样条曲线

1. 功能

绘制离散点而生成的光滑曲线。

2. 命令调用方式

命令：SPLINE。工具栏："绘图"/"～"（样条曲线）按钮。菜单命令："绘图"/"样条曲线"命令。

3. 命令执行方式

执行 SPLINE 命令，AutoCAD 提示：

　　指定第一个点或［对象（O）］:

下面介绍提示中各选项的含义及其操作。

（1）指定第一个点

确定样条曲线上的第一点（即第一拟合点），为默认选项。确定样条曲线的起始点后，

AutoCAD 提示：

　　　　指定下一点：

在此提示下确定样条曲线上的第二拟合点，AutoCAD 提示：

　　　　指定下一点或［闭合（C）/拟合公差（F）］＜起点切向＞：

提示中各选项的含义及其操作如下。

1）指定下一点

继续确定拟合点绘制样条曲线。用户响应后，AutoCAD 继续提示：

　　　　指定下一点或［闭合（C）/拟合公差（F）］＜起点切向＞：

在此提示下可继续确定拟合点绘制样条曲线。

2）＜起点切向＞

确定样条曲线在起始点处的切线方向。确定样条曲线的全部拟合点，然后按Enter键，即执行“＜起点切向＞”选项，AutoCAD 提示：

　　　　指定起点切向：

同时，在起始点与当前光标点之间出现一条橡皮筋线，表示样条曲线在起始点处的切线方向。此时可以直接输入表示切线方向的角度值，也可以通过拖动的方式响应。如果在“指定起点切向：”提示下拖动鼠标，则表示样条曲线起始点处切线方向的橡皮筋线会随着光标点的移动发生变化，同时样条曲线的形状也发生相应的变化。用此方法动态地确定出样条曲线在起始点的切线方向，然后单击即可。

确定样条曲线在起始点处的切线方向后，AutoCAD 继续提示：

　　　　指定端点切向：

此提示要求确定样条曲线在终点处的切线方向，用户响应后（方法与确定样条曲线在起始点处的切线方向相同），AutoCAD 绘出样条曲线。

3）闭合（C）

封闭样条曲线。执行此选项，可使样条曲线封闭，同时 AutoCAD 提示：

　　　　指定切向：

此时要求确定样条曲线在起始点（也是终止点）处的切线方向。因为样条曲线的起始点与终止点重合，所以确定一个方向即可。确定切线方向后，即可绘出对应的封闭样条曲线。

4）拟合公差（F）

根据给定的拟合公差绘制样条曲线。

拟合公差指样条曲线与拟合点之间所允许偏移距离的最大值。显然，如果拟合公差为0，则绘出的样条曲线均通过各拟合点；如果给出的拟合公差不为0，则绘出的样条曲线不通过各拟合点（但总是通过起始点和终止点）。后一种方法特别适用于大量拟合点的情况。假如有如图 3-27（a）所示的多个点需要进行曲线拟合，如果拟合公差为0，将得到如图 3-27（b）所示的样条曲线。如果给定某一拟合公差值，则可能会得到如图 3-27（c）所示的样条曲线。

根据拟合公差绘制样条曲线的过程如下：

在“指定下一点或［闭合（C）/拟合公差（F）］＜起点切向＞：”提示下执行“拟合公差（F）”选项，AutoCAD 提示：

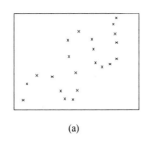 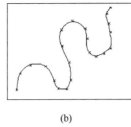 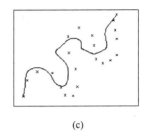

(a)   (b)   (c)

图 3-27 不同拟合公差值的样条曲线

(a) 数据点；(b) 拟合公差为 0 时的样条曲线；(c) 拟合公差为 1 时的样条曲线

指定拟合公差：

在此提示下输入拟合公差值，AutoCAD 继续提示：

指定下一点或 [闭合（C）/拟合公差（F）] <起点切向>：

在此提示下进行对应的操作，即可绘出样条曲线。

（2）对象（O）

将样条拟合多段线（由 PEDIT 命令的"样条曲线（S）"选项实现）转换为等价的样条曲线并删除多段线。执行该选项，AutoCAD 提示：

选择要转换为样条曲线的对象······

选择对象：

在该提示下选择对应的图形对象，即可实现转换。

3.6.2 编辑样条曲线

1. 功能

编辑样条曲线。

2. 命令调用方式

命令：SPLINEDIT。工具栏："修改Ⅱ" / "✎"（编辑样条曲线）按钮。菜单命令："修改" / "对象" / "样条曲线"命令。

3. 命令执行方式

执行 SPLINEDIT 命令，AutoCAD 提示：

选择样条曲线：

在该提示下选择样条曲线，则 AutoCAD 将在样条曲线的各控制点处显示夹点（夹点概念和用法在 4.3 中介绍），并提示：

输入选项 [拟合数据（F）/闭合（C）/移动顶点（M）/优化（R）/反转（E）/转换为多段线（P）/放弃（U）]：

说明：

如果选中的样条曲线为封闭曲线，则 AutoCAD 用"打开（O）"选项代替"闭合（C）"选项。

下面介绍提示中各选项的含义及其操作。

（1）拟合数据（F）

修改样条曲线的拟合点。执行该选项，AutoCAD 在样条曲线的各拟合点位置显示夹点并提示：

输入拟合数据选项 [添加（A）/闭合（C）/删除（D）/移动（M）/清理（P）/相切（T）/

73

公差（L）/退出（X）] ＜退出＞：

各选项的含义及其操作如下。

1）添加（A）

为样条曲线的拟合点集添加新拟合点。执行该选项，AutoCAD 提示：

指定控制点＜退出＞：

在此提示下应选择图中以夹点形式表示的拟合点集中的某个点，以确定新加入的点在点集中的位置。用户作出选择后，所选择的夹点将以另一种颜色显示。如果选择的是样条曲线上的起始点，则 AutoCAD 提示：

指定新点或［后面（A）/前面（B）］＜退出＞：

如果在此提示下直接确定新点的位置，AutoCAD 将新确定的点作为样条曲线的起始点；如果执行"后面（A）"选项后确定新点，则 AutoCAD 在第一点与第二点之间添加新点；如果执行"前面（B）"选项后确定新点，AutoCAD 将在第一个点之前添加新点。

如果用户在指定控制点＜退出＞：提示下选择除第一个点以外的任何一点，那么新添加的点将位于该点之后。

2）闭合（C）

封闭样条曲线。封闭后 AutoCAD 用"打开（O）"选项替代"闭合（C）"选项，表示可以打开封闭的样条曲线。

3）删除（D）

删除样条曲线拟合点集中的点。执行该选项，AutoCAD 提示：

指定控制点＜退出＞：

在此提示下选择某一拟合点，AutoCAD 将该点删除，并根据其余拟合点重新生成样条曲线。

4）移动（M）

移动指定拟合点的位置。执行此选项，AutoCAD 提示：

指定新位置或［下一个（N）/上一个（P）/选择点（S）/退出（X）] ＜下一个＞：

此时，AutoCAD 将样条曲线的起始点作为当前点，并用另一种颜色显示。在提示中，"下一个（N）"和"上一个（P）"选项分别用于选择当前拟合点的下一个或上一个拟合点作为移动点；"选择点（S）"选项表示允许选择任意一个拟合点作为移动点。确定了要移动位置的拟合点并确定了其新位置（即执行"指定新位置"默认选项），AutoCAD 会将当前拟合点移到新点，并仍保持该点为当前点，同时 AutoCAD 会根据此新点与其他拟合点重新生成样条曲线。

5）清理（P）

从图形数据库中删除拟合曲线的拟合数据。删除拟合曲线的拟合数据后，AutoCAD 的提示中不包括"拟合数据"选项，即：

输入选项［打开（O）/移动顶点（M）/优化（R）/反转（E）/转换为多段线（P）/放弃（U）/退出（X）] ＜退出＞：

6）相切（T）

改变样条曲线在起点和终止点的切线方向。执行该选项，AutoCAD 提示：

指定起点切向或［系统默认值（S）］：

此时若执行"系统默认值（S）"选项，表示样条曲线在起点处的切线方向将采用系统提供的默认方向；否则可以通过输入角度值或拖动鼠标的方式修改样条曲线在起点处的切线方向。确定起点切线方向后，AutoCAD 提示：

指定端点切向或［系统默认值（S）］：

该提示要求用户修改样条曲线在终点的切线方向，其操作与改变样条曲线在起点的切线方向相同。

7）公差（L）

修改样条曲线的拟合公差。执行该选项，AutoCAD 提示：

输入拟合公差：

如果将拟合公差设为 0，样条曲线会通过各拟合点；如果输入大于 0 的公差值，AutoCAD 会根据指定的拟合公差及各拟合点重新生成样条曲线。

8）退出（X）

退出当前的"拟合数据（F）"操作，返回到上一级提示。

（2）闭合（C）

封闭当前所编辑的样条曲线。执行该选项后，AutoCAD 提示：

输入选项［打开（O）/移动顶点（M）/优化（R）/反转（E）/转换为多段线（P）/放弃（U）/退出（X）］＜退出＞：

此时，可以执行"打开（O）"选项打开样条曲线。

（3）移动顶点（M）

移动样条曲线上的当前点。执行该选项，AutoCAD 提示：

指定新位置或［下一个（N）/上一个（P）/选择点（S）/退出（X）］＜下一个＞：

上面各选项的含义与"拟合数据（F）"选项中的"移动（M）"子选项的含义相同，此处不再介绍。

（4）优化（R）

对样条曲线的控制点进行细化操作。执行该选项，AutoCAD 提示：

输入精度选项［添加控制点（A）/提高阶数（E）/权值（＋）/退出（X）］＜退出＞：

1）添加控制点（A）

增加样条曲线的控制点。执行该选项，AutoCAD 提示：

在样条曲线上指定点＜退出＞：

此时，在样条曲线上指定点，AutoCAD 会在靠近影响此部分样条曲线的两控制点之间添加新控制点。

2）提高阶数（E）

控制样条曲线的阶数，阶数越高，控制点越多。AutoCAD 允许的阶数值范围为 4～26。执行该选项，AutoCAD 提示：

输入新阶数：

在此提示下输入新的阶数值即可。

3）权值（＋）

改变控制点的权值。较大的权值会将样条曲线拉近其控制点。执行该选项，Auto-CAD 提示：

输入新权值或［下一个（N）/上一个（P）/选择点（S）/退出（X）］：

"下一个（N)""上一个（P)"和"选择点（S)"选项均用于确定要改变权值的控制点。如果直接输入某一数值，即执行默认选项，该值为当前点的新权值。

4）退出（X)

退出当前的"优化（R)"操作，返回到上一级提示。

（5）反转（E)

反转样条曲线的方向，主要用于第三方应用程序。

（6）转换为多段线（P)

将样条曲线转化为多段线。执行该选项，AutoCAD 提示：

指定精度＜10＞：

此提示要求用户指定将样条曲线转换为多段线时，多段线对样条曲线的拟合精度，有效值为 0～99。

（7）放弃（U)

取消上一次的修改操作。

3.7 绘制、编辑多线

3.7.1 绘制多线

1. 功能

绘制多条平行线，即由两条或两条以上直线构成的相互平行的直线，且各直线可以分别具有不同的线型和颜色。

2. 命令调用方式

命令：MLlNE。菜单命令："绘图"/"多线"命令。

3. 命令执行方式

执行 MLINE 命令，AutoCAD 提示：

当前设置：对正＝上，比例＝20.00，样式＝STANDARD

指定起点或［对正（J)/比例（S)/样式（ST)]：

提示中的第一行说明当前的绘图模式。本提示示例说明当前的多线对正方式为"上"，比例为 20.00，样式为 STANDARD；第二行为绘制多线时的选择项，各选项的含义及其操作如下。

（1）指定起点

确定多线的起始点，为默认选项。执行该默认选项，AutoCAD 将按当前的多线样式、比例以及对正方式绘制多线，同时提示：

指定下一点：

在此提示下的后续操作与执行 LINE 命令后的绘直线操作过程类似，不再介绍。

（2）对正（J)

控制如何在指定的点之间绘制多线，即控制多线上的某条线要随光标移动。执行该选项，AutoCAD 提示：

输入对正类型［上（T)/无（Z)/下（B)]＜上＞：

各选项的含义如下：

1）上（T）

表示当从左向右绘制多线时，多线上位于最顶端的线将随光标移动。

2）无（Z）

表示绘制多线时，多线的中心线将随光标移动。

3）下（B）

表示当从左向右绘制多线时，多线上位于最底端的线将随光标移动。

（3）比例（S）

确定所绘多线的宽度相对于多线定义宽度的比例，该比例并不影响线型比例。执行该选项，AutoCAD 提示：

　　　　输入多线比例：

在此提示下输入新比例值即可。

（4）样式（ST）

确定绘制多线时采用的多线样式，默认样式为 STANDARD。执行该选项，AutoCAD提示：

　　　　输入多线样式名或［?］：

此时，可直接输入已有的多线样式名，也可以通过输入"?"，然后按 Enter 键显示已有的多线样式。用户可以根据需要定义多线样式。

3.7.2　定义多线样式

1. 功能

创建、管理多线样式。

2. 命令调用方式

命令：MLSTYLE。菜单命令："格式"/"多线样式"命令。

3. 命令执行方式

执行 MLSTYLE 命令，打开"多线样式"对话框，如图 3-28 所示。

在该对话框中，位于下部的"预览"图像框内显示当前多线的实际绘图样式。下面介绍其他各主要选项的功能。

（1）"样式"列表框

列表框中列出当前已有的多线样式名称。图 3-28 中只有一种样式，即 AutoCAD 提供的样式 STANDARD。

（2）"新建"按钮

新建多线样式。单击该按钮，打开"创建新的多线样式"对话框，如图 3-29 所示。

在该对话框的"新样式名"编辑框中输入新样式的名称（如输入"NEW"），并通过"基础样式"下拉列表框选择基础样式后，单击"继续"按钮，打开"新建多线样式"对话框，如图 3-30 所示。

图 3-28　"多线样式"对话框

图 3-29 "创建新的多线样式"对话框

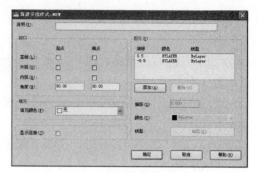

图 3-30 "新建多线样式"对话框

该对话框用于定义新多线的具体样式。下面介绍对话框中主要选项的功能。

1) "说明"文本框

输入对所定义多线的说明。

2) "封口"选项组

控制多线在起点和终点处的样式。其中，与"直线"行对应的两个复选框用于确定是否在多线的起点和终点处绘制横线，其效果如图 3-31 所示；与"外弧"行对应的两个复选框用于确定是否在多线的起点和终点处，在位于最外侧的两条线之间绘制圆弧，其效果如图 3-32 所示；与"内弧"行对应的两个复选框用于确定是否在多线的起点和终点处，在位于内侧的对应直线之间绘制圆弧（如果多线由奇数条线组成，则在位于中心线两侧的线之间绘制圆弧），其效果如图 3-33 所示；与"角度"行对应的两个文本框用于确定多线在两端的角度，其效果如图 3-34 所示。

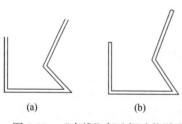

图 3-31 "直线"复选框功能说明

（a）无横线；（b）两端均有横线

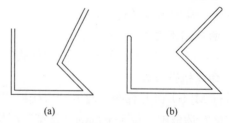

图 3-32 "外弧"复选框功能说明

（a）无圆弧；（b）两端均有圆弧

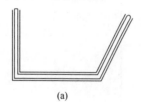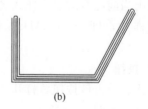

图 3-33 多线内圆弧功能说明

（a）多线由偶数线条组成；（b）多线由奇数线条组成

3) "填充"下拉列表框

确定填充多线的背景颜色，从下拉列表框中选择即可。

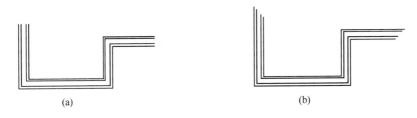

(a)   (b)

图 3-34　"角度"复选框功能说明

(a) 两端无角度；(b) 两端均 45°

4) "显示连接"复选框

确定在多线的转折处是否显示交叉线。

5) "图元"选项组

显示、设置当前多线样式的线元素。在其中的大列表框中，AutoCAD 要显示每条线相对于多线原点（O, O）的偏移量、颜色和线型。

其他选项的功能如下。

6) "添加"按钮

为多线添加新线。方法：单击"添加"按钮，AutoCAD 自动加入一条偏移量为 0 的新线，而后用户可以通过对话框中的"偏移"文本框、"颜色"下拉列表框以及"线型"按钮设置该线的偏移量、颜色和线型。

7) "删除"按钮

从多线样式中删除线元素。

8) "偏移"文本框

为多线样式中的元素指定偏移值。

9) "颜色"下拉列表框

显示并设置多线样式中的元素的颜色。

10) "线型"按钮

显示并设置多线样式中的元素的线型。单击该按钮，打开"选择线型"对话框，从中可以选择所需要的线型。

通过如图 3-30 所示的"新建多线样式"对话框完成新线的定义，然后单击该对话框中的"确定"按钮，返回到如图 3-28 所示的"多线样式"对话框。

(3) "修改"按钮

修改线型。从"样式"列表框中选择要修改的样式，单击"修改"按钮，打开与图 3-30 类似的对话框，可以通过其修改对应的样式。

(4) "置为当前""重命名"和"删除"按钮

"置为当前"按钮用于将在"样式"列表框选中的样式置为当前样式。当需要以某一多线样式绘图时，应首先将该样式置为当前样式。"重命名"按钮用于对在"样式"列表框选中的样式更改名称。"删除"按钮用于删除在"样式"列表框选中的样式。

(5) "加载"按钮

从多线文件（扩展名为 .mln 的文件）中加载已定义的多线。单击该按钮，打开"加载多线样式"对话框，如图 3-35 所示，供用户加载多线。AutoCAD 2010 提供了多线文件 ACAD. MLN，用户也可以创建自己的多线文件。

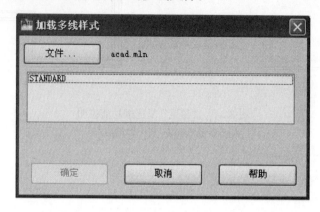

图 3-35 "加载多线样式"对话框

（6）"保存"按钮

将当前多线样式保存到多线文件中（文件的扩展名为.mln）。单击"保存"按钮，打开"保存多线样式"对话框，可通过该对话框确定文件的保存位置与名称，并进行保存。

（7）"说明"框

显示在"样式"列表框中所选中多线样式的说明部分。

（8）"预览"按钮

预览在"样式"列表框所选中多线样式的具体样式。

3.7.3 编辑多线

1. 功能

编辑已有多线。

2. 命令调用方式

命令：MLEDIT。菜单命令："修改" / "对象" / "多线"命令。

3. 命令执行方式

执行 MLEDIT 命令，AutoCAD 打开"多线编辑工具"对话框，如图 3-36 所示。该对话框中的各个图像按钮形象地说明了各种编辑功能，下面通过【例 3-8】说明它们的使用方法。

【例 3-8】已知有如图 3-37（a）所示的多线（图中的 A、B、C 点将用作编辑操作时的拾取点），将其编辑成如图 3-37（b）所示的形式。

执行 MLEDIT 命令，打开"多线编辑工具"对话框，双击该对话框中位于第一行，第三列的"角点结合"图像按钮，AutoCAD 提示：

选择第一条多线：（在 A 点处拾取对应的多线）

选择第二条多线：（在 B 点处拾取对应的多线）

选择第一条多线或［放弃（U）］：↵

执行结果如图 3-37（a）所示。

继续执行 MLEDIT 命令，从"多线编辑工具"对话框中双击位于第三行第一列的"十字合并"图像按钮，AutoCAD 提示：

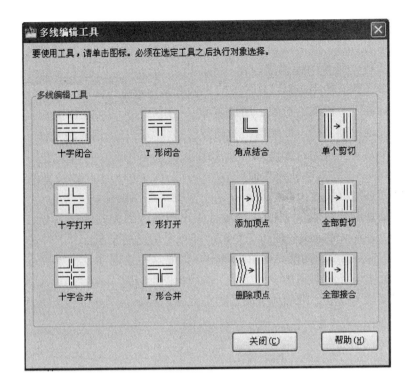

图 3-36 "多线编辑工具"对话框

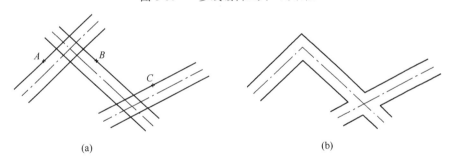

图 3-37 编辑多线示例

(a) 要编辑的多线；(b) 编辑结果

选择第一条多线：(在 B 点处拾取对应的多线)

选择第二条多线：(在 C 点处拾取对应的多线)

选择第一条多线或 [放弃（U）]：↵

最后的执行结果如图 3-37（b）所示。

3.8 本 章 小 结

本章介绍了 AutoCAD 2010 提供的绘制基本二维图形的功能，如绘制直线、射线、构造线、圆、圆环、圆弧、矩形、正多边形和点等图形对象。用户可通过工具栏、菜单或通过在命令窗口输入命令的方式执行 AutoCAD 的绘图命令，以及 AutoCAD 2010 提供的绘制多段线、样条曲线、多线以及对它们的编辑功能。利用多线段，可以绘制出具有不同宽度且由直线段和圆弧组成的图形对象。需要注意的是，使用多段线（PLINE）命令绘出的多线段是一个图形对象，但可以利用分解（EXPLODE）命令将其分解成构成多段线的各条直线段和圆弧段，而利用编辑多段线（PEDIT）命令则可以将多条直线和（或）圆弧段连接成一条多段线。使用矩形（RECTANG）和多边形（POLYGON）命令绘制的矩形和等边多边形均属于多段线的对象。用户还可以利用 AutoCAD 2010 绘制指定条件的样条曲线，可以方便地绘制多线，即绘制由不同颜色和线型的直线构成的平行线。

通过学习本章可以看出，AutoCAD 提供了良好的人机对话功能，即用户启动某一绘图命令后，AutoCAD 会立即在命令窗口给出提示，提示用户下一步应如何操作，同时还可以动态地在光标附近显示工具栏提示，用户对提示做出响应后，AutoCAD 将给出下一个提示，通过这样的"对话"，即可方便地绘制出图形。因此，用户无需记住执行某一命令后 AutoCAD 要显示的提示，通过命令窗口即可了解这些信息。虽然本章介绍了 Auto-CAD 2010 的基本二维绘图功能，但可以看出，仅靠这些绘图命令很难快速、准确地绘出工程图形。因此本章各绘图示例中只绘了一些简单图形，只有结合 AutoCAD 的图形编辑等功能，才能够较为高效、准确地绘制各种工程图。

第 4 章　综合编辑二维图形

本章要点：

本章介绍 AutoCAD 2010 的图形编辑功能。通过本章的学习，读者应掌握以下内容：

- 选择对象的方式
- 选择预览功能
- AutoCAD 2010 提供的常用编辑功能，包括删除、移动、复制、旋转、缩放、偏移、镜像、阵列、拉伸、修剪、延伸、打断、创建倒角和圆角等。
- 利用夹点功能编辑图形

AutoCAD 2010 的大部分编辑命令位于"修改"菜单中，也可以通过"修改"工具栏执行常用的编辑命令。

4.1　编　辑　二　维　图　形

4.1.1　选择对象

本节介绍 AutoCAD 2010 提供的用于选择所操作对象的方式以及选择预览功能。

1. 选择对象的方式

当启动 AutoCAD 2010 的某一编辑命令或其他某些命令后，AutoCAD 通常会提示"选择对象："，要求用户选择要进行操作的对象，同时将十字光标改为小方框形状（称之为拾取框）。此时，用户应选择对应的操作对象。AutoCAD 2010 提供了多种选择操作对象的方法，下面介绍其中的一些常用方法。

说明：

当在"选择对象："提示下用某种方法选择对象后，被选中的对象以虚线形式显示（又称其为亮显）。

（1）直接拾取

直接拾取为默认的选择对象方式，选择过程：通过鼠标（或其他定点设备）移动拾取框，使其压住需要选择的对象，单击，此时该对象以虚线形式显示，表示已被选中。

（2）选择全部对象

在"选择对象："提示下输入"ALL"，按 Enter 键或空格键，AutoCAD 会选中屏幕上的所有对象。

（3）默认矩形窗口选择方式

当提示"选择对象："时，如果将拾取框移到图中的空白处，单击（注意：拾取框不要压到对象上），AutoCAD 提示：

指定对角点：

在该提示下将光标移到另一个位置后单击，AutoCAD 自动以这两个拾取点为对角点确定一个矩形选择窗口，如果矩形窗口是从左向右定义的（即定义矩形窗口的第二角点位于第一角点的右侧），则位于窗口内的对象均被选中，而位于窗口外以及与窗口边界相交的对象不会被选中；如果矩形窗口是从右向左定义的（即定义矩形窗口的第二角点位于第一角点的左侧），那么不仅位于窗口内的对象会被选中，而且与窗口边界相交的对象也均会被选中。

（4）矩形窗口选择方式

该选择方式将选中位于矩形选择窗口内的所有对象。在"选择对象："提示下输入"W"并按 Enter 键或空格键，AutoCAD 会依次提示用户确定选择矩形窗口的两个对角点：

指定第一个角点：（确定窗口的第一角点位置）

指定对角点：（确定窗口的对角点位置）

执行结果：选中位于由两个对角点确定的矩形窗口内的所有对象。

该选择方式与默认矩形选择窗口方式的区别：在"指定第一个角点："提示下确定矩形窗口的第一角点位置时，无论拾取框是否压住对象，AutoCAD 均将拾取点看作选择窗口的第一角点，而不会选中所压对象。另外，采用该选择方式时，无论是从左向右还是从右向左定义选择窗口，被选中的对象均是位于窗口内的对象。

（5）交叉矩形窗口选择方式

在"选择对象："提示下输入"C"，然后按 Enter 键，AutoCAD 会依次提示确定矩形选择窗口的两个角点：

指定第一个角点：

指定对角点：

用户依次响应后，所选中对象为位于矩形窗口内的对象以及与窗口边界相交的所有对象。

（6）不规则窗口选择方式

在："选择对象："提示下输入"WP"，然后按 Enter 键或空格键，AutoCAD 提示：

第一圈围点：（确定不规则选择窗口的第一个角点位置）

指定直线的端点或［放弃（U）］：

在后续一系列此提示下，指定不规则选择窗口的其他各角点的位置，然后按 Enter 键或空格键，AutoCAD 选中位于由这些点确定的不规则窗口内的所有对象。

（7）不规则交叉窗口选择方式

在"选择对象："提示下输入"CP"并按 Enter 键或空格键，后续操作与不规则窗口选择方式相同，但执行的结果为：位于不规则选择窗口内以及与该窗口边界相交的对象均被选中。

（8）前一个方式

在"选择对象："提示下输入"P"后按 Enter 键或空格键，AutoCAD 将选中在当前操作之前进行的操作，在"选择对象："提示下选中的对象。

（9）最后一个方式

在"选择对象："提示下输入"L"后按 Enter 键或空格键，AutoCAD 选取最后操作时选中或绘制的对象。

（10）栏选方式

在"选择对象:"提示下输入"L"后按 Enter 键或空格键，AutoCAD 提示：

指定第一个栏选点:（确定第一点）

指定下一个栏选点或［放弃（U）］:

在后续一系列提示下确定栏选方式的其他各栏选点后，按 Enter 键或空格键，与由这些点确定的围线相交的对象均被选中。

（11）取消操作

如果在"选择对象:"提示下输入"U"，然后按 Enter 键或空格键，则会取消最后进行的选择操作，即从选择集中删除最后一次选择的对象。用户可以在"选择对象:"提示下连续用 U 操作从选择集中删除已选择的对象。

本节介绍了 AutoCAD 提供的常用的选择对象的方法。在实际操作中，用户可以根据具体的绘图需要和绘图习惯采用不同的方法来选择对象。

说明：

有些 AutoCAD 命令只能对一个对象进行操作，如 BREAK（打断）命令等，这时只能通过直接拾取的方式选择操作对象；还有些命令只能采用特殊的选择对象方式来选择对象。例如，STRETCH（拉伸）命令一般只能通过交叉矩形窗口或不规则交叉窗口方式选择拉伸对象。这些命令的使用方法详见后面的介绍。

2. 去除模式

上边介绍的在"选择对象:"提示下选择的对象均会加入选择集中，属于加入模式。

另外，AutoCAD 还提供了去除模式，即将选中的对象移出选择集，在画面上体现为：以虚线形式显示的选中对象又恢复成正常显示方式，即退出了选择集。此模式的操作方法为：在"选择对象:"提示下输入"R"并按 Enter 键或空格键，即可切换到去除模式，此时 AutoCAD 提示：

删除对象:

在该提示下，可以用前边介绍的各种方式选择需要去除的对象。被选中的对象均会退出选择集。

用户可以从去除模式切换到加入模式，即从"删除对象:"提示切换到"选择对象:"提示，切换方法：在"删除对象:"提示下输入"A"，然后按 Enter 键或空格键，AutoCAD 将再次提示"选择对象:"，即返回到加入模式。

同样，在"删除对象:"提示下输入"U"，然后按 Enter 键或空格键，可以恢复已从选择集中去除的对象，使其再次被选中。

3. 选择预览

当启用选择预览功能后，如果光标位于某一对象上，该对象会亮显，如图 4-1 所示。

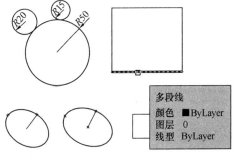

图 4-1　启用选择预览功能，将光标
放到矩形上时，矩形亮显

用户可以设置是否启用选择预览功能以及如何使用该功能。具体操作如下：

选择"工具"/"选项"命令，在打开的"选项"对话框的"选择集"选项卡中，利用"选择集预览"选项组来设置选择预览功能，如图4-2所示。其中，选中"命令处于活动状态时"复选框表示仅当某个命令处于活动状态并显示"选择对象："提示时，选择预览功能才有效；选中"未激活任何命令时"复选框表示即使未激活任何命令，选择预览功能也有效；"视觉效果设置"按钮用于确定选择预览的效果，单击该按钮，打开"视觉效果设置"对话框，如图4-3所示。

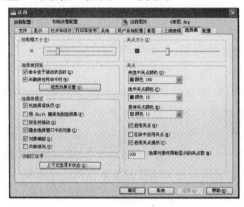 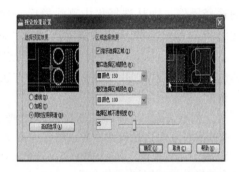

图4-2　"选择集"选项卡　　　　图4-3　"视觉效果设置"对话框

在该对话框中的"选择预览效果"选项组中，选中"虚线"单选按钮表示当光标位于某一对象上时，该对象以虚线形式显示。选中"加粗"单选按钮表示当光标位于某一对象上时，该对象以粗线形式显示。选中"同时应用两者"单选按钮表示当光标位于某一对象上时，该对象以加粗的虚线形式显示。

"区域选择效果"选项组中的"指示选择区域"复选框用于确定是否显示选择区域，其中，"窗口选择区域颜色"下拉列表框控制窗口选择区域（即以矩形窗口或不规则窗口选择方式选择对象时形成的窗口区域）的背景颜色。"窗交选择区域颜色"下拉列表框控制交叉选择区域（即以交叉矩形窗口或不规则交叉窗口选择方式选择对象时形成的窗口区域）的背景颜色。例如，在如图4-3所示设置下，如果在"选择对象："提示下以矩形窗口方式选择对象，AutoCAD将显示出如图4-4所示形式的选择窗口，即选择窗口具有背景颜色。由左向右方向拉选框，背景颜色为浅蓝色，反之由右向左拉选框则为浅绿色。

4.1.2　删除对象

1. 功能

删除指定的对象。

2. 命令调用方式

命令：ERASE。工具栏："修改"/

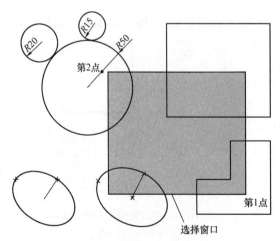

图4-4　具有背景颜色的窗口选择区域

"✐"（删除）按钮。菜单命令："修改"/"删除"命令。

3. 命令执行方式

单击工具栏："修改"/"✐"（删除）按钮，AutoCAD 提示：

  选择对象：（选择要删除的对象可以用 4.1.1 节介绍的各种方法选择）

  选择对象：↵（也可以继续选择对象）

执行结果：AutoCAD 删除选中的对象。

4.1.3 移动对象

1. 功能

将选中的对象从当前位置移动到另一位置，即更改图形的位置。

2. 命令调用方式

命令：MOVE。工具栏："修改"/"✛"（移动）按钮。菜单命令："修改"/"移动"命令。

3. 命令执行方式

执行 MOVE 命令，AutoCAD 提示（图 4-5）：

  选择对象：（选择要移动位置的对象）

  选择对象：↵（也可以继续选择对象）

  指定基点或［位移（D）］＜位移＞：

下面介绍各选项的含义及其操作。

（1）指定基点

确定移动基点，为默认选项。执行该默认选项，即指定移动基点后，AutoCAD 提示：

  指定第二个点或＜使用第一个点作为位移＞：

在此提示下再确定一点，即执行"指定第二个点"选项，AutoCAD 将选择的对象从当前位置按所指定两点确定的位移矢量移动；如果在此提示下直接按 Enter 键或空格键，AutoCAD 则将所指定的第一点的各坐标分量作为移动位移量移动对象。

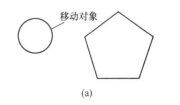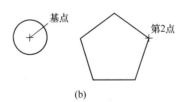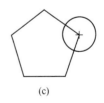

(a)   (b)   (c)

图 4-5　移动示例

(a) 选择移动对象；(b) 指定移动基点等；(c) 移动结果

（2）位移（D）

根据位移量移动对象。执行该选项，AutoCAD 提示：

  指定位移：

如果在此提示下输入位移量，AutoCAD 将所选对象按对应的移动位移量移动。例如，在"指定位移："提示下输入"@30，10"，然后按 Enter 键，则 30、10 分别表示沿 X 和 Y 坐标方向的移动位移量。

4.1.4 复制对象

1. 功能

将选定的对象复制到指定的位置。

2. 命令调用方式

命令：COPY。工具栏："修改"/"█"（复制）按钮。菜单命令："修改"/"复制"命令。

3. 命令执行方式

执行 COPY 命令，AutoCAD 提示：

> 选择对象：（选择要复制的对象）
>
> 选择对象：↵（也可以继续选择对象）
>
> 指定基点或［位移（D）/模式（O）］<位移>：

下面介绍各选项的含义及其操作。

（1）指定基点

确定复制基点，为默认选项。指定复制基点后，AutoCAD 提示：

> 指定第二个点或<使用第一个点作为位移>：

在此提示下再确定一点，AutoCAD 将所选择对象按由两点确定的位移矢量复制到指定位置；如果在该提示下直接按 Enter 键或 Space 键，AutoCAD 将第一点的各坐标分量作为位移量复制对象。完成复制后，AutoCAD 可能会继续提示：

> 指定第二个点或［退出（E）/放弃（U）］<退出>：

如果在该提示下再依次确定位移的第二点，AutoCAD 将所选对象按基点与对应点确定的各位移矢量关系进行多次复制。如果按空格键或 Esc 键，AutoCAD 结束复制操作。

（2）位移（D）

根据位移量复制对象。执行该选项，AutoCAD 提示：

> 指定位移：

如果在此提示下输入位移量，AutoCAD 将所选择对象按对应的位移量复制对象。

（3）模式（O）

确定复制模式。执行该选项，AutoCAD 提示：

> 输入复制模式选项［单个（S）/多个（M）］<多个>：

其中，"单个（S）"选项表示执行 COPY 命令后只能对选择的对象执行一次复制，而"多个（M）"选项表示可以对所选对象执行多次复制，AutoCAD 默认为"多个（M）"。

4.1.5 旋转对象

1. 功能

将指定的对象绕指定点（称其为基点）旋转指定的角度。

2. 命令调用方式

命令：ROTATE。工具栏："修改"/"█"（旋转）按钮。菜单命令："修改"/"旋转"命令。

3. 命令执行方式

执行 ROTATE 命令，AutoCAD 提示（图 4-6）：

选择对象：（选择要旋转的对象）

选择对象：↵（也可以继续选择对象）

指定基点：（确定旋转基点）

指定旋转角度，或［复制（C）/参照（R）］：

下面介绍提示中各选项的含义及其操作。

（1）指定旋转角度

确定旋转角度。如果直接在上面的提示下输入角度值后按 Enter 键或空格键，即执行默认选项，AutoCAD 将对象绕基点转动该角度，且在默认状态下，角度为正时按逆时针方向旋转，反之则按顺时针方向旋转。

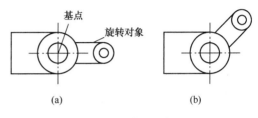

图 4-6　旋转示例

(a) 旋转对象与基点；(b) 旋转结果

（2）复制（C）

创建旋转对象后仍保留原对象。执行该选项后，根据提示指定旋转角度即可。

（3）参照（R）

以参照方式旋转对象。执行该选项，AutoCAD 提示：

指定参照角：（输入参照角度值）

指定新角度或［点(P)］<0>：（输入新角度值，或通过"点(P)"选项指定两点来确定新角度）

执行结果：AutoCAD 会根据参照角度与新角度的值自动计算旋转角度（旋转角度＝新角度－参照角度），并将对象绕基点旋转该角度。

4.1.6　缩放对象

1. 功能

放大或缩小指定的对象。

2. 命令调用方式

命令：SCALE。工具栏："修改" / "□"（缩放）按钮。菜单命令："修改" / "缩放"命令。

3. 命令执行方式

执行 SCALE 命令，AutoCAD 提示（图 4-7）：

选择对象：（选择要缩放的对象）

选择对象：↵（也可以继续选择对象）

指定基点：（确定基点位置）

指定比例因子或［复制（C）/参照（R）］：

下面介绍提示中各选项的含义及其操作。

（1）指定比例因子

用于确定缩放的比例因子。输入比例因子后，按 Enter 键或空格键，AutoCAD 将选择对象根据此比例因子相对于基点缩放，且比例因子大于 1 时放大对象，否则缩小对象。

（2）复制（C）

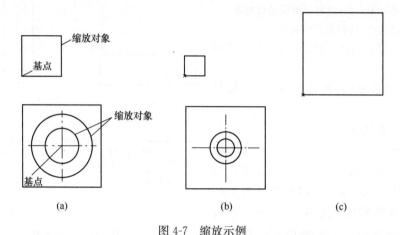

图 4-7 缩放示例

(a) 原图形；(b) 缩小 2 倍结果；(c) 放大 2 倍结果

创建缩小或放大的对象后仍保留原对象。执行该选项后，根据提示指定缩放比例因子即可。

（3）参照（R）

将对象按参照方式缩放。执行该选项，AutoCAD 提示：

指定参照长度：（输入参照长度的值）

指定新的长度或 [点(P)]：（输入新的长度值或通过"点（P）"选项指定两点来确定长度值）

执行结果：AutoCAD 会根据参照长度与新长度的值自动计算比例因子（比例因子＝新长度值÷参照长度值），并进行对应的缩放。

4.1.7 偏移对象

1. 功能

创建同心圆、平行线或等距曲线，如图 4-8 所示。偏移操作又称为偏移复制。

2. 命令调用方式

命令：OFFSET。工具栏："修改" / "⬙"（偏移）按钮。菜单命令："修改" / "偏移"命令。

图 4-8 偏移示例

3. 命令执行方式

执行 OFFSET 命令，AutoCAD 提示：

指定偏移距离或 [通过（T）/删除（E）/图层（L）] ＜通过＞：

下面介绍提示中各选项的含义及其操作。

（1）指定偏移距离

根据偏移距离偏移复制对象。如果在"指定偏移距离或 [通过（T）/删除（E）/图层（L）]："提示下输入距离值，AutoCAD 提示：

选择要偏移的对象，或 [退出（E）/放弃（U）] ＜退出＞：（选择偏移对象，也可以按 Enter 键或空格键退出命令的执行）

指定要偏移的那一侧上的点，或［退出（E）/多个（M）/放弃（U）］＜退出＞：（在要复制到的一侧任意确定一点，"多个（M）"选项用于实现多次偏移复制。"退出（E）"选项用于结束命令的执行。"放弃（U）"选项用于取消上一次的偏移复制操作）

选择要偏移的对象，或［退出（E）/放弃（U）］＜退出＞：↵（也可以继续选择对象进行偏移复制）

（2）通过（T）

使偏移复制后得到的对象通过指定的点。执行该选项，AutoCAD 提示：

选择要偏移的对象，或［退出（E）/放弃（U）］＜退出＞：（选择偏移对象，也可以按 Enter 键或空格键退出命令的执行）

指定通过点或［退出（E）/多个（M）/放弃（U）］＜退出＞：（确定对象要通过的点。"多个（M）"选项用于实现多次偏移复制。"退出（E）"选项用于结束命令的执行。"放弃（U）"选项用于取消上一次的偏移复制操作）

选择要偏移的对象，或［退出（E）/放弃（U）］＜退出＞：↵（也可以继续选择对象进行偏移复制）

（3）删除（E）

执行偏移操作后，删除源对象。执行"删除（E）"选项，AutoCAD 提示：

要在偏移后删除源对象吗？［是（Y）/否（N）］＜否＞：

用户选择后，AutoCAD 提示：

指定偏移距离或［通过（T）/删除（E）/图层（L）］＜通过＞：

此时，根据提示继续操作即可。

（4）图层（L）

确定将偏移对象创建在当前图层上，还是源对象所在的图层上（图层介绍详见第 2 章）。执行"图层（L）"选项，AutoCAD 提示：

输入偏移对象的图层选项［当前（C）/源（S）］＜源＞：

此时，可通过"当前（C）"选项将偏移对象创建在当前图层，或通过"源（S）"选项将偏移对象创建在源对象所在的图层上。用户选择后，AutoCAD 提示：

指定偏移距离或［通过（T）/删除（E）/图层（L）］＜通过＞：

根据提示操作即可。

4. 说明

（1）执行 OFFSET（偏移）命令后，只能以直接拾取的方式选择对象，而且在一次偏移操作中只能选择一个对象。

（2）如果用给定偏移距离的方式偏移复制对象，距离值必须大于零。

（3）对不同的对象执行 OFFSET（偏移）命令，结果不同，其中：

对圆弧进行偏移复制后，新圆弧与旧圆弧有同样的包含角，但新圆弧的长度与旧圆弧不同。对圆或椭圆进行偏移复制后，新圆与旧圆以及新椭圆与旧椭圆有同样的圆心，但新圆的半径或新椭圆的轴长将发生对应的变化。对线段、构造线、射线进行偏移操作，实际为平行复制。

4.1.8 镜像对象

1. 功能

将选中的对象相对于指定的镜像线进行镜像，如图 4-9 所示。此功能特别适用于绘制

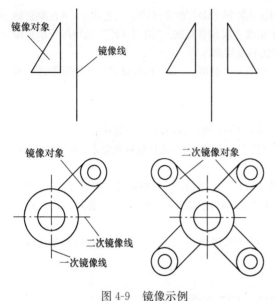

图 4-9　镜像示例

对称图形。

2. 命令调用方式

命令：MIRROR。工具栏："修改"/"◢◣"（镜像）按钮。菜单命令："修改"/"镜像"命令。

3. 命令执行方式

执行 MIRROR 命令，AutoCAD 提示：

选择对象：（选择要镜像的对象）

选择对象：↵（也可以继续选择对象）

指定镜像线的第一点：（确定镜像线上的一点）

指定镜像线的第二点：（确定镜像线上的另一点）

要删除源对象吗？〔是（Y）/否（N）〕<N>：

此提示询问用户是否要删除源操作对象，如果直接按 Enter 键或空格键，即执行默认选项"否（N）"，AutoCAD 镜像复制对象，即镜像后保留源对象；如果执行"是（Y）"选项，AutoCAD 执行镜像操作后删除源对象。

当文字属于被镜像对象时，有两种镜像结果：一种是文字可读镜像，如图 4-10（b）所示；另一种是文字完全镜像，如图 4-10（c）所示。系统变量 MIRRTEXT 控制镜像结果。当系统变量 MIRRTEXT 的值为 0 时，文字按可读方式镜像；为 1 时，文字按完全方式镜像。系统变量 MIRRTEXT 的默认值为 0。

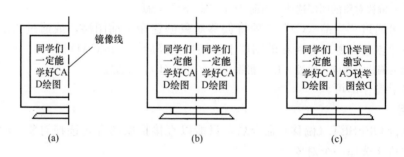

图 4-10　文字镜像示例

（a）镜像对象；（b）文字可读镜像；（c）文字完全镜像

4.1.9　阵列对象

1. 功能

将选中的对象进行矩形或环形多重复制。

2. 命令调用方式

命令：ARRAY。工具栏："修改"/"▦"（阵列）按钮。菜单命令："修改"/"阵列"命令。

3. 命令执行方式

执行 ARRAY 命令，打开"阵列"对话框，如图 4-11 所示。此对话框用于对矩形或环形阵列进行相关的设置。下面分别进行介绍。

（1）矩形阵列

图 4-11 为矩形阵列使用的对话框（即在"阵列"对话框中选中了"矩形阵列"单选按钮）。下面介绍该对话框中主要选项的功能。

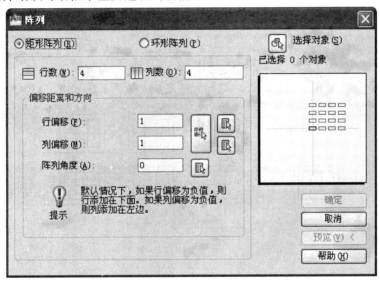

图 4-11　"阵列"对话框——矩形阵列

1）"行数""列数"文本框

用于确定矩形阵列的阵列行数和列数，在对应的文本框中直接输入数值即可。

2）"偏移距离和方向"选项组

用于确定矩形阵列的行间距、列间距以及整个阵列的旋转角度。用户可分别在"行偏移""列偏移"和"阵列角度"文本框中输入具体数值，也可以单击对应的按钮，在绘图窗口内直接指定。在默认坐标系设置下，如果"行偏移"为负值，阵列后的行会添加在原对象的下方，否则将添加在上方；如果"列偏移"为负值，阵列后的列添加在原对象的左侧，否则将添加在右侧。

3）"选择对象"按钮

用于选择要阵列的对象。单击该按钮，AutoCAD 切换到绘图屏幕，并提示"选择对象："。在此提示下选择阵列对象，然后按 Enter 键或空格键，AutoCAD 返回到如图 4-11 所示的"阵列"对话框。

4）"预览"按钮

用于预览阵列效果。通过"阵列"对话框确定阵列参数并选择阵列对象，用户可以预览阵列效果。单击"预览"按钮，AutoCAD 切换到绘图屏幕并按当前设置显示阵列效果，同时提示：

拾取或按 Esc 键返回到对话框或<单击鼠标右键接受阵列>：

根据提示操作即可。

5）"确定"和"取消"按钮

"确定"按钮用于按指定的设置阵列对象；"取消"按钮则用于取消当前操作。

另外，当通过"阵列"对话框设置了阵列参数后，AutoCAD会在对话框右侧的图像框中显示阵列模拟效果。

图4-12即为一个矩形阵列示例。

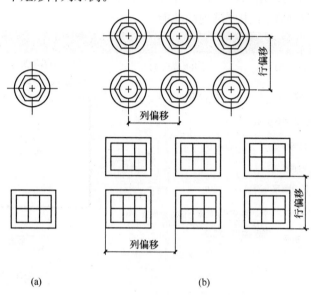

(a)   (b)

图4-12　矩形阵列示例

（a）已有对象；（b）按2行、3列阵列

（2）环形阵列

如果选中如图4-11所示的"阵列"对话框中的"环形阵列"单选按钮，AutoCAD将切换到环形阵列设置界面，如图4-13所示。

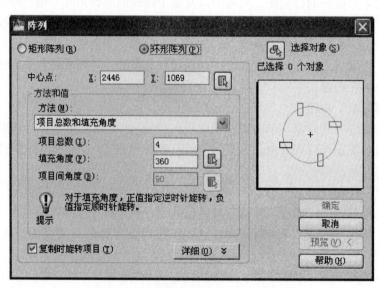

图4-13　"阵列"对话框——环形阵列

下面介绍该对话框中主要选项的功能。

1）"中心点"文本框

用于确定环形阵列的阵列中心位置。可以在文本框中直接输入 X、Y 坐标值，也可以单击对应的按钮"🔳"，在绘图窗口内拾取。

2）"方法和值"选项组

用于确定环形阵列的具体方式及其数据。

①"方法"下拉列表框

用于确定环形阵列的阵列方式。可通过下拉列表在"项目总数和填充角度""项目总数和项目间的角度"以及"填充角度和项目间的角度"之间选择。

②"项目总数"文本框、"填充角度"文本框及"项目间角度"文本框

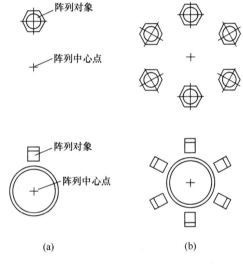

根据所选择的阵列方法，分别用于确定阵列时项目总数、填充角度和项目间角度的具体值。"项目总数"文本框用于设置环形阵列后的对象个数（数量包括源对象）；"填充角度"文本框用于设置环形阵列的填充角度；"项目间角度"文本框则用于设置阵列后相邻两对象之间的角度。对于填充角度而言，在默认设置下，正值将沿逆时针方向环形阵列对象，反之沿顺时针方向阵列对象。

3）"复制时旋转项目"复选框

用于确定环形阵列对象时对象本身是否绕其基点旋转，其效果如图 4-14 所示。

4）其他功能

与矩形阵列类似，"选择对象"按钮用于确定要阵列的对象，"预览"按钮用于预览阵列效果，"确定"按钮用于确认阵列设置，即执行阵列。

图 4-14　环形阵列示例

（a）阵列对象与阵列中心；（b）阵列时旋转项目

4.1.10　拉伸对象

1. 功能

拉伸操作通常用于使对象拉长或压缩，但在一定条件下也可以移动图形。

2. 命令调用方式

命令：STRETCH。工具栏："修改" / "🔳"（拉伸）按钮。菜单命令："修改" / "拉伸"命令。

3. 命令执行方式

执行 STRETCH 命令，AutoCAD 提示（图 4-15）：

以交叉窗口或交叉多边形选择要拉伸的对象…

选择对象：C↵（或用 CP 响应。第一行提示说明用户只能以交叉窗口方式即交叉矩形窗口选择对象）（选择对象）

选择对象：（可以继续选择拉伸对象）

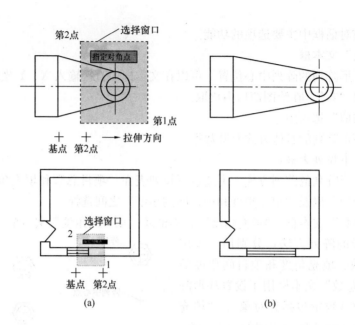

图 4-15 拉伸示例

(a) 选择拉伸对象及位移点；(b) 拉伸结果

选择对象：↵

指定基点或〔位移（D）〕＜位移＞：

下面介绍提示中各选项的含义及其操作。

（1）指定基点

确定拉伸或移动的基点，为默认选项。指定基点后，AutoCAD 提示：

指定第二个点或＜使用第一个点作为位移＞：

在此提示下再确定一点，即执行"指定第二个点"选项，AutoCAD 将选择的对象从当前位置按由所指定两点确定的位移矢量实现移动或拉伸，即 AutoCAD 移动位于全部选择窗口内的对象；将与窗口边界相交的对象按规则拉伸或压缩，具体拉伸规则见后面的介绍。如果在上面的提示下直接按 Enter 键或空格键，AutoCAD 将所指定的第一点的各坐标分量作为位移量拉伸或移动对象。

（2）位移（D）

根据位移量移动对象。执行该选项，AutoCAD 提示：

指定位移：

如果在此提示下输入位移量，AutoCAD 将所选择对象根据该位移量按规则拉伸或移动。

4. 拉伸规则

在"选择对象："提示下选择对象时，对于用 LINE 和 ARC 等命令绘制的直线或圆弧，如果整个对象均位于选择窗口内，执行结果是对它们进行移动。若对象的一端位于选择窗口内，另一端位于选择窗口外，即对象与选择窗口的边界相交，则有以下拉伸规则。

（1）线段：位于选择窗口内的端点不动而位于选择窗口外的端点移动，直线由此发生对应的改变。

（2）圆弧：与直线类似，但在圆弧改变过程中，圆弧的弦高保持不变，并由此调整圆心位置。

（3）多段线（详见 3.5 节介绍）：与直线或圆弧相似，但多段线两端的宽度、切线方向以及曲线的拟合信息均不改变。

（4）其他对象：如果对象的定义点位于选择窗口内，对象发生移动，否则不动。其中，圆的定义点为圆心，块的定义点为块插入点，文字和属性的定义点为字符串的位置定义点。

例如，对于如图 4-15 所示的拉伸示例，当执行拉伸操作后，位于选择窗口中的对象均向右平移，但两条斜线被拉长，且拉长后仍保持与圆的相切关系。

4.2 修 改 命 令

4.2.1 修改对象的长度

1. 功能

改变线段或圆弧的长度。

2. 命令调用方式

命令：LENGTHEN。菜单命令："修改" / "拉长"命令。

3. 命令执行方式

执行 LENGTHEN 命令，AutoCAD 提示：

选择对象或［增量（DE）/百分数（P）/全部（T）/动态（DY）］：

下面介绍提示中各选项的含义及其操作。

（1）选择对象

该选项用于显示指定直线或圆弧的当前长度及包含角（对于圆弧而言），为默认选项。选择对象后，AutoCAD 显示出对应的值，并继续提示：

选择对象或［增量（DE）/百分数（P）/全部（T）/动态（DY）］：

（2）增量（DE）

通过设定长度增量或角度增量改变对象的长度。执行该选项，AutoCAD 提示：

输入长度增量或［角度（A）］：

1）输入长度增量

输入长度增量，为默认选项。执行该选项，AutoCAD 提示：

选择要修改的对象或［放弃（U）］：（在该提示下选择线段或圆弧，被选择对象按给定的长度增量在离拾取点近的一端改变长度，且长度增量为正值时变长，反之变短）

选择要修改的对象或［放弃（U）］：↵（也可以继续选择对象进行修改）

2）角度（A）

根据圆弧的包含角增量改变弧长。执行该选项，AutoCAD 提示：

输入角度增量：

输入圆弧的角度增量后，AutoCAD 提示：

选择要修改的对象或［放弃（U）］：（在该提示下选择圆弧，该圆弧将按指定的角度增量在离拾取点近的一端改变长度，且角度增量为正值时圆弧变长，反之变短）

选择要修改的对象或［放弃（U）］：↵（也可以继续选择对象进行修改）

（3）百分数（P）

使直线或圆弧按照百分比改变长度。执行该选项，AutoCAD 提示：

输入长度百分数：（输入百分比值）

选择要修改的对象或［放弃（U）］：（选择对象）

执行结果：所选择对象在离拾取点近的一端按指定的百分数延长或缩短，当输入的值大于 100（即大于 100%）时延长，反之缩短；而当输入的值等于 100 时，对象的长度保持不变。

（4）全部（T）

根据直线或圆弧的新长度或圆弧的新包含角改变长度。执行该选项，AutoCAD 提示：

指定总长度或［角度（A）］：

1）指定总长度

输入直线或圆弧的新长度，为默认选项。输入新长度值后，AutoCAD 提示：

选择要修改的对象或［放弃（U）］：

在此提示下选择线段或圆弧，AutoCAD 会使操作对象在离拾取点近的一端改变长度，其长度变为新设置的值。

2）角度（A）

确定圆弧的新包含角度（该选项只适用于圆弧）。执行该选项，AutoCAD 提示：

指定总角度：（输入角度）

选择要修改的对象或［放弃（U）］：

在此提示下选择圆弧，该圆弧在离拾取点近的一端改变长度，其包含角变为新设置的值。

（5）动态（DY）

动态改变圆弧或直线的长度。执行该选项，AutoCAD 提示：

选择要修改的对象或［放弃（U）］：（选择对象）

指定新端点：

在此提示下可以通过鼠标动态确定圆弧或线段端点的新位置。

4.2.2 修剪对象

1. 功能

用作为剪切边的对象修剪指定的对象，即将被修剪对象沿剪切边断开，并删除位于剪切边一侧或位于两条剪切边之间的对象，如图 4-16 所示。

2. 命令调用方式

命令：TRIM。工具栏："修改" / "➜"（修剪）按钮。菜单命令："修改" /

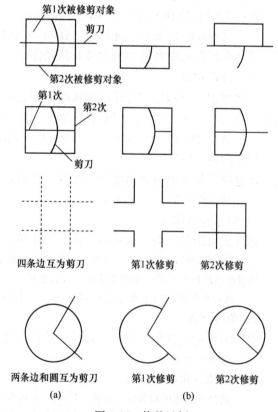

图 4-16 修剪示例

（a）剪切边与被修剪对象；（b）修剪结果

"修剪"命令。

3. 命令执行方式

执行 TRIM 命令，AutoCAD 提示（图 4-16）：

  选择剪切边…

  选择对象或<全部选择>：（选择作为剪切边的对象，按 Enter 键则选择全部对象）

  选择对象：↵（还可以继续选择对象）

  选择要修剪的对象，或按住 Shift 键选择要延伸的对象，或

  ［栏选（F）/窗交（C）/投影（P）/边（E）/删除（R）/放弃（U）］：

下面介绍提示中各选项的含义及其操作。

（1）选择要修剪的对象，或按住 Shift 键选择要延伸的对象

选择对象进行修剪或将其延伸到剪切边，为默认选项。用户在该提示下选择被修剪对象，AutoCAD 会以剪切边为边界，将被修剪对象上位于拾取点一侧的多余部分或将位于两条剪切边之间的对象剪切掉。如果被修剪对象没有与剪切边相交，在该提示下按住 Shift 键后选择对应的对象，AutoCAD 会将其延伸到剪切边。

（2）栏选（F）

以栏选方式确定被修剪对象。执行该选项，AutoCAD 提示：

  指定第一个栏选点：（指定第一个栏选点）

  指定下一个栏选点或［放弃（U）］：（依次在此提示下确定各栏选点）

  指定下一个栏选点或［放弃（U）］：↵（AutoCAD 执行对应的修剪）

  选择要修剪的对象，或按住 Shift 键选择要延伸的对象，或

  ［栏选（F）/窗交（C）/投影（P）/边（E）/删除（R）/放弃（U）］：↵（也可以继续选择操作对象，或进行其他操作或设置）

（3）窗交（C）

将与选择窗口边界相交的对象作为被修剪对象。执行该选项，AutoCAD 提示：

  指定第一个角点：（确定窗口的第一角点）

  指定对角点：（确定窗口的另一角点，AutoCAD 执行对应的修剪）

  选择要修剪的对象，或按住 Shift 键选择要延伸的对象，或

  ［栏选（F）/窗交（C）/投影（P）/边（E）/删除（R）/放弃（U）］：/（也可以继续选择操作对象，或进行其他操作或设置）

（4）投影（P）

确定执行修剪操作的空间。执行该选项，AutoCAD 提示：

  输入投影选项［无（N）/UCS（U）/视图（V）］：

1）无（N）

按实际三维空间的相互关系修剪，即只有在三维空间实际交叉的对象才能彼此修剪，而不是按在平面上的投影关系修剪。

2）UCS（U）

在当前 UCS（用户坐标系，介绍详见第 8 章）的 XY 面上修剪。选择该选项后，可以在当前 XY 平面上按投影关系修剪在三维空间中并没有相交的对象。

3）视图（V）

在当前视图平面上按对象的投影相交关系修剪。

上面各设置对按下 Shift 键进行延伸时也有效。

（5）边（E）

确定剪切边的隐含延伸模式。执行该选项，AutoCAD 提示：

输入隐含边延伸模式 ［延伸（E）/不延伸（N）］：

1）延伸（E）

按延伸方式实现修剪，即如果剪切边过短、没有与被修剪对象相交，那么AutoCAD会假设延长剪切边，然后进行修剪。

2）不延伸（N）

只按边的实际相交情况进行修剪。如果剪切边过短，没有与被修剪对象相交，则AutoCAD不给予修剪。

（6）删除（R）

删除指定的对象。执行该选项，AutoCAD 提示：

选择要删除的对象或<退出>：（选择要删除的对象）

选择要删除的对象：↵（AutoCAD 执行对应的删除，也可以继续选择要删除的对象）

选择要修剪的对象，或按住 Shift 键选择要延伸的对象，或

［栏选（F）/窗交（C）/投影（P）/边（E）/删除（R）/放弃（U）］：（也可以继续选择操作对象，或进行其他操作或设置）

（7）放弃（U）

取消上一次操作。

说明：

使用 TRIM 命令进行修剪操作时，作为剪切边的对象可以同时作为被修剪对象。

【例 4-1】已知有如图 4-17（a）所示的图形，对其进行修剪，结果如图 4-17（b）所示。

步骤如下：

执行 TRIM 命令，AutoCAD 提示：

选择剪切边…

选择对象或<全部选择>：↵（选择全部对象，这是因为大部分对象要用作剪切边，选择后如图 4-18 所示，图中的小叉只是用于下面操作说明，实际图形中这些小叉不存在）

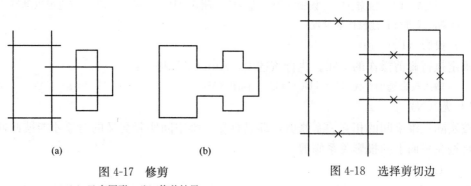

(a)   (b)

图 4-17　修剪　　　　　　　　　　　　图 4-18　选择剪切边

（a）已有图形；（b）修剪结果

选择要修剪的对象，或按住 Shift 键选择要延伸的对象，或

［栏选（F）/窗交（C）/投影（P）/边（E）/删除（R）/放弃（U）］：（在图 4-18 中，在有小叉的部位拾取对应的对象）

选择要修剪的对象，或按住 Shift 键选择要延伸的对象，或

[栏选（F）/窗交（C）/投影（P）/边（E）/删除（R）/放弃（U）]：↵

执行结果如图 4-17（b）所示。本例中，许多直线既是剪切边，又是被修剪对象。

4.2.3 延伸对象

1. 功能

将指定的对象延伸到指定的边界（边界边），如图 4-19 所示。

2. 命令调用方式

命令：EXTEND。工具栏："修改"/"⊣"（延伸）按钮。菜单命令："修改"/"延伸"命令。

3. 命令执行方式

执行 EXTEND 命令，AutoCAD 提示：

选择边界的边…

选择对象或<全部选择>：（选择作为边界边的对象，按 Enter 键选择全部对象）

选择对象：↵（也可以继续选择对象）

选择要延伸的对象，或按住 Shift 键选择要修剪的对象，或［栏选（F）/窗交（C）/投影（P）/边（E）/放弃（U）]：

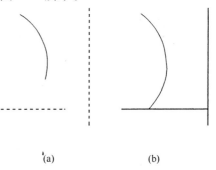

(a)　　　　　　(b)

图 4-19　延伸示例
(a) 延伸前；(b) 延伸结果

下面介绍提示中各选项的含义及其操作。

（1）选择要延伸的对象，或按住 Shift 键选择要修剪的对象

选择对象进行延伸或修剪，为默认选项。在该提示下选择要延伸的对象，AutoCAD 将其延长到指定的边界对象。如果延伸对象与边界交叉，那么在该提示下按住 Shift 键，然后选择对应的对象，AutoCAD 会对其进行修剪，即用边界对象将位于拾取点一侧的对象修剪掉。

（2）栏选（F）

以栏选方式确定被延伸的对象。执行该选项，AutoCAD 提示：

指定第一个栏选点：（指定第一个栏选点）

指定下一个栏选点或［放弃（U）]：（依次在此提示下确定各栏选点）

指定下一个栏选点或［放弃（U）]：↵（AutoCAD 执行对应的延伸）

选择要延伸的对象，或按住 Shift 键选择要修剪的对象，或

［栏选（F）/窗交（C）/投影（P）/边（E）/放弃（U）]：↵（也可以继续选择操作对象，或进行其他操作或设置）

（3）窗交（C）

使与选择窗口边界相交的对象作为被延伸对象。执行该选项，AutoCAD 提示：

指定第一个角点：（确定窗口的第一角点）

指定对角点：（确定窗口的另一角点，而后 AutoCAD 执行对应的延伸）

选择要延伸的对象，或按住 Shift 键选择要修剪的对象，或［栏选（F）/窗交（C）/投影（P）/边（E）/放弃（U）]：↵（也可以继续选择操作对象，或进行其他操作或设置）

（4）投影（P）

确定执行延伸操作的空间。执行该选项，AutoCAD提示：

输入投影选项 [无（N）/UCS（U）/视图（V）]：

1）无（N）

按实际三维关系（而不是投影关系）延伸，即只有在三维空间中实际能相交的对象才能够被延伸。

2）UCS（U）

在当前UCS的*XY*平面上延伸，此时，可以在*XY*平面上按投影关系延伸在三维空间中并不相交的对象。

3）视图（V）

在当前视图平面上按对象的投影关系延伸。

上面各设置对按下Shift键进行修剪时也有效。

（5）边（E）

确定延伸的模式。执行该选项，AutoCAD提示：

输入隐含边延伸模式 [延伸（E）/不延伸（N）]：

1）延伸（E）

按延伸模式进行延伸，即如果边界对象过短、被延伸对象延伸后不能与其相交，AutoCAD会假设延长边界对象，使被延伸对象延伸到与其相交的位置。

2）不延伸（N）

该选项表示将按边的实际位置进行延伸，即如果边界对象过短、被延伸对象延伸后不能与其相交，则不进行延伸操作。

（6）放弃（U）

取消上一次操作。

同样，用EXTEND命令进行延伸操作时，作为延伸边界的对象可以同时作为被延伸的对象。

4.2.4　打断对象

1. 功能

在指定点处将对象分成两部分，或删除对象上所指定两点之间的部分。

2. 命令调用方式

命令：BREAK。工具栏："修改" / "□"（打断）按钮，"修改" / "□"（打断于点）按钮。菜单命令："修改" / "打断"命令。

3. 命令执行方式

执行BREAK命令，AutoCAD提示：

选择对象：（选择要断开的对象。请注意：此时只能用直接拾取的方式选择一个对象）

指定第二个打断点或 [第一点（F）]：

下面介绍提示中各选项的含义及其操作。

（1）指定第二个打断点

此时，AutoCAD以用户选择对象时的选择点作为第一断点，并提示确定第二断点。用户可以有以下三种选择：

第一种：如果直接在对象上的另一点处单击，AutoCAD 将对象上位于两个选择点之间的对象删除掉。

第二种：如果输入符号"@"，然后按 Enter 键或空格键，AutoCAD 将在选择对象时的选择点处将对象一分为二。

第三种：如果在对象的一端任意拾取一点，AutoCAD 将位于两选择点之间的对象删除。

（2）第一点（F）

重新确定第一断点。执行该选项，AutoCAD 提示：

  指定第一个打断点：（重新确定第一断点）

  指定第二个打断点：

在此提示下，按前面介绍的三种方法确定第二断点即可。

4. 说明

（1）对圆执行打断操作时，AutoCAD 沿逆时针方向将圆上位于第一断点与第二断点之间的圆弧段删除。

（2）可以利用"修改"工具栏中的"🗖"（打断）按钮在两点之间打断对象；利用"🗖"（打断于点）按钮在某一点处将对象分成两部分。

4.2.5 创建倒角

1. 功能

在两条直线之间创建倒角。

2. 命令调用方式

命令：CHAMFER。工具栏："修改"/"🗖"（倒角）按钮。菜单命令："修改"/"倒角"命令。

3. 命令执行方式

执行 CHAMFER 命令，AutoCAD 提示（图 4-20）：

  （"修剪"模式）当前倒角距离 1＝0.0000，距离 2＝0.0000

  选择第一条直线或［放弃（U）/多段线（P）/距离（D）/角度（A）/修剪（T）/方式（E）/多个（M）］：

(a)

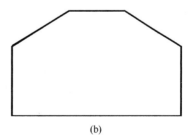
(b)

图 4-20 倒角示例

(a) 倒角前；(b) 倒角后

提示的第一行说明当前的倒角操作属于"修剪"模式，且第一、第二倒角距离均为 0。下面介绍第二行提示中各选项的含义及其操作。

（1）选择第一条直线

要求选择进行倒角的第一条线段，为默认选项。执行该默认选项后，AutoCAD 提示：

选择第二条直线，或按住 Shift 键选择要应用角点的直线：

在该提示下选择相邻的另一条线段，AutoCAD 按当前的倒角设置对它们倒角。如果按下 Shift 键，然后选择相邻的另一条线段，AutoCAD 则可以创建零距离倒角，使两条直线准确相交。

执行 CHAMFER 命令，如果当前的倒角设置不符合倒角要求，则需要先通过其他选项进行设置（如设置倒角距离等），然后再执行"选择第一条直线"选项进行倒角操作。

（2）多段线（P）

对整条多段线倒角。执行该选项，AutoCAD 提示：

选择二维多段线：

在该提示下选择多段线后，AutoCAD 会在多段线的各角点处倒角。

（3）距离（D）

设置倒角距离。执行该选项，AutoCAD 依次提示：

指定第一个倒角距离：（输入第一倒角距离）

指定第二个倒角距离：（输入第二倒角距离）

选择第一条直线或［放弃（U）/多段线（P）/距离（D）/角度（A）/修剪（T）/方式（E）/多个（M）］：（进行其他设置或操作）

如果设置了不同的倒角距离，AutoCAD 将对拾取的第一、第二条直线分别按第一、第二倒角距离倒角；如果将倒角距离设为 0，AutoCAD 会延长或修剪两条直线，使二者相交于一点。

（4）角度（A）

倒角尺寸需根据倒角距离和角度设置。倒角距离和倒角角度的含义如图 4-21 所示。

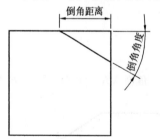

图 4-21 倒角距离与倒角角度

执行"角度（A）"选项，AutoCAD 依次提示：

指定第一条直线的倒角长度：（指定第一条直线的倒角距离）

指定第一条直线的倒角角度：（指定第一条直线的倒角角度）

选择第一条直线或［放弃（U）/多段线（P）/距离（D）/角度（A）/修剪（T）/方式（E）/多个（M）］：（进行其他设置或操作）

（5）修剪（T）

确定倒角后是否对相应的倒角边进行修剪。执行该选项，AutoCAD 提示：

输入修剪模式选项［修剪（T）/不修剪（N）］＜修剪＞：

其中，"修剪（T）"选项表示倒角后对倒角边进行修剪；"不修剪（N）"选项表示不对倒角边进行修剪，具体效果如图 4-22 所示。

（6）方式（E）

确定倒角的方式，即是根据已设置的两倒角距离倒角，还是根据距离和角度设置倒角。执行该选项，AutoCAD 提示：

输入修剪方法［距离（D）/角度（A）］＜距离＞：

其中，执行"距离（D）"选项表示将按两条边的倒角距离设置进行倒角；执行"角

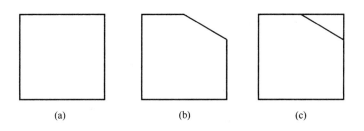

图 4-22　修剪示例

(a) 已有对象；(b) 倒角后修剪；(c) 倒角后不修剪

度（A）"选项则根据边距离和倒角角度设置进行倒角。

（7）多个（M）

如果执行该选项，当用户选择了两条直线完成倒角后，可以继续对其他直线倒角，不必重新执行 CHAMFER 命令。

（8）放弃（U）

放弃已进行的设置或操作。

4.2.6　创建圆角

1. 功能

为对象创建圆角，如图 4-23 所示。

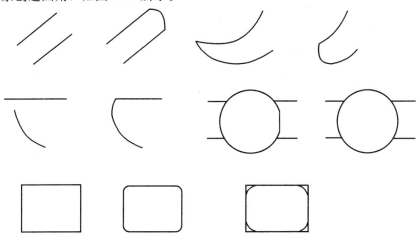

图 4-23　创建圆角示例（左图为创建圆角前，右图创建圆角后包括不修剪圆角）

2. 命令调用方式

命令：FILLET。工具栏："修改" / "⬭"（圆角）按钮。菜单命令："修改" / "圆角"命令。

3. 命令执行方式

执行 FILLET 命令，AutoCAD 提示：

当前设置：模式＝修剪，半径＝0.0000

选择第一个对象或［放弃（U）/多段线（P）/半径（R）/修剪（T）/多个（M）］：

提示的第 1 行说明当前的创建圆角操作采用了"修剪"模式，且圆角半径为 0。下面介绍第2行提示中各选项的含义及其操作。

（1）选择第一个对象

该提示要求选择创建圆角的第一个对象，为默认选项。选择对象后，AutoCAD提示：

　　　选择第二个对象，或按住Shift键选择要应用角点的对象：

在此提示下选择另一个对象，AutoCAD按当前的圆角半径设置对它们创建圆角。如果按住Shift键选择相邻的另一个对象，则可以使两对象准确相交。

（2）多段线（P）

对二维多段线创建圆角，执行该选项，AutoCAD提示：

　　　选择二维多段线：

在此提示下选择二维多段线后，AutoCAD按当前的圆角半径设置在多段线的各顶点处创建出圆角。

（3）半径（R）

设置圆角半径。执行该选项，AutoCAD提示：

　　　指定圆角半径：

此提示要求输入圆角的半径值。用户响应后，AutoCAD继续给出下面的提示：

　　　选择第一个对象或［放弃（U）/多段线（P）/半径（R）/修剪（T）/多个（M）]：

（4）修剪（T）

确定创建圆角操作的修剪模式。执行该选项，AutoCAD提示：

　　　输入修剪模式选项［修剪（T）/不修剪（N）]＜不修剪＞：

其中，执行"修剪（T）"选项表示在创建圆角的同时对相应的两个对象进行修剪；执行"不修剪（N）"选项表示不进行修剪，具体含义与如图4-22所示倒角时修剪与否的含义相同。与倒角类似，对相交两对象创建圆角时，如果采用修剪模式，创建圆角后，AutoCAD总是保留当拾取创建圆角对象时所选择的那部分对象。另外，AutoCAD允许对两条平行线创建圆角，且AutoCAD自动将圆角半径设为两条平行线之间距离的一半。

（5）多个（M）

用户执行该选项且选择两个对象创建出圆角后，可以继续对其他对象创建圆角，不必重新执行FILLET命令。

（6）放弃（U）

放弃已进行的设置或操作。

4.3　综 合 编 辑 技 术

这一节主要介绍夹点编辑、"特性"选项板、对象匹配、利用剪贴板进行图形的复制等。掌握这些编辑技术，将使得图形编辑更加灵活、快捷。

4.3.1　用夹点进行快速编辑

1. 夹点的概念

所谓夹点就是对象上的一些特征点。利用夹点可以对图形对象进行编辑，这种编辑与前面所讲述的AutoCAD修改命令的编辑方式不同。在启用夹点后，不用激活通常的

AutoCAD 修改命令就可以对所选中的对象进行移动、拉伸、旋转、复制、比例缩放、镜像，也可以对其特性进行修改。

通过"选项"对话框中的"选择"选项卡的"夹点"栏确定是否启用夹点特征，AutoCAD 默认启用。如果已经启用了夹点，不需输入任何命令，直接在"命令："提示下拾取或用窗口选择要修改的对象，对象上的夹点（实心小方框）就显示出来。

根据所选对象的不同，对象上的夹点的个数和位置也不同。直线和圆弧的夹点出现在端点和中点处，多段线的夹点出现在顶点和端点处，圆的夹点出现在四分点和中心点处，文字、填充图案、图块等的夹点出现在插入点处。图 4-24 显示了常用图形对象的夹点位置。

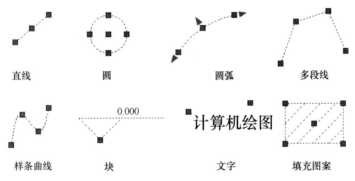

图 4-24　常用图形对象的夹点位置

要使用夹点进行编辑，首先应该用光标拾取夹点，当光标移动到一个夹点时，它自动被捕捉到夹点（即夹点有捕捉功能），不必再用其他精确定位方式。

夹点有两种状态：

1）未选中状态：选中一个对象后，该对象醒目显示，表示该对象已进入选择集，同时对象上显示夹点，这时的夹点为"未选中状态"，AutoCAD 默认的未选中状态夹点为蓝色。

2）选中状态：将光标移到未选中状态夹点上单击鼠标左键，夹点成为"选中状态"，蓝色小方框变为红色（AutoCAD 默认选中状态夹点为红色），选择集中具有选中状态夹点的对象可被进行编辑。按住 Shift 键拾取，可同时生成多个选中状态夹点。按住 Shift 键，单击选中状态夹点，则选中状态夹点变为未选中状态夹点。

要去掉对象上的夹点，按住 Shift 键，单击对象（不要在夹点上）。按 Esc 键可去掉所有对象上的夹点。

2. 夹点编辑

夹点编辑有五种模式：拉伸（stretch）、移动（move）、旋转（rotate）、比例缩放（scale）、镜像（mirror），用户可以在这五种模式间任意转换。转换的方法是：

当用鼠标左键单击夹点使其变为选中状态后，出现提示：

　　　* * 拉伸 * *

　　指定拉伸点或［基点（B）/复制（C）/放弃（U）/退出（X）]：

1）在提示下键入关键字 MO（move）、CO（copy）、MI（mirror）、SC（scale）、ST（stretch），后回车。

2）在提示下按空格键或回车键，五种模式循环切换。

3）在选中状态夹点上单击鼠标右键，弹出一个光标菜单，该菜单列出了夹点编辑模式下的所有选项，从中选择编辑模式或选择修改特性等。

注意：若不是在拉伸模式，提示会与拉伸的提示不同，但上述三种转换模式一样。

学会使用夹点不仅可加快图形编辑的速度，而且可以保持编辑的准确性。下面介绍怎样用夹点来编辑图形。

（1）拉伸模式

拉伸模式类似于 STRETCH 命令，是拉伸具有选中状态夹点的对象，改变其形状。拉伸模式是第一种夹点编辑模式，其提示为：

＊＊拉伸＊＊

指定拉伸点或［基点（B）/复制（C）/放弃（U）/退出（X）］：（输入点或选择一个选项）

1）指定拉伸点：这是默认选项，要求指定拉伸到的新点，可键入点的坐标或用鼠标来指定新点。当移动鼠标时，可以动态地看到对象从基点拉伸后的形状（图 4-25）。拉伸适用于具有选中状态夹点的所有对象。

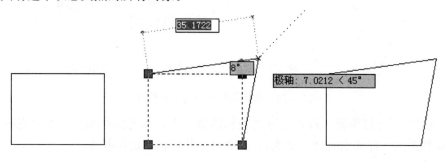

图 4-25　指定拉伸点拉伸

2）基点（B）：默认的拉伸基点是光标拾取的夹点，如果需要的话，可以改变基点为另一点，在提示下键入"B"，接下来提示：

指定基点：（键入点的坐标或用鼠标来指定另一个点作为新的基点）

3）复制（C）：原对象保持不变，在拉伸对象的同时进行多重复制，在提示下键入"C"，然后键入点的坐标或用鼠标来指定复制的目标点。

4）放弃（U）：在提示下键入"U"是取消多重复制的最近一次的复制。

5）退出（X）：这是退出夹点编辑模式。

（2）移动模式

用前面所讲的选中状态夹点编辑转换方法，转换到移动模式。移动模式类似于 MOVE 命令，是将具有选中状态夹点的对象从当前位置移动到新位置而不改变其方向和大小。此外，也可以重新指定移动基点，还可以在指定移动新位置的同时对具有选中状态夹点的对象进行复制，而原对象保持不变。处于移动模式的提示为：

＊＊移动＊＊

指定移动点或［基点（B）/复制（C）放弃（U）/退出（X）］：（输入一点或选择一个选项）

关于提示的解释与"拉伸模式"类似。

（3）旋转模式

用前面所讲的选中状态夹点编辑转换方法，转换到旋转模式。旋转模式类似于 RO-TATE 命令，是将具有选中状态夹点的对象绕一基点旋转。此外，也可以重新指定旋转基点，还可以在指定旋转新位置的同时对具有选中状态夹点的对象进行复制，而原对象保持不变。处于旋转模式的提示为：

　　＊＊旋转＊＊

　　指定旋转角度或［基点（B）/复制（C）/放弃（U）/参照（R）/退出（X）］:（输入一个角度值或选择一个选项）

1）指定旋转角度：是默认选项，要求指定具有选中状态夹点的对象所旋转的转角。可以移动鼠标来拖动具有选中状态夹点的对象旋转，待到合适的位置拾取一点确定旋转角度。也可从键盘键入角度值，它就是对象从当前方向绕基点旋转的角度。正角度为逆时针旋转，负角度为顺时针旋转。

2）复制（C）：原对象保持不变，在旋转对象的同时进行多重复制，在提示下键入"C"，然后输入旋转角度即可。

3）参照（R）：与 ROTATE 命令的旋转角度"参照（R）"一样，用来指定参照转角和所需新转角。

4）其他选项的解释与"拉伸模式"类似。

（4）比例缩放模式

用前面所讲的选中状态夹点编辑转换方法，转换到比例缩放模式。比例缩放模式类似于 SCALE 命令，是将具有选中状态夹点的对象相对基点改变大小。此外，也可以重新指定基点，也可以在比例缩放的同时对具有选中状态夹点的对象进行复制，而原对象保持不变。处于比例缩放模式的提示为：

　　＊＊比例缩放＊＊

　　指定比例因子或［基点（B）/复制（C）/放弃（U）/参照（R）/退出（X）］:（输入一个比例值或选择一个选项）

1）指定比例因子：是默认选项，是指定具有选中状态夹点的对象要放大或缩小的比例因子。可以通过移动鼠标来拖动对象改变比例因子；更多的是用键盘键入比例因子，键入大于 1 的比例因子可放大对象。0 和 1 之间的比例因子会缩小对象。

2）复制（C）：原对象保持不变，在缩放对象的同时进行多重复制，在提示下键入"C"，然后输入比例值。

3）参照（R）：与 SCALE 命令的指定参考长度的"参照（R）"一样，用来指定参考长度和新长度。

4）其他选项的解释与"拉伸模式"类似。

（5）镜像模式

用前面所讲的选中状态夹点编辑转换方法，转换到镜像模式。镜像模式类似于 MIR-ROR 命令，可以镜像具有选中状态夹点的对象。此外，也可以重新指定基点，也可以在镜像的同时对具有选中状态夹点的对象进行复制，而原对象保持不变。处于镜像模式的提示为：

　　＊＊镜像＊＊

　　指定第二点或［基点（B）/复制（C）/放弃（U）/退出（X）］:（输入一个点或选择一个选项）

"复制（C）"选项是保持原对象不变，在镜像对象的同时进行多重复制，在提示下键入 C，然后指定第二点即可。

注意：如果不采用"复制（C）"选项，镜像结束后删除原对象。所以要保留原来的对象应该采用镜像的多重复制，即使用"复制（C）"选项。

其他选项的解释与"拉伸模式"类似。

3. AutoCAD 对夹点的规定

对不同的对象执行夹点操作时，对象上夹点的位置和数量也不相同。表 4-1 列出了 AutoCAD 对夹点的规定。

AutoCAD 对夹点的规定 表 4-1

对象类型	夹点的位置
线段	两端点和中点
多段线	直线段的两端点、圆弧段的中点和两端点
样条曲线	拟合点和控制点
射线	起始点和射线上的一个点
构造线	控制点和线上邻近两点
圆弧	两端点和中点
圆	四个象限点和圆心
椭圆	四个象限点和中心点
椭圆弧	端点、中点和中心点
文字（用 DTEXT 命令标注）	文字行定位点和第二个对齐点（如果有的话）
段落文字用（用 DTEXT 命令标注）	各顶点
属性	文字行定位点
尺寸	尺寸线端点和尺寸界线的起始点、尺寸文字的中心点

4.3.2 "特性"选项板

"特性"选项板命令是一个修改功能非常全面的命令。在"特性"选项板中，可以查看任何选定对象（包括图线、文字、尺寸、图案等）的所有特性；可以修改任何可以更改的特性，包括用户自己定义的特性。打开"特性"选项板的方式有：

下拉菜单："工具"/"选项板"/"特性"或"修改"/"特性"。

工具栏："标准"/"🗐"（特性）按钮。

命令：PROPERTIES↵/或 DDMODIFY↵。

快捷键：Ctrl+1。

快捷菜单：选中要查看或修改其特性的对象，在绘图区域单击右键，打开快捷菜单，然后选择"特性"。

快捷方式：在多数对象上双击可以显示"特性"选项板。

打开的"特性"选项板如图 4-26 所示。

1. "特性"选项板的外观控制

把光标移动到"特性"选项板的标题上（当"特性"选项板在绘图区的两侧时，标题在"特性"选项板的上部；在其他位置时，标题在其右侧或左侧），按住鼠标左键，可拖动"特性"选项板到屏幕的任何位置。如果拖动到绘图区域的左侧或右侧，其外观如图 4-26所示；如果拖动到其他区域，其外观如图 4-27 所示。

图 4-26 "特性"选项板（无选择）

图 4-27 "特性"选项板（选择直线）

对于图 4-26，当光标移到"特性"选项板的边缘时，光标变成双向箭头，按住鼠标左键拖动可改变"特性"选项板大小。对于图 4-27，当光标移到"特性"选项板的上、下边缘，右下角边缘以及选项板的角上时，光标变成双向箭头，按住鼠标左键拖动可改变"特性"选项板的形状。

2. "特性"选项板的结构

可先选择对象，然后打开"特性"选项板，也可先打开"特性"选项板，再选择对象。

"特性"选项板上面是对象类型下拉列表，如果没有选择对象，文字框显示"无选择"（图 4-26）；若只选择一个对象，文字框显示该对象属于哪一类图形对象（图 4-27）。如果同时选择了多个对象，则文字框显示"全部（×）"，其中"×"是对象个数。

"特性"选项板的中间是一个表格形式的特性列表框。如果没有选择对象，特性列表框仅显示当前图层的基本特性、附着在图层上的打印样式表名称、视图特性和 UCS 的相关信息。如果只选中了一个对象，列表框中列出所选对象的所有特性。如果选中了多个对象，特性列表框则显示所有选中对象的公共特性。若要修改其中的一个对象，单击"特性"选项板上面的对象类型下拉列表框，选择一个对象，则特性列表框只显示该对象的特性。

单击特性列表框中"常规""三维效果""打印样式""视图"等列表标题，并拖动鼠标展开列表内容。拖动靠近标题条的滑块或单击上、下箭头，可上、下滚动各特性列表。

"特性"选项板的右上角是"快速选择▨"按钮、"选择对象▨"按钮及"切换 PICK-ADD 系统变量的值▨"按钮。

单击"快速选择"按钮，打开"快速选择"对话框，由此可用快速选择方式建立选择集。

单击"选择对象"按钮，要求用户在屏幕上选择对象，这时命令行显示：

命令：_.QSELECT

选择对象：（用选择对象的方式在屏幕上选择对象）

选择对象：↵

对象选择完成后在"特性"选项板中显示其特性，对象上也出现夹点。然后可以在特性列表框中修改选定对象的特性，或输入修改命令对选定对象做其他修改。

单击"切换 PICKADD 系统变量的值"按钮，控制后续选定对象是替换还是添加到当前选择集。PICKADD＝0，即关闭 PICKADD。最新选定的对象将成为选择集。前一次选定的对象将从选择集中删除。选择对象时按住 Shift 键可以将多个对象添加到选择集。PICKADD＝1，即打开 PICKADD。每个选定的对象（单独选择或者通过窗口选择）都将添加到当前选择集。要从选择集中删除对象，在选择对象时按住 Shift 键。

"特性"选项板的最下面的矩形框是"说明"栏，显示选中特性的简单说明。

3. 用"特性"选项板修改选中的对象

用"特性"选项板修改选中对象的步骤是：

第一步，打开"特性"选项板，在没有命令执行时选择对象；或在没有命令执行时先选择对象，再打开"特性"选项板。按 Esc 键放弃选择。

第二步，在"特性"选项板中选中要被修改对象的某个特性，然后可根据以下几种方法修改特性值：

1) 输入一个新值；

2) 单击某个特性右侧的箭头，打开下拉列表，从中选择一个值；

3) 单击某个特性右侧的"▭"，从打开的对话框中更改特性值；

4) 单击某个特性右侧的拾取按钮"▨"，使用拾取方式改变点的坐标值；

5) 在某个特性上单击鼠标右键，从弹出的快捷菜单上单击编辑特性。

一些特性修改后立即生效，一些特性修改后要按回车键才生效。

要放弃修改，在选项板的空白区域中单击鼠标右键，从弹出的快捷菜单上单击"放弃"。

注意：

如果选择了多个对象，或选择了一些单独的图形对象，如直线、圆、圆弧、椭圆、多段线、样条曲线等，把光标放到图形对象上，双击鼠标左键，打开"特性"选项板。而对于单独的文字、块、填充的图案等，光标放到其上双击鼠标左键，则是打开相应的对话框或编辑器。

例如：利用"特性"选项板编辑文字。

如图 4-28 所示，文字"标题栏"是用单行文字命令（DTEXT 命令）创建的；文字"技术要求"是用多行文字命令（DTEXT 命令）创建的。

如果选择的是使用 DTEXT 命令创建的文字"标题栏"，则"特性"选项板如图 4-29 所示。这时在选项板上面的对象类型下拉列表框中显示的是"文字"。用户可在选项板特性列表中编辑文字对象的各种特性。在"常规"栏中用户可修改文字的颜色、图层、线型、线型比例、打印样式、线宽、厚度等特性；在"文字"栏中用户可以修改文字的内

标题栏 　　 技术要求

图 4-28　单行文字"标题栏"和多行文字"技术要求"

容、样式、高度、对正方式、宽度比例、旋转角度以及倾斜角度等特性，这时在内容行中直接显示的是文字的内容，用户可直接修改；在"几何图形"栏用户可修改文字的起始点坐标；在"其他"栏，用户可从中设置文字是否倒置、反向书写。

如果用户选择的是使用 MTEXT 命令创建的文字："技术要求"，则显示的"特性"选项板如图 4-30 所示。这时在选项板上面的对象类型下拉列表框中显示的是"多行文字"。用户可在选项板特性列表中编辑文字对象的各种特性。选项板中"常规""几何图形"栏的内容和编辑 DTEXT 命令的一样。在"文字"栏中，用户不能直接在该行修改文字内容，只有先单击该行，其右侧出现"▭"按钮，单击该按钮，打开多行文字编辑器来进行内容的编辑。同样的，在"文字"栏中用户还可以修改文字样式、对正、宽度、方向、高度、旋转角度、行距比例因子以及行距定义类型等特性。此时选项板中没有了"其他"栏。

图 4-29　"标题栏"的"特性"选项板　　图 4-30　"技术要求"的"特性"选项板

4.3.3　特性匹配

可使用 MATCHPROP 命令将一个对象上的特性复制到另一个对象或更多的其他对象上。此项功能被称为"特性匹配"。利用特性匹配可以很快地改变对象的特性，图 4-31 是对尺寸、文字和直线进行特性匹配的例子。

命令的输入方式：

下拉菜单："修改"/"特性匹配"。

工具栏："标准"/"▨"（特性匹配）按钮。

命令：MATCHPROP 或 PAINTER↵。

命令输入后，AutoCAD 提示：

选择源对象：（选择一个特性要被复制的对象）
选择目标对象或 [设置（S)]：（选择一个目标对象或键入 S 回车）
······
选择目标对象或 [设置（S)]：↵

若对提示"选择目标对象或 [设置（S)]："键入"S"回车，将显示"特性设置"对话框，如图 4-32 所示。通过"特性设置"对话框可控制对象的哪些特性将被复制。默认情况下，此对话框中的所有对象特性都将被选中，表示要复制。AutoCAD 将把源对象的这些特性复制到目标对象上。单击"确定"按钮关闭"特性设置"对话框，AutoCAD 将继续提示：

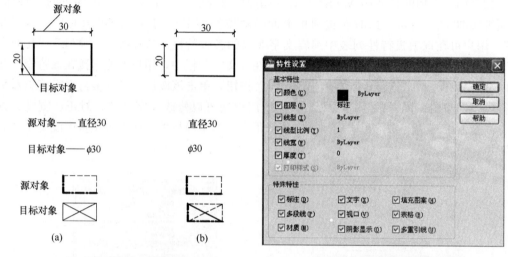

图 4-31 特性匹配示例
(a) 匹配前；(b) 匹配后

图 4-32 "特性设置"对话框

选择目标对象或 [设置（S)]：
对该提示选择对象继续特性匹配，回车结束命令。

4.3.4 在不同图形间复制对象

1. 利用剪贴板

由于 AutoCAD 是多文档工作环境，可同时打开多个文件进行编辑，因而可通过剪贴板方便地在各文档之间复制、剪切和粘贴对象，减少重复的工作，提高工作效率。下面以在不同的文档间复制对象为例说明操作过程。

输入复制命令，有以下几种方式：

下拉菜单：编辑/复制。

工具条：标准/复制到剪贴板。

命令行：COPYCLIP。

快捷键：Ctrl+C。

快捷菜单：在没有命令执行时，在绘图区域中右击，打开快捷菜单，然后选择"复制"。

命令输入后出现提示：

选择对象：（用任何一种选择对象的方式选择对象）

......

选择对象：↵

一旦不再选择对象，按回车，选中对象即被存入剪贴板。激活要把选中对象粘贴到的图形文件窗口，然后输入粘贴命令，粘贴命令的输入方式有以下几种：

下拉菜单：编辑/粘贴。

工具条：标准/从剪贴板粘贴。

命令行：PASTECLIP。

快捷键：Ctrl＋V。

快捷菜单：在没有命令执行时，在绘图区域中右击，打开快捷菜单，然后选择"粘贴"。

命令输入后出现提示：

指定插入点：（键入插入点的坐标或用鼠标指定插入点）

到此在不同的文档间复制对象完成。图 4-33 是把图"9 章图 . dwg"中的图形复制到图"5 章图 . dwg"中。

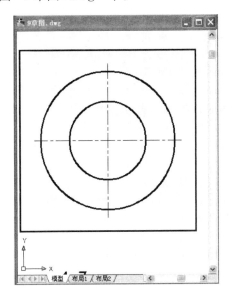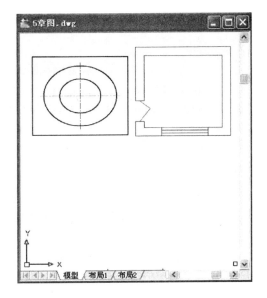

图 4-33　图形复制示例

以上是复制原对象（在原文档保留原对象）到另一文档。若是剪切原对象（不在原文档保留原对象）到另一文档，除剪切命令不同于复制命令外，其他操作过程相同。

剪切命令的输入方式：

下拉菜单：编辑/剪切。

工具条：标准/剪切到剪贴板。

命令行：CUTCLIP。

快捷键：Ctrl＋X。

快捷菜单：在没有命令执行时，在绘图区域中右击，打开快捷菜单，然后选择"剪切"。

以上复制或剪切原对象的过程是先执行命令后选择对象，实际编辑时也可以先选中要复制或剪切的对象，后执行复制到剪贴板或剪切到剪贴板命令。

在"编辑"下拉菜单中还有"带基点复制""粘贴为块"等，它们与"复制""粘贴"类似，详细意义参看 AutoCAD 帮助。

2. 使用光标拖动

其实，复制原对象（在原文档保留原对象）到另一文档的更简单的方法是：在"命令:"提示下直接选中要复制的对象（这时原对象上出现夹点并醒目显示），把光标放在选中的对象上（不要放在夹点上），按住鼠标左键拖动要复制的对象到另一文档，复制即完成，只是复制位置不准确。

4.3.5 查询命令

实际绘图时，有时需要了解系统的运行状态，查询图形对象的数据信息等。AutoCAD 的查询命令可解决这方面的问题。查询命令的输入方式可通过选择"工具"下拉菜单的"查询"子菜单的菜单项输入，也可通过单击"查询"工具栏上的按钮输入，当然也可在命令行键入命令。

1. 查询距离

（1）功能

查询两个点之间的距离以及相关数据。

（2）命令调用方式

命令：DIST。查询工具栏："查询" / "▱"（距离）按钮。菜单命令："工具" / "查询" / "距离"命令。

（3）命令执行方式

执行 DIST 命令，AutoCAD 提示：

指定第一点：（确定第一点，如输入 100，200 后回车）

指定第二点：（确定另一点，如输入♯300，300 后回车）

AutoCAD 显示：

距离＝223.6068，XY 平面中的倾角＝27，与 XY 平面的夹角＝0

X 增量＝200.0000，Y 增量＝100.0000，Z 增量＝0.0000

输入选项［距离（D）/半径（R）/角度（A）/面积（AR）/体积（V）/退出（X）］＜距离＞：X↵

上面的结果说明：点（100，200）与点（300，300）之间的距离是 223.6068；这两个点之间的连线在 XY 平面上的投影与 X 轴正方向的夹角为 27°；该连线与 XY 平面的夹角为 0°；两点在 X、Y、Z 方向的坐标差分别为 200.0000，100.0000，0.0000。

2. 查询面积

（1）功能

计算若干点为角点构成的多边形区域或由指定对象所围成的区域的面积与边长，还可以进行面积的加、减运算。

（2）命令调用方式

命令：AREA。工具栏："查询" / "▱"（面积）按钮。菜单命令："工具" / "查询"/"面积"命令。

（3）命令执行方式

执行 AREA 命令，AutoCAD 提示：

指定第一个角点或［对象（O）/增加面积（A）/减少面积（S）/退出（X）］＜对象＞：

下面介绍各选项的功能及其操作。

1）指定第一个角点

计算以指定点为顶点所构成的多边形的面积与周长，为默认选项。执行该默认选项，AutoCAD 继续提示：

指定下一个点或［圆弧（A）/长度（L）/放弃（U）］：

在这样的提示下指定一系列点后，在"指定下一个点或［圆弧（A）/长度（L）/放弃（U）/总计（T）］＜总计＞："提示下按 Enter 键（注意：指定 3 个点后，会在提示中显示"总计"选项），AutoCAD 显示：

面积＝（计算出的面积），周长＝（相应的周长）

输入选项［距离（D）/半径（R）/角度（A）/面积（AR）/体积（V）/退出（X）］＜面积＞：

X↵

它们分别是以输入点为顶点所构成的多边形的面积与周长。

在"指定下一个点或［圆弧（A）/长度（L）/放弃（U）］："提示中，可以由"圆弧（A）"选项通过指定圆弧参数来确定由圆弧围成的区域；由"长度（L）"选项通过指定长度尺寸来确定相应的点。

2）对象（O）

计算由指定对象所围成区域的面积。执行该选项，AutoCAD 提示：

选择对象：

在此提示下选择对象，AutoCAD 将计算并显示出对应的面积与周长。

3）增加面积（A）

进入加入模式，即依次将计算出的新面积加到总面积中。执行该选项，AutoCAD 要求继续进行计算面积操作并提示：

指定第一个角点或［对象（O）/减少面积（S）/退出（X）］：

此时，可以通过输入点（执行"指定第一个角点"选项）或选择对象（执行"对象（O）"选项）的方式计算对应的面积，每进行一次计算，AutoCAD 一般都会显示：

面积＝（最后计算出的面积）周长＝（最后计算出的周长）

总面积＝（计算出的总面积）

而后 AutoCAD 继续提示：

指定第一个角点或［对象（O）/减少面积（S）/退出（X）］：

此时，用户可继续进行面积计算的操作。

4）减少面积（S）

进入扣除模式，即将新计算的面积从总面积中扣除。执行该选项，AutoCAD 提示：

指定第一个角点或［对象（O）/增加面积（A）/退出（X）］：

此时，用户若执行"指定第一个角点"或"对象（O）"选项，则 AutoCAD 将由后续操作确定的新区域或指定对象的面积从总面积中扣除。

下面以测量图 4-34 中的四边形面积为例来说明操作过程：

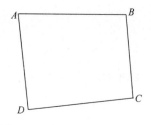

图 4-34　查询面积和周长实例

输入命令：

　　指定第一个角点或［对象（O）/加（A）/减（S）］：（指定图中的 A 点）

　　指定下一个角点或按＜Enter＞键全选：（指定图中的 B 点）

　　指定下一个角点或按＜Enter＞键全选：（指定图中的 C 点）

　　指定下一个角点或按＜Enter＞键全选：（指定图中的 D 点）

　　指定下一个角点或按＜Enter＞键全选：↵

　　面积＝，周长＝（显示面积和周长值）

3. 查询点的坐标

（1）功能

查询指定点的坐标。

（2）命令调用方式

命令：ID。工具栏："查询"/"🖳"（定位点）按钮。菜单命令："工具"/"查询"/"点坐标"命令。

（3）命令执行方式

执行 ID 命令，AutoCAD 提示：

　　指定点：

在此提示下指定需要查询的点（如捕捉某一特殊点），AutoCAD 显示出该点的坐标值。

4. 列表显示

（1）功能

以列表形式显示指定对象的数据库信息。

（2）命令调用方式

命令：LIST。工具栏："查询"/"🗏"（列表）按钮。菜单命令："工具"/"查询"/"列表"命令。

（3）命令执行方式

执行 LIST 命令，AutoCAD 依次提示：

　　选择对象：（选择对象）

　　选择对象：↵（也可以继续选择对象）

执行结果：AutoCAD 切换到文本窗口，并在文本窗口中显示所选择对象的数据库信息。

5. 显示状态命令 STATUS

STATUS 命令用于显示全图的图形范围、绘图工具的设置及参数、磁盘利用空间等信息。

命令输入后打开文本窗口，首先显示的是当前图形名称以及图形当中所包含的对象数目。接着显示当前图形的图限（LIMITS）设置：左下角和右上角的坐标；模型空间使用的区域；以及显示的区域。在此之后是插入基准点坐标和栅格、捕捉等设置。接下来是显示当前的用户工作空间（模型还是图纸空间），以及当前的层、颜色、线型、高度、厚度。然后是显示当前的一些绘图辅助设置，如自动对象捕捉等。最后显示的是当前硬盘所剩的空间大小、交换空间、临时空间以及系统物理可用内存。

6. 显示时间命令 TIME

使用 TIME 命令，用户可以显示当前图形的日期和时间统计数据。

命令输入后打开文本窗口，显示的信息有：当前时间，图形编辑次数，创建时间，上次更新时间，累计编辑时间，经过计时器（开），下次自动保存时间。最后提示：

输入选项［显示（D）/开（ON）/关（OFF）/重置（R）］：（键入一个选项关键字后回车或直接回车）

各选项功能如下：

显示（D）：重复显示更新的时间。

开（ON）：启动关闭的用户绘图时间计时器。

关（OFF）：停止用户经过计时器。

重置（R）：将用户经过计时器重置为 0days00：00：00.000。

4.4 填充与编辑图案

4.4.1 填充图案

1. 功能

用指定的图案填充指定的区域。

2. 命令调用方式

命令：BHATCH。工具栏："绘图"/"▨"（图案填充）按钮。菜单命令："绘图"/"图案填充"命令。

3. 命令执行方式

执行 BHATCH 命令，打开"图案填充和渐变色"对话框，如图 4-35 所示。

该对话框中有"图案填充"和"渐变色"两个选项卡以及其他一些选项，下面介绍其中主要选项的功能。

（1）"图案填充"选项卡

该选项卡用于设置填充图案以及相关填充参数。

1）"类型和图案"选项组

该选项组用于设置图案填充的图案类型以及图案。其中：

"类型"下拉列表框用于设置填充图案的类型。可以通过下拉列表在"预定义""用户定义"和"自定义"之间选择。执行"预定义"选项表示将使用 AutoCAD 提供的图案进行填充；执行"用户定义"选项表示用户将临时定义填充图案，该图案由一组平行线或相互垂直的两组平行线（即双向线，又称为交叉线）组成；执行"自定义"选项则表示将选用用户事先定义的图案进行填充。

当通过"类型"下拉列表框选用"预定义"图案类型填充时，"图案"下拉列表框用于确定填充图案。用户可以直接通过下拉列表选择图案，或单击右边的按钮，从打开的如图 4-36 所示的"填充图案选项板"对话框中进行选择。

"样例"框用于显示当前所使用的填充图案的图案样式。单击"样例"框中的图案，AutoCAD 也会打开如图 4-36 所示的对话框，用户从中选择图案即可。

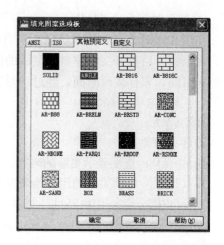

图 4-35　"图案填充和渐变色"对话框　　　　图 4-36　"填充图案选项板"对话框

当通过"类型"下拉列表框选择用户自定义的图案作为填充图案时，可以通过"自定义图案"下拉列表选择自定义的填充图案，或单击对应的按钮，从打开的对话框中进行选择。

2）"角度和比例"选项组

选项组中，"角度"组合框用于设置填充图案时的图案旋转角度，可以直接输入角度值，或从对应的下拉列表中选择。"比例"组合框用于确定填充图案时的图案比例值。每种图案在定义时的比例为 1。可以直接输入比例值，也可以从对应的下拉列表中选择。

当将填充类型选择为"用户定义"时，可以通过"角度和比例"选项组中的"间距"文本框确定填充平行线之间的距离；通过"双向"复选框确定填充线是一组平行线，还是相互垂直的两组平行线。

3）"图案填充原点"选项组

用于控制生成填充图案时的起始位置，因为某些填充图案（例如砖块图案）需要与图案填充边界上的某一点对齐。在默认设置下，所有填充图案的原点均对应于当前 UCS 的原点。选项组中，"使用当前原点"单选按钮表示用当前坐标原点（0，0）作为图案生成的起始位置，"指定的原点"单选按钮则表示要指定新的图案填充原点。

4）"添加：拾取点"按钮

根据围绕指定点构成封闭区域的现有对象确定边界。单击该按钮，AutoCAD 临时切换到绘图屏幕，并提示：

　　　拾取内部点或［选择对象（S）/删除边界（B）］：

在此提示下，在需要填充的封闭区域内任意拾取一点，AutoCAD 将自动确定包围该点的封闭填充边界，同时以虚线形式显示边界（如果设置了允许间隙，实际的填充边界可以不封闭）。确定填充边界后，按 Enter 键，返回"图案填充和渐变色"对话框。

在"拾取内部点或［选择对象（S）/删除边界（B）］："提示中，还可以通过"选择对象（S）"选项选择作为填充边界的对象；通过"删除边界（B）"选项"删除"已有边界，使其不作为填充边界。

5）"添加：选择对象"按钮

选择作为填充边界的对象。单击该按钮，AutoCAD 临时切换到绘图屏幕，并提示：

选择对象或［拾取内部点（K）/删除边界（B）］：

此时，可以直接选择作为填充边界的对象，也可以通过"拾取内部点（K）"选项以拾取点的方式选择对象；通过"删除边界（B）"选项可以删除已有边界，使其不作为填充边界。

6）"删除边界"按钮

从已确定的填充边界中取消某些边界对象。单击该按钮，AutoCAD 临时切换到绘图屏幕，并提示：

选择对象或［添加边界（A）］：

此时可以选择要删除的对象，也可以通过"添加边界（A）"选项确定新边界。取消或添加填充边界后按 Enter 键，会返回到"图案填充和渐变色"对话框。

7）"重新创建边界"按钮

围绕选定的填充图案或填充对象创建多段线或面域，并使其与图案填充对象相关联（可选）。单击该按钮，AutoCAD 临时切换到绘图屏幕，并提示：

输入边界对象类型［面域（R）/多段线（P）］＜当前＞：

用户执行某一选项后，AutoCAD 继续提示：

要重新关联图案填充与新边界吗？［是（Y）/否（N）］：

此提示询问是否将新边界与填充的图案建立关联，根据需要确定即可（有关关联的概念见后面对"关联"复选框的介绍）。

8）"查看选择集"按钮

用于查看所选择的填充边界。单击该按钮，AutoCAD 临时切换到绘图屏幕，将已选择的填充边界以虚线形式显示，同时提示：

＜按 Enter 或单击鼠标右键返回到对话框＞

用户响应此提示后，即按 Enter 键或右击，AutoCAD 会返回到"图案填充和渐变色"对话框。

9）"选项"选项组

用于控制几个常用的图案填充设置。其中，"注释性"复选框用于确定填充的图案是否属于注释性图案。"关联"复选框用于确定所填充图案是否要与边界建立关联。如果建立了关联，当通过编辑命令修改边界后，被关联的填充图案会给予更新，以与边界相适应。"创建独立的图案填充"复选框用于控制当同时指定了几个独立的闭合边界进行填充时，是将它们创建成单个的图案填充对象（即在各闭合边界中填充的图案均属于一个对象），还是创建成多个图案填充对象（即各闭合边界中填充的图案为各自独立的对象）。"绘图次序"下拉列表框用于为填充图案指定绘图次序。填充的图案可以放在所有其他对象之后、所有其他对象之前、图案填充边界之后或图案填充边界之前。

10）"继承特性"按钮

用于选用图形中已有填充图案作为当前填充图案。单击该按钮，AutoCAD 临时切换到绘图屏幕，并提示：

选择图案填充对象：（选择某一填充图案）

拾取内部点或［选择对象（S）/删除边界（B）］：（通过拾取内部点或其他方式确定填充边界。

如果单击"继承特性"按钮前指定了填充边界，不显示此提示）

拾取内部点或［选择对象（S）/删除边界（B）］：

在此提示下可以继续确定填充边界。如果按 Enter 键，返回"图案填充和渐变色"对话框，此时，单击"确定"按钮即可实现填充。

11)"预览"按钮

用于预览填充效果。确定了填充区域、填充图案以及其他参数后，单击"预览"按钮，AutoCAD 临时切换到绘图屏幕，并按当前选择的填充图案和设置进行预填充，同时提示：

拾取或按 Esc 键返回到对话框或<单击右键接受图案填充>：

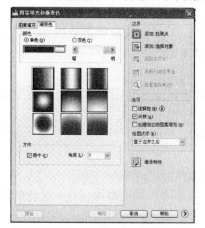

图 4-37　"渐变色"选项卡

如果预览效果满足要求，可以直接右击接受图案进行填充；否则可以单击或按 Esc 键 返回到"图案填充和渐变色"对话框，修改填充设置。

完成填充设置后，单击"确定"按钮，结束 BHATCH 命令的操作，并对指定的区域填充图案。

(2)"渐变色"选项卡

单击"图案填充和渐变色"对话框中的"渐变色"标签，打开"渐变色"选项卡，如图 4-37 所示。

该选项卡用于以渐变方式实现填充。其中，"单色"和"双色"两个单选按钮用于确定是以一种颜色填充，还是以两种颜色填充。单击位于"单色"单选按钮下方颜色框右侧的按钮，打开"选择颜色"对话框，用于确定填充的颜色。当以一种颜色填充时，可利用位于"双色"单选按钮下方的滑块调整所填充颜色的浓度。当以两种颜色填充时（选中"双色"单选按钮），位于"双色"单选按钮下方的滑块变成与其左侧相同的颜色框和按钮，用于确定另一种颜色。位于选项卡中间位置的 9 个图像按钮用于确定填充方式。此外，还可以通过"角度"下拉列表框确定以渐变方式填充时的旋转角度，通过"居中"复选框指定对称的渐变配置。如果没有选择该选项，渐变填充将朝左上方变化，可创建出光源在对象左边的图案。

(3)其他选项

单击"图案填充和渐变色"对话框中位于右下角位置的小箭头"⊙"，对话框则变为如图 4-38 所示的形式。

下面介绍该对话框中位于右侧各主要选项的功能。

1)"孤岛检测"复选框

用于确定是否进行孤岛检测以及孤岛检测的方式。

填充图案时，位于填充区域内的封闭区域称为孤岛。当以拾取点的方式确定填充边界后，AutoCAD 会自动确定包围该点的封闭填充边界，同时自动确定出对应的孤岛，如图 4-39 所示。

如果选中"孤岛检测"复选框，表示将进行孤岛检测。

AutoCAD 对孤岛的填充方式有三种，即"普通""外部"和"忽略"。"孤岛检测"复选框下面的三个图像按钮分别形象地说明了具体填充效果。

"普通"填充方式的填充过程：AutoCAD 从最外部边界向内填充，遇到与之相交的内部边界时断开填充线，再遇到下一个内部边界时继续填充。

图 4-38　"图案填充和渐变色"对话框

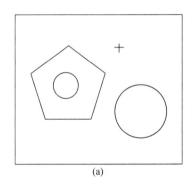

(a)

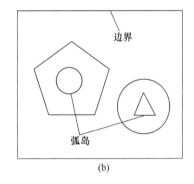

(b)

图 4-39　封闭填充边界与孤岛

（a）拾取内部点（小十字表示光标的拾取点位置）；（b）AutoCAD 自动确定封闭填充边界与孤岛

"外部"填充方式的填充过程：AutoCAD 从最外部边界向内填充，遇到与之相交的内部边界时断开填充线，不再继续填充。

"忽略"填充方式的填充过程：AutoCAD 忽略边界内的对象，所有内部结构均被填充图案覆盖。

2）"边界保留"选项组

用于指定是否将填充边界保留为对象，并确定其对象类型。其中，选中"保留边界"复选框表示将根据图案的填充边界创建边界对象，并将它们添加到图形中。此时可以通过"对象类型"下拉列表框确定新边界对象的类型，有面域和多段线两种选择。

3）"边界集"选项组

当以拾取点的方式确定填充边界时，该选项组用于定义填充边界的对象集，即 Auto-CAD 将根据哪些对象确定填充边界。

4）"允许的间隙"文本框

AutoCAD 2010 允许将实际上并没有完全封闭的边界用作填充边界。如果在"公差"

文本框中指定了值，该值就是 AutoCAD 确定填充边界时可以忽略的最大间隙，即如果边界有间隙，且各间隙均小于或等于设置的允许值，那么这些间隙均会被忽略，AutoCAD 将对应的边界视为封闭边界。

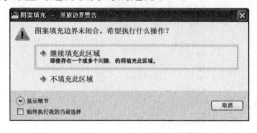

图 4-40　"图案填充－开放边界警告"窗口

如果在"公差"文本框中指定了值，当通过"拾取点"按钮指定的填充边界为非封闭边界且边界间隙小于或等于设定的值时，AutoCAD 会打开"图案填充—开放边界警告"窗口，如图 4-40 所示，如果单击"继续填充此区域"行，AutoCAD 将对非封闭图形进行图案填充。

4.4.2　编辑图案

本节介绍如何编辑已有图案。

1. 利用对话框编辑图案

（1）功能

修改指定的图案。

（2）命令调用方式

命令：HATCHEDIT。工具栏："修改Ⅱ"/"▨"（编辑图案填充）按钮。菜单命令："修改"/"对象"/"图案填充"命令。

（3）命令执行方式

执行 HATCHEDIT 命令，AutoCAD 提示：

　　　选择图案填充对象：

在该提示下选择已有的填充图案，打开如图 4-41 所示的"图案填充编辑"对话框。

在该对话框中，只有以正常颜色显示的选项才可以进行操作。对话框中各选项的含义与如图 4-38 所示的"图案填充和渐变色"对话框中各对应选项的含义相同。利用该对话框，用户可以对已填充的图案进行更改填充图案、填充比例或旋转角度等操作。

图 4-41　"图案填充编辑"对话框

2. 利用夹点功能编辑填充图案

在 4.3.1 节介绍了夹点功能。利用夹点功能可以编辑填充的图案。当填充的图案是关联 填充时，通过夹点功能改变填充边界后，AutoCAD 会根据边界的新位置重新生成填充图案。下面举例说明。

【例 4-2】 已知：如图 4-42 所示的图形，利用夹点功能对其进行如下修改：

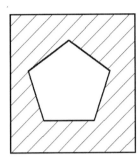

图 4-42　练习图

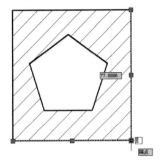

图 4-43　选择操作对象和操作点

（1）移动轮廓的右下角点，使该点沿 X 方向移动 10 个单位，沿 Y 方向移动 10 个单位。

（2）移动五边形，使圆心沿 X 方向移动 5 个单位，沿 Y 方向移动 5 个单位。

操作步骤如下。

（1）更改右下角点的位置

拾取图 4-42 中位于下方的水平边和位于右侧的斜边，AutoCAD 显示出对应的夹点，再选择右下角点为操作点，操作结果如图 4-43 所示。

同时 AutoCAD 提示：

　　＊＊拉伸＊＊

　　指定拉伸点或［基点（B）/复制（C）/放弃（U）/退出（X）］：10，10↵

执行结果如图 4-44 所示。图中除移动边界直线的端点外，AutoCAD 还根据新边界重新生成了图案。

（2）更改五边形的位置

按 Esc 键，取消夹点的显示，然后拾取五边形，选择任意点作为操作点，在对应提示下输入 "5，5↵"，得到如图 4-45 所示的结果。

可以看出，利用夹点功能更改填充边界后，填充的图案也会发生对应的更改。

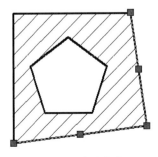

图 4-44　移动角点

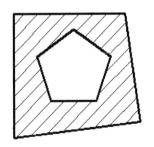

图 4-45　移动五边形

4.5 标注文字、创建表格

4.5.1 文字样式

1. 功能

建立文字样式。文字样式说明所标注文字采用的字体以及其他设置，如字高、字颜色及文字标注方向等。AutoCAD 2010 为用户提供了默认文字样式 Standard。当在 Auto-CAD 中标注文字时，如果系统提供的文字样式不能满足制图标准或用户的要求，应首先定义文字样式。

2. 命令调用方式

命令：STYLE。工具栏："样式" / "A"（文字样式）按钮，或"文字" / "A"（文字样式）按钮。菜单命令："格式" / "文字样式"命令。

3. 命令执行方式

执行 STYLE 命令，打开"文字样式"对话框，如图 4-46 所示。

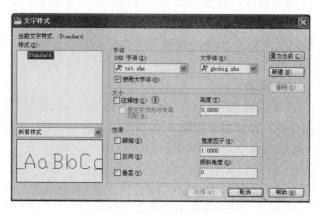

图 4-46　"文字样式"对话框

下面介绍该对话框中各主要选项的功能。

（1）"当前文字样式"标签

显示当前文字样式的名称。图 4-46 中说明当前的文字样式为 Standard，是 Auto-CAD 2010 提供的默认标注样式。

（2）"样式"列表框

列有当前已定义的文字样式，可以从中选择对应的样式作为当前样式或进行样式修改。

（3）样式列表过滤器

位于"样式"列表框下方的下拉列表框为样式列表过滤器，用于确定要在"样式"列表框中显示哪些文字样式。列表中有"所有样式"和"正在使用的样式"两种选择。

（4）预览框

显示与所设置或选择的文字样式对应的文字标注预览图像。

（5）"字体"选项组

确定文字样式采用的字体。如果选中"使用大字体"复选框，可以通过选项组分别确定 SHX 字体和大字体。SHX 字体是通过形文件定义的字体。形文件是 AutoCAD 用于定义字体或符号库的文件，其源文件的扩展名为.SHP，扩展名为.SHX 的形文件是编译后的文件。大字体用来指定亚洲语言（包括简体汉语、繁体汉语、日语或韩语等）使用的大字体文件。

如果没有选中"使用大字体"复选框，"字体"选项组为如图 4-47 所示的形式。可以通过"字体名"下拉列表框选择需要的字体。

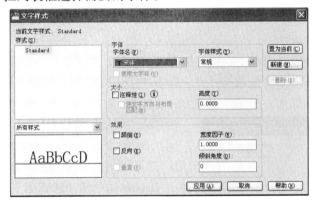

图 4-47　"字体"选项组

（6）"大小"选项组

指定文字的高度。可以直接在"高度"文本框中输入高度值。如果将文字高度设为0，那么当使用 DTEXT 命令标注文字时，AutoCAD 会提示"指定高度:"，即要求用户设定文字的高度。如果在"高度"文本框中输入了具体的高度值，AutoCAD 将按此高度标注文字，使用 DTEXT 命令标注文字时不再提示"指定高度:"。

（7）"效果"选项组

设置字体的特征，如字的宽高比（即宽度比例）、倾斜角度、是否倒置显示、是否反向显示以及是否垂直显示等。其中，"颠倒"复选框用于确定是否将标注的文字倒置显示，其标注效果如图 4-48（b）所示（正常标注效果如图 4-48a 所示）；"反向"复选框用于确定是否将文字反向标注，其标注效果如图 4-48（c）所示；"垂直"复选框用于确定是否将文字垂直标注；"宽度因子"文本框用于确定所标注文字字符的宽高比。当宽度比例为 1 时，表示按系统定义的宽高比标注文字；当宽度比例小于 1 时文字会变窄，反之变宽，图 4-49 给出了在不同宽度因子设置下的文字标注效果。"倾斜角度"文本框用于确定文字的倾斜角度，角度为"0"时不倾斜，为正值时向右倾斜，为负值时向左倾斜，其标注效果如图 4-50 所示。

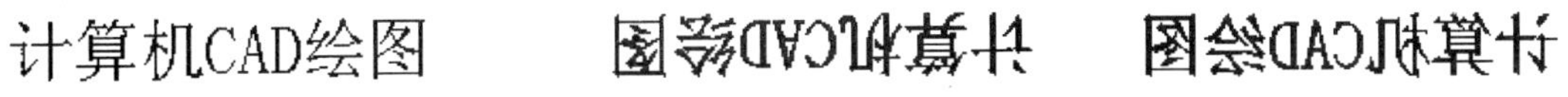

计算机CAD绘图　　　　图绘DAC机算计　　　　图绘CAD机算计

(a)　　　　　　　　　　　(b)　　　　　　　　　　　(c)

图 4-48　文字标注示例

（a）正常标注；（b）文字颠倒标注；（c）文字反向标注

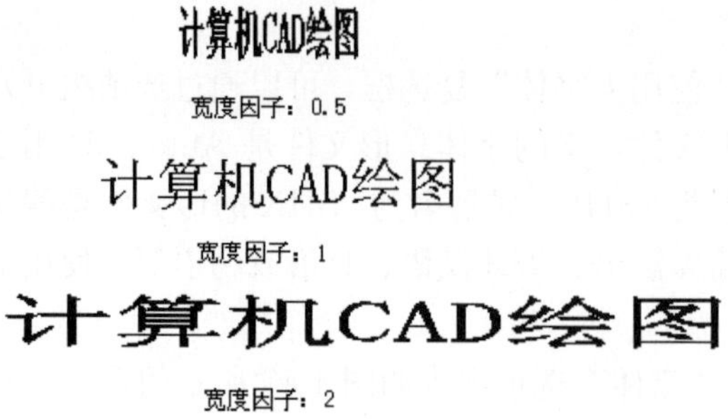

图 4-49 用不同宽度因子标注文字 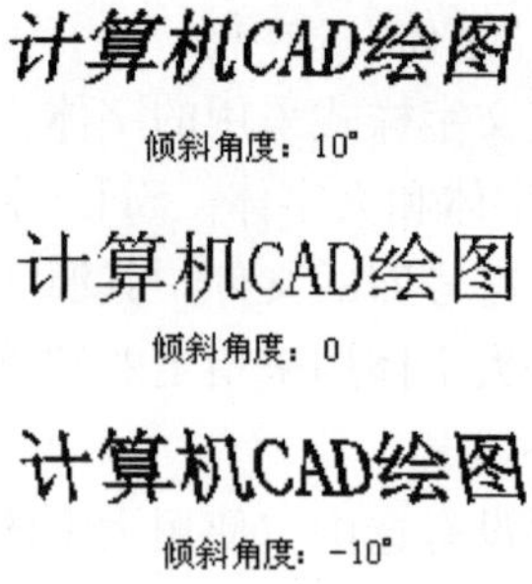   图 4-50 用不同倾斜角度标注文字

(8) 置为当前按钮

将在"样式"列表框中选中的样式置为当前按钮。当需要以已有的某一文字样式标注文字时，应首先将该样式设为当前样式。利用"样式"工具栏中的"文字样式控制"下拉列表框，可以方便地将某一文字样式设为当前样式。

图 4-51　"新建文字样式"对话框

(9) "新建"按钮

创建新文字样式。方法：单击"新建"按钮，打开如图 4-51 所示的"新建文字样式"对话框。在该对话框的"样式名"文本框内输入新文字样式的名字，单击"确定"按钮，即可在原文字样式的基础上创建一个新文字样式。此新样式的设置（字体等）与前一样式相同，还需要进行其他一些设置。

(10) "删除"按钮

删除某一文字样式。方法：从"样式"下拉列表中选中要删除的文字样式，单击"删除"按钮即可。

说明：

用户只能删除当前图形中没有使用的文字样式。

(11) "应用"按钮

确认用户对文字样式的设置。单击对话框中的"应用"按钮，AutoCAD 确认已进行的操作。

【例 4-3】 定义文字样式，要求如下：

文字样式名为 STYS，字体为宋体，字高为 5；其余设置采用系统的默认设置。

执行 STYLE 命令，打开"文字样式"对话框（图 4-46），单击该对话框中的"新建"按钮，在打开的"新建文字样式"对话框的"样式名"文本框中输入新文字样式的名称 STYS，如图 4-52 所示。然后，单击对话框中的"确定"按钮。

继续设置新文字样式。在"文字样式"对话框中，不选中"使用大字体"复选框，在"字体"选项组的"字体名"下拉列表中选择"宋体"选项（如果在列表中选择了 TrueType 字体，列表框上的对应提示将变为如图 4-53 中所示的"字体名"，而不是如图 4-46 所示的"SHX 字体"），在

图 4-52　以 STYS 作为新文字样式的名称

"高度"文本框中输入5，其余设置采用系统的默认设置，如图 4-53 所示。

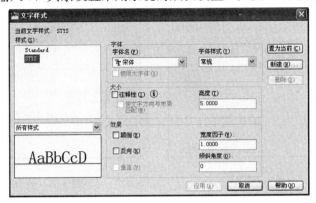

图 4-53　设置新文字样式

　　单击"应用"按钮，确认新定义的样式。单击"关闭"按钮，关闭对话框，完成新样式的定义，且 AutoCAD 将 STYS 样式置为当前文字样式。

　　字的高度有 3.5、5、7、10、14、20 等（单位为 mm），字的宽度约为字高度的 2/3。汉字应采用长仿宋体。由于汉字的笔画较多，因此其高度不应小于 3.5mm。字母分大写、小写两种，它们可以用直体（正体）和斜体形式标注。斜体字的字头要向右侧倾斜，与水平线约呈 75°；阿拉伯数字也有直体和斜体两种形式，斜体数字与水平线也呈 75°。实际标注中，有时需要将汉字、字母和数字组合起来使用。例如，当标注"4×M8 深 18"时，就用到了汉字、字母和数字。

　　AutoCAD 2010 提供了基本符合标注要求的字体形文件：gbenor. shx、gbeitc. shx 和 gbcbig. shx 等文件。其中，gbenor. shx 用于标注直体字母与数字；gbeitc. shx 用于标注斜体字母与数字；gbcbig. shx 用于标注中文。用如图 4-46 所示的默认文字样式标注文字时，标注出的汉字为长仿宋体，但字母和数字是由文件 txt. shx 定义的字体，不完全满足制图要求。为了使标注的字母和数字也满足要求，还需要将对应的字体文件设置为 gbenor. shx 或 gbeitc. shx（定义方法见【例 4-4】）。

　　【例 4-4】　定义符合国标要求的新文字样式。新文字样式的样式名为"文字 35"，字高为 3.5。

　　执行 STYLE 命令，打开"文字样式"对话框。单击该对话框中的"新建"按钮，在打开的"新建文字样式"对话框的"样式名"文本框内输入"文字 35"，然后单击对话框中的"确定"按钮，返回"文字样式"对话框，如图 4-54 所示。

　　从图 4-54 中可以看出，虽然已经创建了名为"文字 35"的文字样式，但该样式的具体设置仍然是创建该新样式之前使用的设置，所以还需要对某些设置进行修改，方法如下所示：从"字体"选项组中的"SHX 字体"下拉列表中选择 gbenor. shx（标注直体字母与数字）选项；在"大字体"下拉列表框中选择"gbcbig. shx"选项；在"高度"文本框中输入"3.5"，如图 4-55 所示。

　　需要说明的是，由于在字体形文件中已经考虑了字的宽高比例因素，因此在"宽度因子"文本框中仍采用 1 即可。

图 4-54 创建新样式   图 4-55   选择新字体文件

完成上述设置后，单击"应用"按钮，完成新文字样式的设置。单击"关闭"按钮，关闭"文字样式"对话框，并将文字样式"文字 35"置为当前样式。

（12）说明

1）用户可以在同一幅图形中定义多个文字样式。当需要以某一文字样式标注文字时，应先将该样式设为当前样式。可以通过"样式"工具栏中的"文字样式控制"下拉列表框设置当前文字样式。

2）可以利用 AutoCAD 设计中心方便地将其他图形中的文字样式添加到当前图形中。

4.5.2 标注文字

利用 AutoCAD 2010，可以方便地在图形中标注文字。

1. 用 DTEXT 命令标注文字

（1）功能

用当前文字样式标注文字。

（2）命令调用方式

命令：DTEXT。工具栏："文字"/"ＡＩ"（单行文字）按钮。菜单命令："绘图"/"文字"/"单行文字"命令。

（3）命令执行方式

执行 DTEXT 命令，AutoCAD 提示：

> 当前文字样式："文字 35"文字高度：3.5000 注释性：否
> 指定文字的起点或［对正（J）/样式（S）]：

第一行提示信息说明当前文字样式、字高度以及注释性。下面介绍第二行提示中各选项的含义及其操作。

1）指定文字的起点

确定文字行基线的起点位置，为默认选项。

AutoCAD 为文字行定义了顶线（Top line）、中线（Middle line）、基线（Base line）和底线（Bottom line）4 条线，用于确定文字行的位置。图 4-56 以文字串 Text Sample 为例，说明了这 4 条线与文字串的关系。

在"指定文字的起点或［对正（J）/样式（S）]"提示下指定文字的起点位置后，AutoCAD 提示：

图 4-56　文字标注参考线定义

指定高度：（输入文字的高度值）

指定文字的旋转角度<0>：（输入文字行的旋转角度）

用户响应后，AutoCAD 在绘图屏幕上显示出一个表示文字位置的方框，在其中输入要标注的文字后，连续按两次 Enter 键，即可完成文字的标注。

说明：

用 DTEXT 命令标注文字时，当输入一行文字后，按一次 Enter 键可实现换行标注；如果在绘图屏幕某一位置单击鼠标左键，则可以将该位置作为新标注文字行的起始位置。

如果在文字样式中指定了文字高度，执行 DTEXT 命令后，AutoCAD 不再提示"指定高度："。

2）对正（J）

控制文字的对正方式，类似于用 Microsoft Word 进行排版时使文字左对齐、居中及右对齐等，但 AutoCAD 提供了更灵活的对正方式。执行"对正（J）"选项，AutoCAD 提示：

输入选项［对齐（A）/调整（F）/中心（C）/中间（M）/右（R）/左上（TL）/中上（TC）/右上（TR）/左中（ML）/正中（MC）/右中（MR）/左下（BL）/中下（BC）/右下（BR）］：

下面介绍该提示中各选项的含义。

① 对齐（A）

此选项要求用户确定所标注文字行基线的始点与终点位置。执行该选项，AutoCAD 提示：

指定文字基线的第一个端点：（确定文字行基线的始点位置）

指定文字基线的第二个端点：（确定文字行基线的终点位置）

用户响应后，AutoCAD 在绘图屏幕上显示出表示文字位置的方框，在其中输入要标注的文字，输入后连续按两次 Enter 键即可。最后的执行结果：输入的文字字符均匀地分布于指定的两点之间，且文字行的旋转角度由两点间连线的倾斜角度确定；字高和字宽根据两点间的距离、字符的多少按字的宽度比例关系自动确定。

② 调整（F）

此选项要求用户确定文字行基线的始点位置、终点位置以及文字的字高（如果文字样式没有设置字高的话）。执行该选项，AutoCAD 依次提示：

指定文字基线的第一个端点：

指定文字基线的第二个端点：

指定高度：（如果文字样式中已经设置了字高，则没有此提示）

用户响应后，AutoCAD 在绘图屏幕上显示出表示文字位置的方框，在其中输入要标注的文字，输入后连续按两次 Enter 键即可。最后的执行结果是：输入的文字字符均匀分布于指定的两点之间，且文字行的旋转角度由两点间连线的倾斜角度确定，字的高度为用户指定的高度或在文字样式中设置的高度，字宽由所确定两点间的距离和字的多少自动确定。

③中心（C）

此选项要求用户确定一点，AutoCAD 将该点作为所标注文字行基线的中点，即所输入文字行的基线中点将与该点对齐。执行该选项，AutoCAD 依次提示：

指定文字的中心点：（确定作为文字行基线中点的点）

指定高度：（输入文字的高度。如果文字样式中已经设置了字高，没有此提示）

指定文字的旋转角度：（输入文字行的旋转角度）

而后，AutoCAD 在绘图屏幕上显示出表示文字位置的方框，可在其中输入要标注的文字，输入后连续按两次 Enter 键即可。

④中间（M）

此选项要求用户确定一点，AutoCAD 会将该点作为所标注文字行的中间点，即以该点作为文字行在水平、垂直方向上的中点。执行该选项，AutoCAD 依次提示：

指定文字的中间点：

指定高度：（如果文字样式中已经设置了字高，没有此提示）

指定文字的旋转角度：

而后，AutoCAD 在绘图屏幕上显示出表示文字位置的方框，可在其中输入要标注的文字，输入后连续按两次 Enter 键即可。

⑤右（R）

此选项要求确定一点，AutoCAD 将该点作为所标注文字行基线的右端点。执行该选项，AutoCAD 依次提示：

指定文字基线的右端点：

指定高度：

指定文字的旋转角度：

而后，AutoCAD 在绘图屏幕上显示出表示文字位置的方框，可在其中输入要标注的文字，输入后连续按两次 Enter 键即可。

⑥其他提示

在与"对正（J）"选项对应的其他提示中，"左上（TL）""中上（TC）"和"右上（TR）"选项分别表示将以指定的点作为文字行顶线的起点、中点和终点；"左中（ML）""正中（MC）"及"右中（MR）"选项分别表示将以指定的点作为所标注文字行中线的起点、中点和终点；"左下（BL）""中下（BC）"和"右下（BR）"选项分别表示将以指定的点作为所标注文字行底线的起点、中点和终点。

3）样式（S）

确定所标注文字的样式。执行该选项，AutoCAD 提示：

输入样式名或［?］＜默认样式名＞：

在此提示下，可直接输入当前要使用的文字样式字；也可以用符号"?"响应，来显示当前已有的文字样式。如果直接按 Enter 键，则采用默认样式。

（4）说明

实际绘图时，有时需要标注一些特殊字符，如在一段文字的上方或下方加线、标注度（°）、标注正负公差符号（±）或标注直径符号（Φ）等。由于这些特殊字符不能通过键盘直接输入，因此 AutoCAD 提供了相应的控制符，以实现特殊标注要求。AutoCAD 的控制符由两个百分号（％％）和一个字符构成。表 4-2 列出了 AutoCAD 的部分常用控制符。

AutoCAD 部分常用控制符

表 4-2

控 制 符	功　　能
％％O	打开或关闭文字上划线
％％U	打开或关闭文字下划线
％％D	标注度符号"°"
％％P	标注正负公差符号"±"
％％C	标注直径符号"Φ"
％％％	标注百分比符号"%"

　　AutoCAD 的控制符不区分大小写，本书均采用大写字母。在 AutoCAD 的控制符中，％％O 和％％U 分别是上划线、下划线的开关，当第一次出现此符号时，表明打开上划线或下划线，即开始划上划线或下划线；而当第二次出现对应的符号时，则表示关掉上划线或下划线，即结束划上划线或下划线。

　　2. 利用在位文字编辑器标注文字

　　（1）功能

　　利用在位文字编辑器标注文字。

　　（2）命令调用方式

　　命令：MTEXT。工具栏："绘图"/"**A**"（多行文字）按钮，或"文字"/"**A**"（多行文字）按钮。菜单命令："绘图"/"文字"/"多行文字"命令。

　　（3）命令执行方式

　　执行 MTEXT 命令，AutoCAD 提示：

　　　　指定第一角点：

　　在此提示下指定一点作为第一角点后，AutoCAD 继续提示：

　　　　指定对角点或［高度（H）/对正（J）/行距（L）/旋转（R）/样式（S）/宽度（W）/栏（C）］：

　　如果用户响应默认选项，即指定另一角点的位置，AutoCAD 打开如图 4-57 所示的在位文字编辑器。

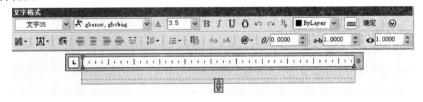

图 4-57　在位文字编辑器

　　从图 4-57 中可以看出，在位文字编辑器由"文字格式"工具栏和水平标尺等组成，工具栏上有一些下拉列表框和按钮等。下面介绍编辑器中各主要选项的功能。

　　1）"样式"下拉列表框"〔 文字35 〕"

　　该列表框中列有当前已定义的文字样式，可通过列表选择需要采用的样式，或更改在文字编辑器中所输入文字的样式。

　　2）"字体"下拉列表框"〔 gbenor, gbcbig 〕"

　　该列表框用于设置或改变字体。在文字编辑器中输入文字时，可以利用此下拉列表随

133

时改变所输入文字的字体，也可以用来更改已有文字的字体。

3）"注释性"按钮"Ａ"

用于确定标注的文字是否为注释性文字。

4）"文字高度"组合框"3.5 ∨"

用于设置或更改文字的高度。可直接从下拉列表中进行选择或在文本框中输入高度值。

5）"粗体"按钮"**B**"

用于确定文字是否以粗体形式标注，单击该按钮可以实现是否以粗体形式标注文字的切换。

6）"斜体"按钮"*I*"

用于确定文字是否以斜体形式标注，单击该按钮可以实现是否以斜体形式标注文字的切换。

7）"下划线"按钮"U"

用于确定是否对文字加下划线，单击该按钮可以实现是否为文字添加下划线的切换。

8）"上划线"按钮"Ō"

用于确定是否对文字加上划线，单击该按钮可以实现是否为文字添加上划线的切换。

说明：

工具栏中的"**B**""*I*""U"和"Ō"也可以用于更改文字编辑器中已有文字的标注形式。更改方法：选中文字，然后单击对应的按钮。

9）"放弃"按钮"↶"

在文字编辑器中执行放弃操作，包括对文字内容或文字格式所做的修改，也可以用组合键"Ctrl＋Z"执行放弃操作。

10）"重做"按钮"↷"

在文字编辑器中执行重做操作，包括对文字内容或文字格式所做的修改。也可以使用组合键"Ctrl＋Y"执行重做操作。

11）"堆叠/非堆叠"按钮"ᵇₐ"

用于实现堆叠与非堆叠的切换。

利用符号"/""^"或"♯"，可以以不同的方式实现堆叠（例如，"$\frac{18}{19}$""${}^{18}_{19}$"和"$^{18}\!/_{19}$"均属于堆叠标注）。利用堆叠功能，能够实现分数、上下偏差等的标注。堆叠标注的具体实现方法：在文字编辑器中输入要堆叠的两部分文字，同时还应在这两部分文字中间输入符号"/""^"或"♯"，然后选中它们，单击"ᵇₐ"按钮，使该按钮处于按下状态，即可实现对应的堆叠标注。例如，如果选中的文字为"18/19"，堆叠后的效果（即标注后的效果）为$\frac{18}{19}$；如果选中的文字为"18^19"，堆叠后的效果为18（显然，利用此功能，可以标注出上下偏差）；如果选中的文字为"18♯19"，堆叠后的效果则为$^{18}\!/_{19}$。此外，如果选中堆叠的文字然后单击各按钮使其处于弹起状态，则取消堆叠效果。

12）"颜色"下拉列表框"■ ByLayer ∨"

设置或更改所标注文字的颜色。

13）"标尺"按钮"▭"

实现在编辑器中是否显示水平标尺的切换（水平标尺的位置参见图 4-57）。

14）"栏数"按钮"▥▾"

分栏设置，可以使文字按多列显示，从弹出的列表中进行选择或设置即可。

15）"多行文字对正"按钮"▨▾"

设置文字的对齐方式，从弹出的列表中进行选择即可，默认为"左上"。

16）"段落"按钮"▧"

设置段落缩进、第一行缩进、制表位、段落对齐、段落间距及段落行距等。单击"段落"按钮"▧"，打开"段落"对话框，如图 4-58 所示。用户从中设置即可。

17）"左对齐"按钮"▤"、"居中"按钮"▤"、"右对齐"按钮"▤"、"对正"按钮"▤"、"分布"按钮"▤"

设置段落文字沿水平方向的对齐方式。其中，"左对齐""居中"和"右对齐"按钮使段落文字实现左对齐、居中对齐和右对齐；"对正"按钮使段落文字两端对齐；"分布"按钮使段落文字相对于两端分散对齐。

18）"行距"按钮"▤▾"

设置行间距，从对应的列表中进行选择和设置即可。

19）"编号"按钮"▤▾"

创建列表。可通过弹出的下拉列表进行设置。

20）"插入字段"按钮"▦"

向文字中插入字段。单击该按钮，打开"字段"对话框，如图 4-59 所示，可从中选择要插入文字中的字段即可。

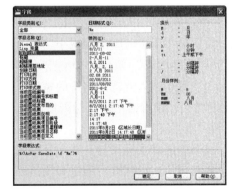

图 4-58　"段落"对话框　　　　　　　　图 4-59　"字段"对话框

21）"全部大写"按钮"Aa"、"小写"按钮"aA"

"全部大写"按钮用于将选定的字符更改为大写；"小写"按钮则用于将选定的字符更改为小写。

22）"符号"按钮"@▾"

符号按钮用于在光标位置插入符号或不间断空格。单击该按钮，弹出对应的列表，如图 4-60 所示。

该列表中提供了常用符号及其控制符或 Unicode 字符串，可根据需要从中进行选择。

如果选择"其他"选项，则可以打开"字符映射表"对话框，如图 4-61 所示。

图 4-60　符号列表

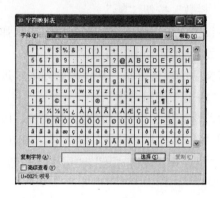

图 4-61　"字符映射表"对话框

该对话框包含了系统中各种可用字体的整个字符集。利用该对话框标注特殊字符的方式：从"字符映射表"对话框中选中一个符号，单击"选择"按钮，将其置于"复制字符"文本框中，单击"复制"按钮将其置于剪贴板上，然后关闭"字符映射表"对话框。在文字编辑器中单击，从弹出的快捷菜单中选择"粘贴"选项，即可在当前光标位置插入对应的符号。

23）"倾斜角度"文本框"0/0.0000　⇕"

使输入或选定的字符倾斜一定的角度。可输入−85～85 之间的数值使文字倾斜对应的角度，其中倾斜角度值为正时字符向右倾斜，倾斜角度值为负时字符向左倾斜。

24）"追踪"文本框"a·b1.0000　⇕"

增大或减小所输入或选定字符之间的距离。1.0 为常规间距。当设置值大于 1 时间距增大，设置值小于 1 时则间距减小。

25）"宽度因子"文本框"o1.0000　⇕"

增大或减小输入或选定字符的宽度。设置值 1.0 表示字母为常规宽度。当设置值大于 1 时宽度增大；设置值小于 1 时则宽度减小。

26）"水平标尺"

编辑器中的水平标尺与一般文字编辑器的水平标尺类似，用于说明或设置文本行的宽度，设置制表位，设置首行缩进和段落缩进等。通过拖动文字编辑器中水平标尺上的首行缩进标记和段落缩进标记滑块，可以设置对应的缩进尺寸。如果在水平标尺上某位置单击拾取键，则在该位置设置对应的制表位。

通过编辑器输入要标注的文字，并进行各种设置后，单击编辑器中的"确定"按钮，即可标注出对应的文字。

（4）在位文字编辑器快捷菜单

如果在如图 4-57 所示的在位文字编辑器中右击，AutoCAD 弹出如图 4-62 所示的快捷菜单。可通过此菜单进行相应的操作。

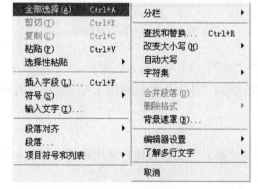

图 4-62　快捷菜单

4.5.3　编辑文字

1. 功能

修改已标注的文字。

2. 命令调用方式

命令：DDEDIT。工具栏："文字"/"Ａ̲ᵧ"（编辑文字）按钮。菜单命令："修改"/
"对象"/"文字"/"编辑"命令。

3. 命令执行方式

执行 DDEDIT 命令，AutoCAD 提示：

　　　　选择注释对象或［放弃（U）]：

此时，用户应选择需要编辑的文字。标注文字时使用的标注方法不同，选择文字后
AutoCAD 给出的响应不同。如果所选择的文字是用 DTEXT 命令标注的，选择文字对象
后，AutoCAD 将在该文字四周显示出一个方框，表示进入编辑模式，此时用户可以直接
修改对应的文字。

如果在"选择注释对象或［放弃（U）]"提示下选择的文字是用 MTEXT 命令标注
的，AutoCAD 则会弹出与图 4-57 类似的在位文字编辑器，并在该对话框中显示所选择的
文字，以供用户编辑。

当编辑完对应的文字后，AutoCAD 继续提示：

　　　　选择注释对象或［放弃（U）]：

此时可以继续选择文字进行修改或按 Enter 键结束命令。

说明：

如果在绘图屏幕直接双击文字对象，AutoCAD 会切换到对应的编辑模式，以便用户编辑、修改
文字。

4.5.4　注释性文字

当绘制各种工程图时，经常需要以不同的比例绘制，如采用比例 1∶2、1∶4、2∶1
等。当在图纸上手工绘制有不同比例要求的图形时，需先按照比例要求换算图形的尺寸，
然后再按换算后得到的尺寸绘制图形。用计算机绘制有比例要求的图形时也可以采用该方
法，但基于 CAD 软件的特点，用户可以直接按 1∶1 比例绘制图形，当通过打印机或绘图
仪将图形输出到图纸时，再设置输出比例。这样，绘制图形时不必考虑尺寸的换算问题，
而且同一幅图形可以按不同的比例多次输出。但采用该方法存在一个问题：当以不同的比
例输出图形时，图形按比例缩小或放大，这是用户需要的，但其他一些内容，如文字、尺
寸文字和尺寸箭头的大小等也会按比例缩小或放大，从而某些内容可能不满足绘图标准的
要求。利用 AutoCAD 2010 新提供的注释性对象功能，则可以解决此问题。例如，当希望
以 1∶2 比例输出图形时，将图形按 1∶1 比例绘制，通过设置，使文字等按 2∶1 比例标
注或绘制，这样，当按 1∶2 比例通过打印机或绘图仪将图形输出到图纸上时，图形按比
例缩小，但其他相关注释性对象（如文字等）按比例缩小后，也正好满足标准要求。

AutoCAD 2010 可以将文字、尺寸、形位公差、块、属性以及引线等指定为注释性对
象。本节只介绍注释性文字的设置与使用，其他注释性对象将在后面的章节中陆续介绍。

1. 注释性文字样式

为方便操作，用户可以专门定义注释性文字样式。用于定义注释性文字样式的命令也是STYLE，其定义过程与前边介绍的文字样式定义过程类似。执行 STYLE 命令后，在打开的"文字样式"对话框中（图 4-46），除按在前边介绍的过程设置样式后，还需要选中"注释性"

复选框。选中该复选框后，在"样式"列表框中的对应样式名前将显示图标"△"，表示该样式属于注释性文字样式（后面章节介绍的其他注释性对象的样式名也使用图标"△"标记）。

2. 标注注释性文字

当使用 DTEXT 命令标注注释性文字时，应首先将对应的注释性文字样式设为当前样式，然后利用状态栏上的"注释比例"列表（单击状态栏上"注释比例"右侧的小箭头可打开此列表，如图 4-63 所示）设置比例，然后使用 DTEXT 命

图 4-63 注释比例列表（部分）

令标注文字即可。例如，如果通过列表将注释比例设为 1∶1，则按注释性文字样式用DTEXT 命令标注出文字后，文字的实际高度是文字设置高度的两倍。

当用 MTEXT 命令标注注释性文字时，可以通过"文字格式"工具栏上的注释性按钮"△"确定标注的文字是否为注释性文字。

对于已标注的非注释性文字（或对象），可以通过特性窗口将其设置为注释性文字（对象）。

4.5.5 创建表格与定义表格样式

本段将介绍 AutoCAD 2010 提供的创建表格功能。

1. 创建表格

（1）功能

在图形中创建指定行数和列数的表格对象。

（2）命令调用方式

命令：TABLE。工具栏："绘图"/"▦"（表格）按钮。菜单命令："绘图"/"表格"命令。

（3）命令执行方式

执行 TABLE 命令，打开"插入表格"对话框，如图 4-64 所示。

该对话框用于选择表格样式，设置表格的相关参数。下面介绍对话框中主要选项的功能。

1）"表格样式"下拉列表框

用于选择所使用的表格样式，根据需要通过下拉列表进行选择即可。

2）"插入选项"选项组

图 4-64 "插入表格"对话框

用于确定如何为表格填写数据。其中，选中"从空表格开始"单选按钮表示首先创建一个空表格，然后填写数据；选中"自数据链接"单选按钮表示根据已有的 Excel 数据表创建表格。选中"自数据链接"单选按钮后，可通过""（启动"数据链接管理器"对话框）按钮建立与已有 Excel 数据表的链接；选中"自图形中的对象数据（数据提取）"单选按钮表示可以通过数据提取向导来提取图形中的数据。

3）"预览"复选框及图片框

用于预览表格的样式。

4）"插入方式"选项组

用于确定将表格插入图形时的插入方式。其中，选中"指定插入点"单选按钮表示将通过在绘图窗口指定一点作为表的一角点位置的方式插入表格。如果表格样式将表的方向设置为由上而下读取，插入点为表的左上角点；如果表格样式将表的方向设置为由下而上读取，插入点位于表的左下角点。选中"指定窗口"单选按钮表示将通过指定一窗口的方式确定表的大小与位置。

5）"列和行设置"选项组

用于设置表格的列数、行数以及列宽与行高。

6）"设置单元样式"选项组

可以通过与"第一行单元样式""第二行单元样式"和"所有其他行单元样式"对应的下拉列表框，分别设置第一行、第二行和其他行的单元样式。每个下拉列表中有"标题""表头"和"数据"三个选择。

通过"插入表格"对话框完成表格的设置，单击"确定"按钮，再根据提示确定表格的位置，即可将表格插入图形中，且插入表格后 AutoCAD 弹出"文字格式"工具栏，同时将表格中的第一个单元格醒目显示，如图 4-65 所示。

图 4-65　在表格中输入文字界面

输入文字时，可以利用 Tab 键和箭头键在各单元格之间进行切换。为表格输入文字后，单击"文字格式"工具栏中的"确定"按钮，或在绘图屏幕上任意一点单击鼠标拾取键，将关闭"文字格式"工具栏。

2. 定义表格样式

（1）功能

定义指定条件的表格样式。

（2）命令调用方式

命令：TABLESTYLE。工具栏："样式" / "⊞"（表格样式）按钮。菜单命令："格式" / "表格样式"命令。

（3）命令执行方式

执行 TABLESTYLE 命令，打开"表格样式"对话框，如图 4-66 所示。

在该对话框中，"样式"列表框中列出了满足条件的表格样式。可以通过"列出"下拉列表框确定需要列出的样式。"预览"图片框用于显示表格的预览图像。"置为当前"和"删除"按钮分别用于将在"样式"列表框中选中的表格样式设置为当前样式、删除选中的表格样式。"新建""修改"按钮分别用于新建表格样式、修改已有的表格样式。下面介绍如何新建和修改表格样式。

1）新建表格样式

单击"表格样式"对话框中的"新建"按钮，打开"创建新的表格样式"对话框，如图 4-67 所示。

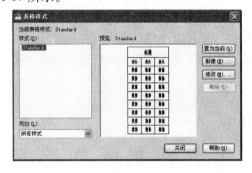

图 4-66 "表格样式"对话框　　　　　图 4-67 "创建新的表格样式"对话框

通过该对话框中的"基础样式"下拉列表选择基础样式，并在"新样式名"文本框中输入新样式的名称（如输入"表格 1"），然后单击"继续"按钮，打开"新建表格样式"对话框，如图 4-68 所示。

图 4-68 "新建表格样式"对话框

下面介绍该对话框中各主要选项的功能。

① "起始表格"选项组

由用户指定一个已有表格作为新建表格样式的起始表格。单击其中的"🖼"按钮，AutoCAD 会临时切换到绘图屏幕，并提示：

选择表格：

在此提示下选择某一表格后，Auto-CAD 返回到"新建表格样式"对话框，并在预览框中显示出该表格，在各对应设置中显示出该表格的样式设置。

通过"🖼"按钮选择了某一表格后，还可以通过位于该按钮右侧的按钮删除该起始表格。

② "常规"选项组

通过"表格方向"列表框确定插入表格时的表格方向。列表中有"向下"和"向上"两个选择。其中，"向下"表示创建由上而下读取的表格，即标题行和表头行位于表的顶部；"向上"则表示创建由下而上读取的表格，即标题行和表头行位于表的底部。

③"预览"图片框

显示新创建表格样式的表格预览图像。

④"单元样式"选项组

确定单元格的样式。可以通过对应的下拉列表确定要设置的对象，即在"数据""标题"和"表头"之间进行选择。

"单元样式"选项组中，"常规""文字"和"边框"三个选项卡分别用于设置表格中的基本内容、文字和边框，对应的选项卡如图 4-69（a）、图 4-69（b）和图 4-69（c）所示。

(a)　　　　　　　　　　　(b)　　　　　　　　　　　(c)

图 4-69　"单元样式"选项组中的选项卡

(a)"常规"选项卡；(b)"文字"选项卡；(c)"边框"选项卡

其中，"常规"选项卡用于设置单元格的基本特性，如文字在单元格中的对齐方式等；"文字"选项卡用于设置文字特性，如文字样式等；"边框"选项卡用于设置表格的边框特性，如边框线宽、线型和边框形式等。用户可以直接在"单元样式预览"图片框中预览对应单元的样式。

完成表格样式的设置后，单击对话框中的"确定"按钮，AutoCAD 返回到如图 4-66 所示的"表格样式"对话框，并将新定义的样式显示在"样式"列表框中。单击对话框中的"确定"按钮，关闭对话框，完成新表格样式的定义。

2）修改表格样式

如果在如图 4-66 所示的对话框中的"样式"列表框中选中要修改的表格样式，单击"修改"按钮，将打开与图 4-68 类似的对话框，利用该对话框可以修改已有表格的样式。

4.6　尺　寸　标　注

4.6.1　基本概念

AutoCAD 中，一个完整的尺寸一般由尺寸线、延伸线（即尺寸界线）、尺寸文字（即尺寸值）和尺寸箭头 4 部分组成，如图 4-70 所示。注意：这里的"箭头"是一个广义的概念，也可以用短划线、点或其他标记代替尺寸箭头。

AutoCAD 2010 将尺寸标注分为线性标注、对齐标注、半径标注、直径标注、弧长标注、折弯标注、角度标注、引线标注、基线标注及连续标注等多种类型，而线性标注又分水平标注、垂直标注和旋转标注。后面将介绍这些标注类型的含义及其操作。

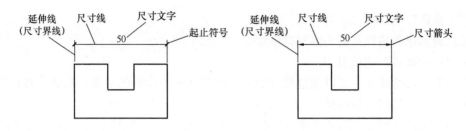

图 4-70 尺寸的组成

4.6.2 尺寸标注样式

尺寸标注样式（简称标注样式）用于设置尺寸标注的具体格式，如尺寸文字采用的样式，尺寸线、延伸线以及尺寸箭头的标注设置等，以满足不同行业或不同国家的尺寸标注要求。

用于定义、管理标注样式的命令为 DIMSTYLE，利用"样式"工具栏中的"🖊"（标注样式）按钮、"标注"工具栏中的"🖊"（标注样式）按钮或执行"标注"/"标注样式"命令，均可启动该命令。执行 DIMSTYLE 命令，AutoCAD 将打开"标注样式管理器"对话框，如图 4-71 所示。

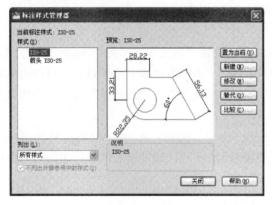

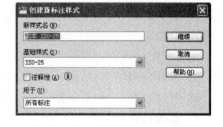

图 4-71 "标注样式管理器"对话框　　　　图 4-72 "创建新标注样式"对话框

下面介绍该对话框中主要选项的功能。

（1）"当前标注样式"标签

用于显示当前标注样式的名称。在图 4-71 中说明当前标注样式为 ISO-25，该样式为 AutoCAD 提供的默认标注样式。

（2）"样式"列表框

用于列出已有标注样式的名称。

（3）"列出"下拉列表框

用于确定要在"样式"列表框中列出哪些标注样式。可通过下拉列表在"所有样式"和"正在使用的样式"之间进行选择。

（4）"预览"图片框

用于预览在"样式"列表框中所选中标注样式的标注效果。

(5) "说明"标签框

用于显示"样式"列表框中所选定标注样式的说明。

(6) "置为当前"按钮

用于将指定的标注样式置为当前样式。具体方法：在"样式"列表框中选择标注样式，单击"置为当前"按钮。当需要用某一样式标注尺寸时，应首先将此样式设为当前样式。此外，利用"样式"工具栏中的"标注样式控制"下拉列表框，可以方便地将某一样式设置为当前样式 。

(7) "新建"按钮

用于创建新标注样式。单击"新建"按钮，打开如图 4-72 所示的"创建新标注样式"对话框。可以通过该对话框中的"新样式名"文本框指定新样式的名称；通过"基础样式"下拉列表框选择用于创建新样式的基础样式；通过"用于"下拉列表框，可以选择新建标注样式的适用范围。"用于"下拉列表中有"所有标注""线性标注""角度标注""半径标注""直径标注""坐标标注"和"引线和公差"等选项，分别用于使新样式适合对应的标注。确定了新样式的名称并进行相关设置后，单击"继续"按钮，打开"新建标注样式"对话框，如图 4-73 所示。

在该对话框中有"线""符号和箭头""文字""调整""主单位""换算单位"和"公差"七个选项卡，后续章节将专门介绍各选项卡的功能。

(8) "修改"按钮

用于修改已有标注样式。从"样式"列表框中选择要修改的标注样式，单击"修改"按钮，打开如图 4-74 所示的"修改标注样式"对话框。此对话框与"新建标注样式"对话框基本一致，也由七个选项卡组成。

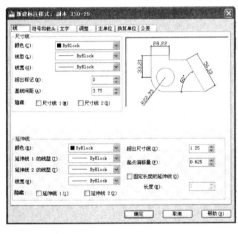

图 4-73　"新建标注样式"对话框　　　　　图 4-74　"修改标注样式"对话框

(9) "替代"按钮

用于设置当前样式的替代样式。单击"替代"按钮，打开"替代当前样式"对话框，通过该对话框进行设置即可。

(10) "比较"按钮

用于对两个标注样式进行比较，或了解某一样式的全部特性。该功能可以使用户快速

图 4-75 "比较标注样式"对话框

比较不同标注样式在标注设置上的区别。单击"比较"按钮，AutoCAD 打开"比较标注样式"对话框，如图 4-75 所示。

在该对话框中，如果在"比较"和"与"两个下拉列表框中指定了不同的样式，Auto-CAD 会在大列表框中显示出它们之间的区别；如果选择的样式相同，则在大列表框中显示该样式的全部特性。

在"新建标注样式"对话框和"修改标注样式"对话框中均有"线""符号和箭头""文字""调整""主单位""换算单位"和"公差"七个选项卡，下面分别介绍各选项卡的作用。

1. "线"选项卡

"线"选项卡用于设置尺寸线和延伸线的格式与属性。与"线"选项卡对应的对话框如图 4-73 所示。

该选项卡中主要选项的功能如下。

（1）"尺寸线"选项组

用于设置尺寸一线的样式。其中"颜色""线型"和"线宽"下拉列表框分别用于设置尺寸线的颜色、线型和线宽；"超出标记"文本框用于设置当尺寸"箭头"采用斜线、建筑标记、小点、积分或无标记时，尺寸线超出延伸线的长度；"基线间距"文本框用于设置当采用基线标注方式标注尺寸时，各尺寸线之间的距离；与"隐藏"选项对应的"尺寸线 1"和"尺寸线 2"复选框分别用于确定是否在标注的尺寸上隐藏第一段尺寸线、第二段尺寸线及对应的箭头。选中复选框表示隐藏，其标注效果如图 4-76 所示。

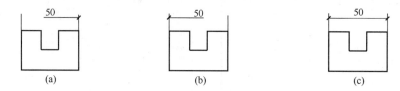

图 4-76 尺寸线标注示例

（a）隐藏第一条尺寸线；（b）隐藏第二条尺寸线；（c）显示两条尺寸线

（2）"延伸线"选项组

用于设置延伸线的样式。其中"颜色""延伸线 1 的线型""延伸线 2 的线型"和"线宽"下拉列表框分别用于设置延伸线的颜色、第一条延伸线的线型、第二条延伸线的线型以及线宽；与"隐藏"项对应的"延伸线 1"和"延伸线 2"复选框分别用于确定是否隐藏第一条、第二条延伸线。选中复选框表示隐藏对应的延伸线，其标注效果如图 4-77 所示。"超出尺寸线"文本框用于确定延伸线超出尺寸线的距离；"起点偏移量"文本框用于确定延伸线的实际起始点相对于其定义点的偏移距离；选中"固定长度的延伸线"复选框可使所标注尺寸采用相同的延伸线。如果采用该标注方式，可以通过"长度"文本框指定

144

延伸线的长度。

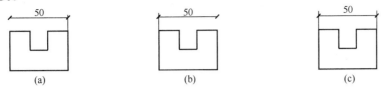

图 4-77　延伸线标注示例

（a）隐藏第一条延伸线；（b）隐藏第二条延伸线；（c）显示两条延伸线

（3）预览窗口

AutoCAD 根据当前的样式设置，在位于对话框右上角的预览窗口显示对应的标注效果示例。

2."符号和箭头"选项卡

用于设置尺寸箭头、圆心标记、折断标注、弧长符号、半径折弯标注和线性折弯标注等方面的格式与属性。图 4-78 为"符号和箭头"选项卡。

下面介绍该选项卡中主要选项的功能。

（1）"箭头"选项组

该选项组用于确定尺寸线两端的箭头样式。其中，"第一个"下拉列表框用于确定尺寸线在第一端点处的样式。单击位于"第一个"下拉列表框右侧的小箭头，弹出如图 4-79 所示的下拉列表。其中列出了 AutoCAD 2010 允许使用的尺寸线起始端的样式，供用户选择。当用户设置了尺寸线第一端的样式后，尺寸线的另一端默认采用同样的样式。如果希望尺寸线两端的样式不同，可以通过"第二个"下拉列表框设置尺寸线另一端的样式。

图 4-78　"符号和箭头"选项卡　　　图 4-79　显示箭头样式选择列

"引线"下拉列表框用于确定当进行引线标注时，引线在起始点处的样式，从对应的下拉列表中选择即可；"箭头大小"组合框则用于确定尺寸箭头的长度。

（2）"圆心标记"选项组

"圆心标记"选项组用于确定对圆或圆弧执行标注圆心标记操作时圆心标记的类型与大小。可以通过"类型"下拉列表在"无"（即无标记）、"标记"（即显示标记）和"直线"（即显示为中心线）之间选择，具体标注效果如图 4-80 所示。"大小"文本框用于确定圆心标记的大小。

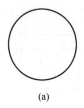 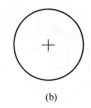 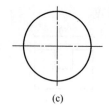

(a)   (b)   (c)

图 4-80　圆心标注示例

(a) 无；(b) 标记；(c) 直线

（3）"折断标注"选项

AutoCAD 2010 允许在尺寸线或延伸线与其他线重叠处打断尺寸线或延伸线，如图 4-81 所示。"折断标注"选项中的"折断大小"文本框用于设置图 4-81（b）中的 h 值。

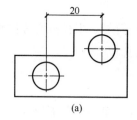 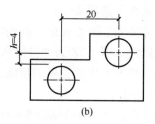

(a)   (b)

图 4-81　折断标注示例

(a) 标注无折断；(b) 标注有折断

（4）"弧长符号"选项组

"弧长符号"选项组用于为圆弧标注长度尺寸时，控制弧长标注中圆弧符号的显示方式。其中，"标注文字的前缀"表示要将弧长符号置于所标注文字的前面；"标注文字的上方"表示要将弧长符号置于所标注文字的上方；"无"表示不显示弧长符号，如图 4-82 所示。

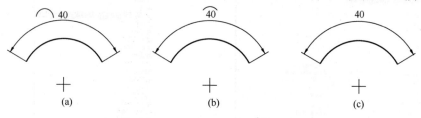

图 4-82　弧长标注示例

(a) 弧长符号放在标注文字的前面；(b) 弧长符号放在标注文字的上方；(c) 不显示弧长符号

（5）"半径折弯标注"选项组

半径折弯标注通常用于被标注尺寸圆弧的中心点位于较远位置的情况，如图 4-83 所示。其中"折弯角度"文本框确定用于连接半径标注的延伸线和尺寸线之间的横向直线的折弯角度。

（6）"线性折弯标注"选项组

AutoCAD 2010 允许用户采用线性折弯标注，如图 4-84 所示。该标注的折弯高度 h 为折弯高度因子与尺寸文字高度的乘积。用户可以在"折弯高度因子"文本框中输入折弯高度因子值。

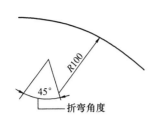

图 4-83 半径折弯标注示例

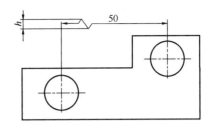

图 4-84 线性折弯标注示例

3. "文字"选项卡

"文字"选项卡用于设置尺寸文字的外观、位置以及对齐方式等，如图 4-85 所示。该选项卡中各主要选项的功能如下。

（1）"文字外观"选项组

"文字外观"选项组用于设置尺寸文字的样式、颜色以及高度等。其中，"文字样式"和"文字颜色"下拉列表框分别用于设置尺寸文字的样式与颜色；"填充颜色"下拉列表框用于设置文字的背景颜色；"文字高度"文本框用于确定尺寸文字的高度；"分数高度比例"文本框用于设置尺寸文字中的分数相对于其他尺寸文字的缩放比例。Auto-CAD 将该比例值与尺寸文字高度的乘积作为所标记分数的高度（只有在"主单位"选项卡中选择"分数"作为单位格式时，此选项才有效）；"绘制文字边框"复选框确定是否对尺寸文字加边框。

图 4-85 "文字"选项卡

（2）"文字位置"选项组

"文字位置"选项组用于设置尺寸文字的位置。其中，"垂直"下拉列表框用于控制尺寸文字相对于尺寸线在垂直方向的放置形式。可以通过该下拉列表在"居中""上方""外部"和 JIS 之间进行选择。其中，"居中"表示将尺寸文字置于尺寸线的中间；"上方"表示将尺寸文字置于尺寸线的上方；"外部"表示将尺寸文字置于远离延伸线起始点的尺寸线一侧；"JIS"表示按 JIS 规则放置尺寸文字。各种放置形式如图 4-86 所示。

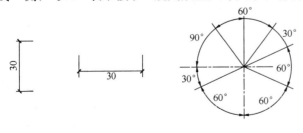

图 4-86 "垂直"设置效果

"水平"下拉列表框用于确定尺寸文字相对于尺寸线方向的位置。可以通过下拉列表在"居中""第一条延伸线""第二条延伸线""第一条延伸线上方"和"第二条延伸线上方"之间进行选择。这五种形式的标注效果如图 4-87 所示。

"观察方向"下拉列表用于设置尺寸文字观察方向，即控制从左向右写尺寸文字还是从右向左写尺寸文字。"从尺寸线偏移"文本框用于确定尺寸文字与尺寸线之间的距离，在文本框中输入具体的值即可。

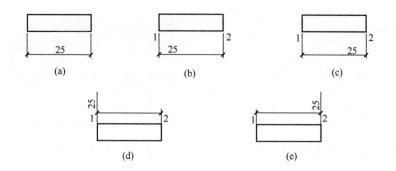

图 4-87   "水平"设置效果

（a）居中；（b）第一条延伸线；（c）第二条延伸线；（d）第一条延伸线上方；（e）第二条延伸线上方

（3）"文字对齐"选项组

"文字对齐"选项组用于确定尺寸文字的对齐方式。其中，"水平"单选按钮用于确定尺寸文字是否总是水平放置；"与尺寸线对齐"单选按钮用于确定尺寸文字方向是否要与尺寸线方向相一致；"ISO 标准"单选按钮用于确定尺寸文字是否按照 ISO 标准放置，即当尺寸文字在延伸线之间时，方向要与尺寸线方向一致，而当尺寸文字在延伸线之外时，尺寸文字水平放置。

4. "调整"选项卡

"调整"选项卡用于控制尺寸文字、尺寸线以及尺寸箭头的位置和其他一些特征。如图 4-88 所示。

该选项卡中各主要选项的功能如下。

（1）"调整选项"选项组

当在延伸线之间没有足够的空间同时放置尺寸文字和箭头时，确定应首先从延伸线之间移出尺寸文字和箭头的那一部分，可以通过该选项组中的各单选按钮进行选择。

（2）"文字位置"选项组

"文字位置"选项组用于确定当尺寸文字不在默认位置时，应将其放在何处。用户有三种选择：放在尺寸线旁边、放在尺寸线上方并加引线或放在尺寸线上方不加引线。

（3）"标注特征比例"选项组

"标注特征比例"选项组用于设置所标注尺寸的缩放关系。"注释性"复选框用于确定标注样式是否为注释性样式；"使用全局比例"微调框用于为所有标注样式设置一个缩放比例，但该比例不改变尺寸的测量值。选中"将标注缩放到布局"单选按钮表示将根据当前模型空间视口和图纸空间之间的比例确定比例因子。

（4）"优化"选项组

"优化"选项组用于设置标注尺寸时是否进行附加调整。其中，"手动放置文字"复选框确定是否忽略对尺寸文字的水平设置，而将尺寸文字放置在用户指定的位置；"在延伸线之间绘制尺寸线"复选框确定当尺寸箭头放置在尺寸线之外时，是否在延伸线之内绘出尺寸线。

5. "主单位"选项卡

"主单位"选项卡用于设置主单位的格式、精度以及尺寸文字的前缀和后缀，如图 4-89所示。

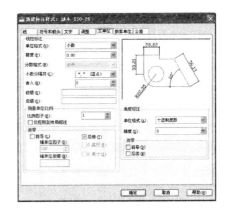

图 4-88　"调整"选项卡　　　　　　　图 4-89　"主单位"选项卡

该选项卡中各主要选项的功能如下。

(1)"线性标注"选项组

该选项组设置线性标注的格式与精度。其中,"单位格式"下拉列表框设置除角度标注外其余各标注类型的尺寸单位,可以通过下拉列表在科学、小数、工程、建筑及分数等格式之间选择;"精度"下拉列表框用于确定标注除角度尺寸之外的其他尺寸时的精度,通过下拉列表选择即可;"分数格式"下拉列表框用于确定当单位格式为分数形式时的标注格式;"小数分隔符"下拉列表框用于确定当单位格式为小数形式时小数的分隔符形式;"舍入"文本框用于确定尺寸测量值(角度标注除外)的测量精度;"前缀"和"后缀"文本框用于确定尺寸文字的前缀或后缀,在文本框中输入具体内容即可。

(2)"测量单位比例"选项组

该选项组用于确定测量单位的比例。其中,"比例因子"文本框用于确定测量尺寸的缩放比例。用户设置比例值后,AutoCAD 的实际标注值为测量值与该值之积;"仅应用到布局标注"复选框用于设置所确定的比例关系是否仅适用于布局。

"消零"子选项组用于确定是否显示尺寸标注中的前导或后续零。

(3)"角度标注"选项组

该选项组用于确定标注角度尺寸时的单位、精度以及消零否。其中,"单位格式"下拉列表框用于确定标注角度时的单位,用户可在十进制度数、度/分/秒、百分度、弧度之间选择;"精度"下拉列表框用于确定标注角度时的尺寸精度;"消零"子选项组用于确定是否消除角度尺寸的前导或后续零。

6. "换算单位"选项卡

"换算单位"选项卡用于确定是否使用换算单位以及换算单位的格式,对应的选项卡如图 4-90 所示。

该选项卡中各主要选项的功能如下。

(1)"显示换算单位"复选框

该复选框用于确定是否在标注的尺寸中显示换算单位。

(2)"换算单位"选项组

该选项组用于当显示换算单位时,确定换算单位的单位格式和精度等的设置。

（3）"消零"选项组

该选项组用于确定是否消除换算单位的前导或后续零。

（4）"位置"选项组

该选项组用于确定换算单位的位置。用户可在"主值后"与"主值下"之间进行选择。

7. "公差"选项卡

"公差"选项卡用于确定是否标注公差，以及标注公差的方式，如图 4-91 所示。

图 4-90 "换算单位"选项卡

图 4-91 "公差"选项卡

该选项卡中各主要选项的功能如下。

（1）"公差格式"选项组

该选项组用于确定公差的标注格式。其中"方式"下拉列表框用于确定以何种方式标注公差。用户可以在"无""对称""极限偏差""极限尺寸"和"基本尺寸"之间进行选择。这 5 种标注方式的说明如图 4-92 所示。

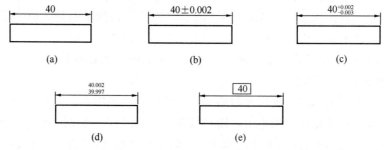

图 4-92 公差标注

（a）无；（b）对称；（c）极限偏差；（d）极限尺寸；（e）基本尺寸

"精度"下拉列表框用于设置尺寸公差的精度；"上偏差"和"下偏差"文本框用于设置尺寸的上偏差和下偏差；"高度比例"文本框确定公差文字的高度比例因子；"垂直位置"下拉列表框控制公差文字相对于尺寸文字的对齐位置，可以在"上""中"和"下"之间选择。

（2）"消零"选项组

该选项组用于确定是否消除公差值的前导或后续零。

（3）"换算单位公差"选项组

当标注换算单位时，"换算单位公差"选项组确定换算单位公差的精度与消零否。

【例 4-5】 定义新标注样式，主要要求如下：

标注样式名为"尺寸 35"；尺寸文字样式采用在【例 4-4】中定义的"文字 35"（如果读者的当前图形中没有此文字样式，应先定义该样式）；尺寸箭头长度为 3.5。

执行 DIMSTYLE 命令，打开"标注样式管理器"对话框（图 4-71），单击该对话框中的"新建"按钮，打开"创建新标注样式"对话框，在"新样式名"文本框中输入"尺寸 35"，其余采用默认设置，单击"继续"按钮，打开"新建标注样式"对话框。在该对话框中的"线"选项卡中进行对应设置，如图 4-93 所示。

从图 4-93 中可以看出，已设置的内容："基线间距"为 5.5，"超出尺寸线"为 2，"起点偏移量"为 0。

切换到"符号和箭头"选项卡，并在该选项卡中设置尺寸箭头方面的特性，如图 4-94 所示。

从图 4-94 中可以看出，已设置的内容："箭头大小"为 3.5；"圆心标记"选项组中的"大小"为 2.5，"折断大小"为 4，其余采用默认设置，即基础样式 ISO-25 的设置。

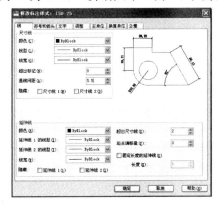

图 4-93 "线"选项卡

图 4-94 "符号和箭头"选项卡

切换到"文字"选项卡，并在该选项卡中设置尺寸文字方面的特性，如图 4-95 所示。

从图中可以看出，已设置的内容："文字样式"为"文字 35"，"从尺寸线偏移"为 1，其余采用基础样式 ISO-25 的设置。

切换到"主单位"选项卡，在该选项卡中进行相应的设置，如图 4-96 所示。

图 4-95 "文字"选项卡

图 4-96 "主单位"选项卡

单击"确定"按钮，返回到"标注样式管理器"对话框，如图 4-97 所示。

从图 4-97 中可以看出，新创建的标注样式"尺寸 35"已经显示在"样式"列表框中。当用该标注样式标注尺寸时，可以标注出符合国标要求的大多数尺寸，但标注的角度尺寸为在预览框中的形式，不符合要求。当标注角度尺寸时，角度数字一般写成水平方向，且一般应注写在尺寸线的中断处。因此，还应在尺寸标注样式"尺寸 35"的基础上定义专门用于角度标注的子样式，定义过程如下：

在如图 4-97 所示的对话框中，单击"新建"按钮，打开"创建新标注样式"对话框，在该对话框的"基础样式"下拉列表中选择"尺寸 35"选项，在"用于"下拉列表中选择"角度标注"选项，如图 4-98 所示。

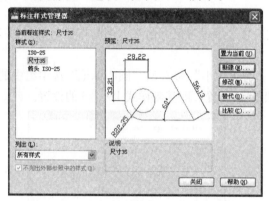

图 4-97　"标注样式管理器"对话框

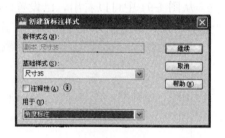

图 4-98　"创建新标注样式"对话框

单击对话框中的"继续"按钮，打开"新建标注样式"对话框，在该对话框中的"文字"选项卡中，选中"文字对齐"选项组中的"水平"单选按钮，其余设置保持不变，如图 4-99 所示。

图 4-99　"文字"选项卡

单击"确定"按钮，完成角度样式的设置，返回到"标注样式管理器"对话框，单击该对话框中的"关闭"按钮，关闭对话框，完成尺寸标注样式"尺寸 35"的设置。

将含有此标注样式的图形保存到磁盘（建议文件名：例 4-5. dwg），后面还将用到此标注样式。用本例定义的标注样式可以标注出基本满足机械制图要求的尺寸。

4.6.3　标注尺寸

本节介绍如何用 AutoCAD 2010 标注各种类型的尺寸。AutoCAD 2010 提供了专门用于尺寸标注的"标注"工具栏和"标注"菜单。

1. 线性标注

（1）功能

线性标注指标注图形对象沿水平方向、垂直方向或指定方向的尺寸。线性标注又分为水平标注、垂直标注和旋转标注 3 种类型。水平标注用于标注对象沿水平方向的尺寸，即尺寸线沿水平方向放置；垂直标注用于标注对象沿垂直方向的尺寸，即尺寸线沿垂直方向放置；旋转标注则标注对象沿指定方向的尺寸放置。需要注意的是，水平标注和垂直标注并不只是标注水平边和垂直边的尺寸。

说明：

当用户希望以某一标注样式标注尺寸时，应首先通过"样式"工具栏中的"标注样式控制"下拉列表框或通过如图 4-71 所示的"标注样式管理器"对话框将对应的样式设置为当前样式。

（2）命令调用方式

命令：DIMLINEAR。工具栏："标注" / "┣━┫"（线性）按钮。菜单命令："标注" / "线性"命令。

（3）命令执行方式

执行 DIMLINEAR 命令，AutoCAD 提示：

指定第一条延伸线原点或<选择对象>：

在此提示下有两种选择，即确定一点作为第一条延伸线的起始点或按 Enter 键选择要标注对象。下面分别进行介绍。

1)指定第一条延伸线原点

如果在"指定第一条延伸线原点或<选择对象>:"提示下直接确定第一条延伸线的起始点，AutoCAD 提示：

指定第二条延伸线原点:（确定另一条延伸线的起始点位置）

指定尺寸线位置或

[多行文字(M)/文字(T)/角度(A)/水平(H)/垂直(V)/旋转(R)]:

各选项的含义及其操作如下：

①指定尺寸线位置

确定尺寸线的位置。通过拖动鼠标的方式确定尺寸线的位置后，单击，AutoCAD 根据自动测量出的两条延伸线起始点间的对应距离值标注尺寸。

说明：

当两条延伸线的起始点不位于同一水平线或同一垂直线上时，可以通过拖动鼠标的方式确定要进行水平标注还是垂直标注。操作方法：确定两条延伸线的起始点，然后光标位于两条延伸线的起始点之间，上下拖动鼠标将引出水平尺寸线，左右拖动鼠标将引出垂直尺寸线。

②多行文字(M)

利用文字编辑器输入尺寸文字。执行该选项，弹出"文字格式"工具栏，并将通过自动测量得到的尺寸值显示在方框中，同时使其处于编辑模式，如图 4-100 所示。

图 4-100　标注尺寸

此时，可以直接修改尺寸值或输入新值，也可以采用自动测量值。如果单击"确定"按钮，AutoCAD 提示：

指定尺寸线位置或

[多行文字(M)/文字(T)/角度(A)/水平(H)/垂直(V)/旋转(R)]：

在此提示下确定尺寸线的位置即可（还可以进行其他设置）。

③文字(T)

输入尺寸文字。执行该选项，AutoCAD 提示：

输入标注文字：（输入尺寸文字）

指定尺寸线位置或

[多行文字(M)/文字(T)/角度(A)/水平(H)/垂直(V)/旋转(R)]：（确定尺寸线的位置。也可
以进行其他设置）

④角度(A)

确定尺寸文字的旋转角度。执行该选项，AutoCAD 提示：

指定标注文字的角度：（输入文字的旋转角度）

指定尺寸线位置或

[多行文字(M)/文字(T)/角度(A)/水平(H)/垂直(V)/旋转(R)]：（确定尺寸线的位置。也可
以进行其他设置）

⑤水平(H)

标注水平尺寸，即沿水平方向的尺寸。执行该选项，AutoCAD 提示：

指定尺寸线位置或[多行文字(M)/文字(T)/角度(A)]：

可以在此提示下直接确定尺寸线的位置，也可以通过"多行文字(M)""文字(T)"或
"角度(A)"选项先确定尺寸文字或尺寸文字的旋转角度。

⑥垂直(V)

标注垂直尺寸，即沿垂直方向的尺寸。执行该选项，AutoCAD 提示：

指定尺寸线位置或[多行文字(M)/文字(T)/角度(A)]：

可以在此提示下直接确定尺寸线的位置，也可以利用"多行文字(M)""文字(T)"或
"角度(A)"选项先确定尺寸文字或尺寸文字的旋转角度。

⑦旋转 (R)

旋转标注，即标注沿指定方向的尺寸。执行该选项，AutoCAD 提示：

指定尺寸线的角度：（确定尺寸线的旋转角度）

指定尺寸线位置或

[多行文字 (M) /文字 (T) /角度 (A) /水平 (H) /垂直 (V) /旋转 (R)]：（确定尺寸线
的位置。也可以进行其他设置）

2) ＜选择对象＞

如果在"指定第一条延伸线原点或＜选择对象＞："提示下直接按 Enter 键，即执行
"＜选择对象＞"选项，AutoCAD 提示：

选择标注对象：

该提示要求用户选择要标注尺寸的对象。用户选择后，AutoCAD 将该对象的两端点
作为两条延伸线的起始点，并提示：

指定尺寸线位置或

[多行文字 (M) /文字 (T) /角度 (A) /水平 (H) /垂直 (V) /旋转 (R)]：

对该提示的操作与前面介绍的操作相同，用户进行相应的选择即可。

2. 对齐标注

(1) 功能

对齐标注指所标注尺寸的尺寸线与两条延伸线起始点间的连线平行。利用对齐标注，可以标注出斜边的长度尺寸。

(2) 命令调用方式

命令：DIMALIGNED。工具栏："标注"/"⟍"（对齐）按钮。菜单命令："标注"/"对齐"命令。

(3) 命令执行方式

执行 DIMALIGNED 命令，AutoCAD 提示：

指定第一条延伸线原点或<选择对象>：

与线性标注类似，可以通过"指定第一条延伸线原点"选项确定两条延伸线的起始点，也可以通过"<选择对象>"选项选择要标注尺寸的对象，即以所指定对象的两端点作为两条延伸线的起始点，而后 AutoCAD 提示：

指定尺寸线位置或

［多行文字（M）/文字（T）/角度（A）］：

此时，可以直接确定尺寸线的位置（执行"指定尺寸线位置"选项）；也可以通过"多行文字（M）"或"文字（T）"选项确定尺寸文字；通过"角度（A）"选项确定尺寸文字的旋转角度。

【例 4-6】 标注如图 4-101 所示的三角形的各边的长度。

步骤如下：

(1) 标注水平边的尺寸

执行 DIMLINEAR 命令，AutoCAD 提示：

指定第一条延伸线原点或<选择对象>：（捕捉三角形水平边的左端点）

指定第二条延伸线原点：（捕捉三角形水平边的右端点）

指定尺寸线位置或

［多行文字（M）/文字（T）/角度（A）/水平（H）/垂直（V）/旋转（R）］：（向下拖动鼠标，使尺寸线位于适当位置并单击）

完成三角形水平边尺寸的标注（尺寸标注值采用系统的自动测量值）。

(2) 标注垂直边的尺寸

继续执行 DIMLINEAR 命令，AutoCAD 提示：

指定第一条延伸线原点或<选择对象>：↵（执行"选择对象"选项）

选择标注对象：（选择三角形中的垂直边）

指定尺寸线位置或

［多行文字（M）/文字（T）/角度（A）/水平（H）/垂直（V）/旋转（R）］：（向右拖动鼠标，使尺寸线位于适当位置并单击）

完成三角形垂直边尺寸的标注（尺寸标注值仍采用系统的自动测量值）。

(3) 标注斜边的长度

执行 DIMALIGNED 命令（对齐标注），AutoCAD 提示：

指定第一条延伸线原点或<选择对象>：↵

选择标注对象：（选择三角形的斜边）

指定尺寸线位置或

［多行文字（M）/文字（T）/角度（A）］：（确定尺寸线的位置）

最后的标注结果如图 4-102 所示。

图 4-101　要标注尺寸三角形

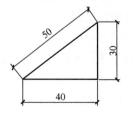

图 4-102　标注尺寸结果

3. 角度标注

（1）功能

标注角度尺寸。

（2）命令调用方式

命令：DIMANGULAR。工具栏："标注"/"△"（角度）按钮。菜单命令："标注"/"角度"命令。

（3）命令执行方式

执行 DIMANGULAR 命令，AutoCAD 提示：

选择圆弧、圆、直线或＜指定顶点＞：

在此提示下可以标注圆弧的包含角、圆上某一段圆弧的包含角、两条不平行直线之间的夹角，或根据给定的 3 点标注角度。下面分别介绍各标注操作。

1）标注圆弧的包含角

在"选择圆弧、圆、直线或＜指定顶点＞："提示下选择圆弧，AutoCAD 提示：

指定标注弧线位置或［多行文字（M）/文字（T）/角度（A）/象限点（Q）］：

如果在该提示下直接确定标注弧线的位置，AutoCAD 会按实际测量值标注出角度。另外，可以通过"多行文字（M）""文字（T）"以及"角度（A）"选项分别确定尺寸文字及其旋转角度。选择"象限点（O）"选项可以使角度尺寸文字位于延伸线之外。

2）标注圆上某段圆弧的包含角

执行 DIMANGULAR 命令后，在"选择圆弧、圆、直线或＜指定顶点＞："提示下选择圆，AutoCAD 提示：

指定角的第二个端点：（在圆上指定另一点作为角的第二个端点）

指定标注弧线位置或［多行文字（M）/文字（T）/角度（A）/象限点（Q）］：

如果在该提示下直接确定标注弧线的位置，则 AutoCAD 标注出角度值，该角度的顶点为圆心，延伸线通过选择圆时的拾取点和指定的第二个端点。另外，还可以用"多行文字（M）""文字（T）"以及"角度（A）"选项确定尺寸文字及其旋转角度；可以通过"象限点（Q）"选项使角度尺寸文字位于延伸线之外。

3）标注两条不平行直线之间的夹角

执行 DIMANGULAR 命令，然后在"选择圆弧、圆、直线或＜指定顶点＞"提示下选择直线，AutoCAD 提示：

选择第二条直线：（选择第二条直线）

指定标注弧线位置或［多行文字（M）/文字（T）/角度（A）/象限点（Q）］：

如果在该提示下直接确定标注弧线的位置，AutoCAD 标注出这两条直线的夹角。另外，可以通过"多行文字（M）""文字（T）"以及"角度（A）"选项确定尺寸文字及其旋转角度。

4）根据 3 个点标注角度

执行 DIMANGULAR 命令，然后在"选择圆弧、圆、直线或＜指定顶点＞:"提示下直接按 Enter 键，AutoCAD 依次提示：

指定角的顶点：（确定角的顶点）

指定角的第一个端点：（确定角的第一个端点）

指定角的第二个端点：（确定角的第二个端点）

指定标注弧线位置或［多行文字（M）/文字（T）/角度（A）/象限点（Q）］：

如果在该提示下直接确定标注弧线的位置，AutoCAD 根据给定的 3 点标注出角度。同样可以用"多行文字（M）""文字（T）"以及"角度（A）"选项确定尺寸文字的值和尺寸文字的旋转角度。

说明：

通过"多行文字（M）"或"文字（T）"选项重新确定尺寸文字时，只有给新输入的尺寸文字加后缀％％D，才会使标注出的角度值有度（°）符号。

4. 直径标注

（1）功能

为圆或圆弧标注直径尺寸。

（2）命令调用方式

命令：DIMDIAMETER。工具栏："标注"/"⊘"（直径）按钮。菜单命令："标注"/"直径"命令。

（3）命令执行方式

执行 DIMDIAMETER 命令，AutoCAD 提示：

选择圆弧或圆：（选择要标注直径的圆或圆弧）

指定尺寸线位置或［多行文字（M）/文字（T）/角度（A）］：

如果在该提示下直接确定尺寸线的位置，AutoCAD 将按实际测量值标注出圆或圆弧的直径。也可以通过"多行文字（M）""文字（T）"以及"角度（A）"选项确定尺寸文字和尺寸文字的旋转角度。

说明：

通过"多行文字（M）"或"文字（T）"选项重新确定尺寸文字时，只有在输入的尺寸文字加前缀％％C，才会使标出的直径尺寸有直径符号（Φ）。

5. 半径标注

（1）功能

为圆或圆弧标注半径尺寸。

（2）命令调用方式

命令：DIMRADIUS。工具栏："标注"/"◎"（半径）按钮。菜单命令："标注"/"半径"命令。

（3）命令执行方式

执行 DIMRADIUS 命令，AutoCAD 提示：

选择圆弧或圆：（选择要标注半径的圆弧或圆）

指定尺寸线位置或 ［多行文字（M）/文字（T）/角度（A）］：

如果在该提示下直接确定尺寸线的位置，AutoCAD 将按实际测量值标注出圆或圆弧的半径。另外，可以利用"多行文字（M）""文字（T）"以及"角度（A）"选项确定尺寸文字以及尺寸文字的旋转角度。

说明：

通过"多行文字（M）"或"文字（T）"选项重新确定尺寸文字时，只有在输入的尺寸文字加前缀 R，才会使标出的半径尺寸有半径符号。

6. 弧长标注

（1）功能

为圆弧标注长度尺寸（图 4-82）。

（2）命令调用方式

命令：DIMARC。工具栏："标注" / "🖉"（弧长）按钮。菜单命令："标注" / "弧长"命令。

（3）命令执行方式

执行 DIMARC 命令，AutoCAD 提示：

选择弧线段或多段线弧线段：（选择圆弧段）

指定弧长标注位置或 ［多行文字（M）/文字（T）/角度（A）/部分（P）/引线（L）］：

该提示中，"多行文字（M）""文字（T）"选项用于确定尺寸文字，"角度（A）"选项用于确定尺寸文字的旋转角度。这三个选项的操作与前面介绍的同名选项的操作相同，不再介绍。利用"部分（P）"选项，可以为部分圆弧标注长度。执行该选项，AutoCAD 提示：

指定弧长标注的第一个点：（指定圆弧上弧长标注的起点）

指定弧长标注的第二个点：（指定圆弧上弧长标注的终点）

指定弧长标注位置或 ［多行文字（M）/文字（T）/角度（A）/部分（P）/］：（指定弧长标注位置，或执行其他选项进行设置）

"引线（L）"选项用于为弧长尺寸添加引线对象。仅当圆弧（或弧线段）大于 90°时才会显示该选项。引线是按径向绘制的，指向所标注圆弧的圆心。执行该选项，AutoCAD 的提示变为：

指定弧长标注位置或 ［多行文字（M）/文字（T）/角度（A）/部分（P）/无引线（N）］：

如果此时确定弧长标注位置，AutoCAD 会在标注出的尺寸上自动创建引线。执行提示中的"无引线（N）"选项，可以使标注出的弧长尺寸没有引线。

说明：

可以通过"符号和箭头"选项卡中的"弧长符号"选项组（图 4-78）确定圆弧标注时的标注样式。

7. 折弯标注

（1）功能

为圆或圆弧创建折弯标注（图 4-83）。

（2）命令调用方式

命令：DIMJOGGED。工具栏："标注"/"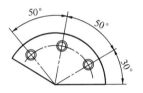"（折弯）按钮。菜单命令："标注"/"折弯"命令。

（3）命令执行方式

执行 DIMJOGGED 命令，AutoCAD 提示：

> 选择圆弧或圆：（选择要标注尺寸的圆弧或圆）
>
> 指定图示中心位置：（指定折弯半径标注的新中心点，以替代圆弧或圆的实际中心点）
>
> 指定尺寸线位置或［多行文字（M）/文字（T）/角度（A）］：（确定尺寸线的位置，或进行

其他设置）指定折弯位置：（指定折弯位置）

8. 连续标注

（1）功能

在标注出的尺寸中，相邻两尺寸线共用同一条延伸线，如图 4-103 所示。

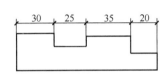

图 4-103　连续标注示例

（2）命令调用方式

命令：DIMCONTINUE。工具栏："标注"/"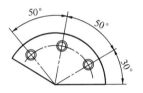"（连续）按钮。菜单命令："标注"/"连续"命令。

（3）命令执行方式

执行 DIMCONTINUE 命令，AutoCAD 提示：

> 指定第二条延伸线原点或［放弃（U）/选择（S）］＜选择＞：

各选项的含义及其操作如下。

1）指定第二条延伸线原点

确定下一个尺寸的第二条延伸线的起始点。用户响应后，AutoCAD 按连续标注方式标注出尺寸，即将上一个尺寸的第二条延伸线作为新尺寸标注的第一条延伸线标注出尺寸，而后 AutoCAD 继续提示：

> 指定第二条延伸线原点或［放弃（U）/选择（S）］＜选择＞：

此时，可以再确定下一个尺寸的第二条延伸线的起点位置。使用该方式标注出全部尺寸后，在与上述同样的提示下按 Enter 键或空键，结束命令的执行。

2）放弃（U）

放弃前一次操作。

3）选择（S）

指定连续标注由哪一个尺寸的延伸线引出。执行该选项，AutoCAD 提示：

> 选择连续标注：

在该提示下选择延伸线后，AutoCAD 将继续提示：

> 指定第二条延伸线原点或［放弃（U）/选择（S）］＜选择＞：

在该提示下标注出的下一个尺寸会以指定的延伸线作为第一条延伸线。执行连续尺寸

标注时，有时需要先执行"选择（S）"选项来指定引出连续尺寸的延伸线。

说明：

执行连续标注前，必须先标注出一个尺寸，以确定连续标注所需要的已有尺寸的延伸线。如果执行连续标注命令之前的操作不是标注作为连续标注基准的尺寸，而是执行其他操作，那么当执行DIMCONTINUE命令后，AutoCAD 将提示：

指定连续标注：

此时，应选择作为连续标注基准的共用延伸线。

9. 基线标注

（1）功能

各尺寸线从同一条延伸线处引出，如图 4-104 所示。

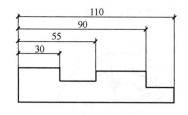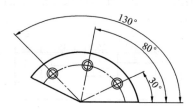

图 4-104　基线标注示例

（2）命令调用方式

命令：DIMBASELINE。工具栏："标注"/"⊟"（基线）按钮。菜单命令："标注"/"基线"命令。

（3）命令执行方式

执行 DIMBASELINE 命令，AutoCAD 提示：

指定第二条延伸线原点或［放弃（U）/选择（S）］＜选择＞：

下面介绍各选项的含义及其操作。

1）指定第二条延伸线原点

确定下一个尺寸的第二条延伸线的起始点。确定后，AutoCAD 按基线标注方式标注出尺寸，而后继续提示：

指定第二条延伸线原点或［放弃（U）/选择（S）］＜选择＞：

此时，可以再确定下一个尺寸的第二条延伸线起点位置。用此方式标注出全部尺寸后，在同样的提示下按 Enter 键或空键，结束命令的执行。

2）放弃（U）

放弃前一次操作。

3）选择（S）

指定基线标注时作为基线的延伸线。执行该选项，AutoCAD 提示：

选择基准标注：

在该提示下选择延伸线后，AutoCAD 继续提示：

指定第二条延伸线原点或［放弃（U）/选择（S）］＜选择＞：

在该提示下标注出的各尺寸均从指定的基线引出。执行基线尺寸标注时，有时需要先执行"选择（S）"选项来指定引出基线尺寸的延伸线。

说明：

执行基线标注前，必须先标注一个尺寸，以确定基线标注所需要的已有尺寸的延伸线。如果执行基线标注命令之前的操作不是标注作为基线标注基准的尺寸，而是执行其他操作，那么当执行 DIMBASELINE 命令后，AutoCAD 将提示：

　　　　选择基准标注：

此时，应选择作为基线标注基准的延伸线。

10. 绘制圆心标记

（1）功能

为圆或圆弧绘制圆心标记或中心线（图 4-80）。

（2）命令调用方式

命令：DIMCENTER。工具栏："标注"/"⊕"（圆心标记）按钮。菜单命令："标注"/"圆心标记"命令。

（3）命令执行方式

执行 DIMCENTER 命令，AutoCAD 提示：

　　　　选择圆弧或圆：

在该提示下选择圆弧或圆即可。

4.6.4　多重引线标注

利用多重引线标注，可以标注（标记）注释、说明等，如图 4-105 所示的"表面发蓝处理"标记。

1. 多重引线样式

（1）功能

定义多重引线的样式。

（2）命令调用方式

命令：MLEADERSTYLE。多重引线工具栏："多重引线"/"⚙"（多重引线样式）按钮。

（3）命令执行方式

执行 MLEADERSTYLE 命令，打开"多重引线样式管理器"对话框，如图 4-106 所示。

下面介绍该对话框中各主要选项的功能。

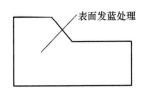

图 4-105　多重引线标注

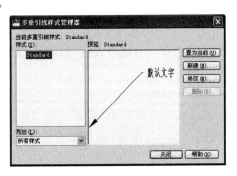

图 4-106　"多重引线样式管理器"对话框

1）"当前多重引线样式"标签

用于显示当前多重引线样式的名称。图 4-106 说明当前多重引线样式为 Standard，该样式为 AutoCAD 2010 提供的默认多重引线样式。

2）"样式"列表框

用于列出已有的多重引线样式的名称。

3）"列出"下拉列表框

用于确定在"样式"列表框中需要列出哪些多重引线样式，可以通过下拉列表在"所有样式"和"正在使用的样式"选项之间进行选择。

4）"预览"图像框

用于预览在"样式"列表框中所选中的多重引线样式的标注效果。

5）"置为当前"按钮

用于将指定的多重引线样式设为当前样式。设置方法：在"样式"列表框中选择对应的多重引线样式，单击"置为当前"按钮。

6）"新建"按钮

用于创建新多重引线样式。单击"新建"按钮，打开"创建新多重引线样式"对话框，如图 4-107 所示。

可以通过该对话框中的"新样式名"文本框指定新样式的名称；通过"基础样式"下拉列表框确定用于创建新样式的基础样式。如果新定义的样式为注释性样式，应选中"注释性"复选框。确定了新样式的名称和相关设置后，单击"继续"按钮，打开对应的对话框，如图 4-108 所示。

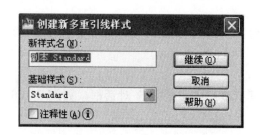

图 4-107 "创建新多重引线样式"对话框

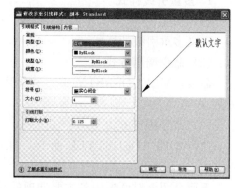

图 4-108 "修改多重引线样式"对话框

该对话框中有"引线格式""引线结构"和"内容"三个选项卡，后面将详细介绍各选项卡的功能。

7）"修改"按钮

用于修改已有的多重引线样式。从"样式"列表框中选择要修改的多重引线样式，单击"修改"按钮，打开与图 4-108 类似的"修改多重引线样式"对话框，用于样式的修改。

8）"删除"按钮

用于修改已有的多重引线样式。从"样式"列表框中选择要删除的多重引线样式，单击"删除"按钮，即可将其删除。

下面分别介绍如图 4-108 所示的对话框中的"引线格式""引线结构"和"内容"选项卡。

1)"引线格式"选项卡

用于设置引线的格式，图 4-108 为对应的对话框。

下面介绍该选项卡中主要选项的功能。

①"常规"选项组

用于设置引线的外观。其中，"类型"下拉列表框用于设置引线的类型，列表中有"直线""样条曲线"和"无"三个选项，分别表示引线为直线、样条曲线或无引线；"颜色""线型"和"线宽"下拉列表框分别用于设置引线的颜色、线型以及线宽。

②"箭头"选项组

用于设置箭头的样式与大小。可以通过"符号"下拉列表框选择样式；通过"大小"文本框指定大小。

③"引线打断"选项组

用于设置引线打断时的距离值，可通过"打断大小"文本框设置，其含义与如图4-78所示的"符号和箭头"选项卡中的"折断大小"的含义相似。

④预览框

用于预览对应的引线样式。

2)"引线结构"选项卡

用于设置引线的结构，图 4-109 为对应的对话框。

下面介绍该选项卡中主要选项的功能。

①"约束"选项组

"约束"选项组用于控制多重引线的结构。其中，"最大引线点数"复选框用于确定是否要指定引线端点的最大数量。选中该复选框表示要指定，此时可通过其右侧的文本框指定值；"第一段角度"和"第二段角度"复选框分别用于确定是否设置反映引线中第一段直线和第二段直线方向的角度（如果引线是样条曲线，则分别设置第一段样条曲线和第二段样条曲线起点切线的角度）。选中复选框后，用户可以在对应的文本框中指定角度。需要说明的是，指定角度后，对应线段（或曲线）的角度方向会按设置值的整数倍变化。

②"基线设置"选项组

"基线设置"选项组用于设置多重引线中的基线（即在如图 4-109 所示的对话框中的"预览"图片框中，所标注引线上的水平直线部分）。其中，"自动包含基线"复选框用于设置引线中是否包含基线。选中该复选框表示含有基线，此时，可以通过"设置基线距离"组合框指定基线的长度。

③"比例"选项组

"比例"选项组用于设置多重引线标注的缩放关系。"注释性"复选框用于确定多重引线样式是否为注释性样式；选中"将多重引线缩放到布局"单选按钮表示将根据当前模型空间视口和图纸空间之间的比例确定比例因子；选中"指定比例"单选按钮表示是否要为所有多重引线标注设置一个缩放比例。

3)"内容"选项卡

用于设置多重引线标注的内容。图 4-110 为对应的对话框。

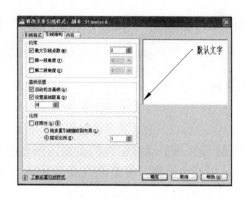

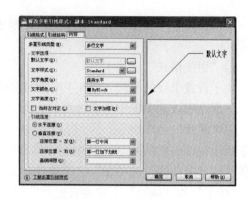

图 4-109　"引线结构"选项卡　　　　　图 4-110　"内容"选项卡

下面介绍该选项卡中主要选项的功能。

①"多重引线类型"下拉列表框

用于设置多重引线标注的类型。列表中有"多行文字""块"和"无"三个选择，分别表示由多重引线标注出的对象为多行文字、块或者无内容。

②"文字选项"选项组

如果在"多重引线类型"下拉列表中选中"多行文字"选项，会显示该选项组，用于设置多重引线标注的文字内容。其中，"默认文字"文本框用于确定多重引线标注时使用的默认文字，可以单击右侧的按钮，从弹出的文字编辑器中输入。"文字样式"下拉列表框用于确定所采用的文字样式；"文字角度"下拉列表框用于确定文字的倾斜角度；"文字颜色"下拉列表框和"文字高度"文本框分别用于确定文字的颜色与高度；"始终左对正"复选框用于确定是否使文字左对齐；"文字加框"复选框用于确定是否为文字加边框。

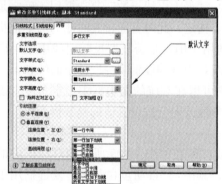

图 4-111　"连接位置"下拉列表

③"引线连接"选项组

如果在"多重引线类型"下拉列表中选择"多行文字"选项，也会显示出该选项组，一般用于设置标注出的对象沿垂直方向相对于引线基线的位置。"水平连接"单选按钮表示引线终点位于所标注文字的左侧或右侧。"垂直连接"单选按钮表示引线终点位于所标注文字的上方或下方。如果选中"水平连接"单选按钮，可以设置基线相对于文字的具体位置。其中，"连接位置-左"表示引线位于多行文字的左侧，"连接位置-右"表示引线位于多行文字的右侧，与它们对应的下拉列表如图 4-111 所示（两个列表的内容相同）。

该下拉列表中，"第一行顶部"选项表示使多行文字第一行的顶部与基线对齐；"第一行中间"选项表示使多行文字第一行的中间部位与基线对齐；"第一行底部"选项将使多行文字第一行的底部与基线对齐；"第一行加下划线"选项将使多行文字的第一行加下划线；"文字中间"选项将使整个多行文字的中间部位与基线对齐；"最后一行中间"选项将使多行文字最后一行的中间部位与基线对齐；"最后一行底部"选项将使多行文字最后一行的底部与基线对齐；"最后一行加下划线"选项将使多行文字的最后一行加下划线；"所有文字加下划线"选项将使多行文字的所有行加下划线。此外，"基线间隙"组合框用于确定多行文字的相应位置与基线之间的距离。

如果在"多重引线类型"下拉列表中选择了"块"，表示多重引线标注出的对象为块，对应的界面如图 4-112 所示。

在该对话框中的"块选项"选项组中，"源块"下拉列表框用于确定多重引线标注使用的块对象，对应的下拉列表如图 4-113 所示。

图 4-112　将多重引线类型设为块后的界面

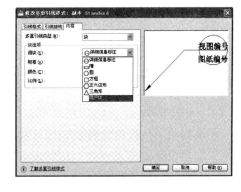

图 4-113　"源块"列表

该下拉列表中位于各项前面的图标说明了对应块的形状。实际上，这些块是含有属性的，即标注后还允许用户输入文字信息。列表中的"用户块"选项用于选择用户自己定义的块。

"附着"下拉列表框用于指定块与引线的关系，"颜色"下拉列表框用于指定块的颜色。

"比例"组合框用于设置块的插入比例。

2. 多重引线标注

（1）功能

多重引线的样式。

（2）命令调用方式

命令：MLEADER。多重引线工具栏："多重引线" / "🔧"（多重引线）按钮。

（3）命令执行方式

说明：

当需要以某一多重引线样式进行标注时，应首先将该样式设为当前样式。利用"样式"工具栏或"多重引线"工具栏中的"多重引线样式控制"下拉列表框，可以方便地将某一多重引线样式设为当前样式。

执行 MLEADER 命令（设当前多重引线标注样式的标注内容为多行文字），AutoCAD 提示：

　　　　指定引线箭头的位置或［引线基线优先（L）/内容优先（C）/选项（O）］＜选项＞：

在该提示中，"指定引线箭头的位置"选项用于确定引线的箭头位置；"引线基线优先（L）"和"内容优先（C）"选项分别用于确定将首先确定引线基线的位置还是首先确定标注内容，用户根据需要选择即可；"选项（O）"选项用于多重引线标注的设置，执行该选项，AutoCAD 提示：

    输入选项［引线类型（L）/引线基线（A）/内容类型（C）/最大节点数（M）/第一个角度（F）/第二个角度（S）/退出选项（X）］＜内容类型＞：

其中，"引线类型（L）"选项用于确定引线的类型；"引线基线（A）"选项用于确定是否使用基线；"内容类型（C）"选项用于确定多重引线标注的内容（多行文字、块或无）；"最大节点数（M）"选项用于确定引线端点的最大数量；"第一个角度（F）"和"第二个角度（S）"选项用于确定前两段引线的方向角度。如果不在此指定角度值，则采用在如图 4-109 所示的"引线结构"选项卡中指定的角度值。

执行 MLEADER 命令后，如果在"指定引线箭头的位置或［引线基线优先（L）/内容优先（C）/选项（O）］＜选项＞："提示下指定一点，即指定引线的箭头位置后，AutoCAD 提示：

    指定下一点或［端点（E）］＜端点＞：（指定点）
    指定下一点或［端点（E）］＜端点＞：

在该提示下依次指定各点，然后按 Enter 键，AutoCAD 弹出文字编辑器，如图 4-114 所示（如果设置了最大点数，达到该点数后 AutoCAD 会自动显示文字编辑器）。

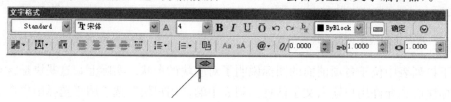

图 4-114　输入多行文字

通过文字编辑器输入对应的多行文字后，单击"文字格式"工具栏上的"确定"按钮，即可完成引线标注。

4.6.5　编辑尺寸

用户可以根据需要编辑已标注出的尺寸。

1. 修改尺寸文字

（1）功能

修改已有尺寸的尺寸文字。

（2）命令调用方式

命令：DDEDIT。文字工具栏："文字"/"🅰"（编辑）按钮。

（3）命令执行方式

执行 DDEDIT 命令，AutoCAD 提示：

    选择注释对象或［放弃（U）］：

在该提示下选择尺寸，AutoCAD 弹出"文字格式"工具栏，并将所选择尺寸的尺寸文字设置为编辑状态。用户可以直接对其进行修改，如修改尺寸值、修改或添加公差等。

用 DDEDIT 命令修改对应的文字后，AutoCAD 继续提示：

    选择注释对象或［放弃（U）］：

此时可以继续选择文字进行修改，或按 Enter 键结束命令。

2. 修改尺寸文字的位置

（1）功能

修改已标注尺寸的尺寸文字的位置。

（2）命令调用方式

命令：DIMTEDIT。标注工具栏："标注"/"⏃"（编辑标注文字）按钮。

（3）命令执行方式

执行 DIMTEDIT 命令，AutoCAD 提示：

> 选择标注：（选择尺寸）
>
> 指定标注文字的新位置或［左（L）/右（R）/中心（C）/默认（H）/角度（A）]：

在该提示中，"指定标注文字的新位置"选项用于确定尺寸文字的新位置，通过鼠标将尺寸文字拖动到新位置然后单击即可；"左（L）"和"右（R）"选项仅对非角度标注起作用，它们分别决定尺寸文字是沿尺寸线左对齐还是右对齐；选择"中心（C）"选项可将尺寸文字置于尺寸线的中间；选择"默认（H）"选项将按默认位置和方向放置尺寸文字；选择"角度（A）"选项可以使尺寸文字旋转指定的角度。

说明：

利用与"标注"/"对齐文字"命令对应的子菜单，也可以实现上述操作。

3. 用 DIMEDIT 命令编辑尺寸

DIMEDIT 命令用于编辑已有的尺寸，利用"标注"工具栏中的"⏃"（编辑标注）按钮可启动该命令。执行 DIMEDIT 命令，AutoCAD 提示：

> 输入标注编辑类型［默认（H）/新建（N）/旋转（R）/倾斜（O）]＜默认＞：

在此提示中，各选项的含义及其操作如下。

（1）默认（H）

按默认位置和方向放置尺寸文字。执行该选项，AutoCAD 提示：

> 选择对象：

在该提示下选择各尺寸对象后，按 Enter 键结束选择。

（2）新建（N）

修改尺寸文字。执行该选项，AutoCAD 弹出"文字格式"工具栏，通过该工具栏修改或输入尺寸文字后，单击工具栏中的"确定"按钮，AutoCAD 提示：

> 选择对象：

在该提示下选择对应的尺寸即可。

（3）旋转（R）

将尺寸文字旋转指定的角度，执行该选项，AutoCAD 提示：

> 指定标注文字的角度：（输入角度值）
>
> 选择对象：（选择尺寸）

（4）倾斜（O）

使非角度标注的延伸线旋转一角度。执行该选项，AutoCAD 提示：

> 选择对象：（选择尺寸）
>
> 选择对象：↵
>
> 输入倾斜角度（按 Enter 键表示无）：

在该提示下输入角度值，或按 Enter 键取消倾斜操作。

4. 翻转标注箭头

翻转标注箭头是指更改尺寸标注上每个箭头的方向。具体操作：首先，选择要改变方向的箭头，然后右击，从弹出的快捷菜单中选择"翻转箭头"命令，即可实现尺寸箭头的翻转。

5. 调整标注间距

（1）功能

调整平行尺寸线之间的距离，如图 4-115 所示。

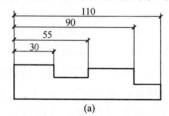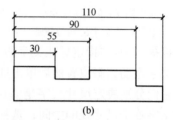

图 4-115　调整标注间距示例

(a) 调整前；(b) 调整后

（2）命令调用方式

命令：DIMSPACE。单击快捷按钮"Ⅱ"（等距标注）（等距标注按钮的调出方法是：在 AutoCAD 窗口空白处右键/自定义/自定义用户界面/找到等距标注按钮/将其拖拽到"标注工具栏"中即可）。

（3）命令执行方式

执行 DIMSPACE 命令，AutoCAD 提示。

　　选择基准标注：（选择作为基准的尺寸）

　　选择要产生间距的标注：（依次选择要调整间距的尺寸）

　　选择要产生间距的标注：↵

　　输入值或［自动（A）］＜自动＞：（如果输入距离值后按 Enter 键，AutoCAD 调整各尺寸线的位置，使它们之间的距离值为指定的值。如果直接按 Enter 键，AutoCAD 会自动调整尺寸线的位置）

6. 折弯线性

（1）功能

将折弯符号添加到尺寸线中，如图 4-116 所示。

（2）命令调用方式

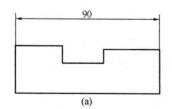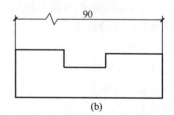

图 4-116　折弯线性示例

(a) 无折弯符号；(b) 有折弯符号

命令：DIMJOGLINE。单击快捷"〰"（折弯线性）按钮，（折弯线性按钮的调出方法是：在 AutoCAD 窗口空白处右键/自定义/自定义用户界面/找到折弯线性按钮/将其拖拽到"标注工具栏"中即可）。

（3）命令执行方式

执行 DIMJOGLINE 命令，AutoCAD 提示：

选择要添加折弯的标注或［删除（R）］：（选择要添加折弯的尺寸。"删除（R）"选项用于删除已有的折弯符号）

指定折弯位置（或按 ENTER 键）：（通过拖动鼠标的方式确定折弯的位置）

说明：

用户可以设置折弯符号的高度（见对如图 4-78 所示的"符号和箭头"选项卡中的"线性折弯标注"选项的说明）。

7. 折断标注

（1）功能

在标注或延伸线与其他线重叠处打断标注或延伸线，如图 4-117 所示。

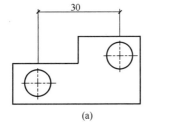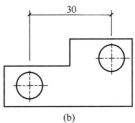

图 4-117　折断标注示例

（a）折断标注前；（b）折断标注后

（2）命令调用方式

命令：DIMBREAK。单击快捷按钮"🔲"（折断标注）（折断标注按钮的调出方法是：在 AutoCAD 窗口空白处右键/自定义/自定义用户界面/找到折断标注按钮/将其拖拽到"标注工具栏"中即可）。

（3）命令执行方式

执行 DIMBREAK 命令，AutoCAD 提示：

选择标注或［多个（M）］：（选择尺寸。可通过"多个（M）"选项选择多个尺寸）

选择要打断标注的对象或［自动（A）/恢复（R）/手动（M）］＜自动＞：

下面介绍第二行命令行中各选项的含义。

1）选择要打断标注的对象

选择对象进行打断。

2）自动（A）

使 AutoCAD 按默认设置的尺寸进行打断。此默认尺寸通过如图 4-78 所示的"符号和箭头"选项卡中的"折断标注"选项进行设置。

3）恢复（R）

恢复到打断前的效果，即取消打断。

4）手动（M）

以手动方式指定打断点。执行该选项，AutoCAD 提示：

指定第一个打断点：（指定第一断点）

指定第二个打断点：（指定第二断点）

4.7 块 与 属 性

4.7.1 块及其定义

1. 块的基本概念

块是图形对象的集合，通常用于绘制复杂、重复的图形。将一组对象组合成块，就可以根据绘图需要将其插入图中的任意指定位置，而且插入时可以指定不同的插入比例和旋转角度。AutoCAD 中，所标注的尺寸以及用 BHATCH 命令填充的图案均属于块对象。一般来说，使用块具有以下特点：

（1）提高绘图速度

使用 AutoCAD 绘图时，经常需要绘制相同的图形，如果将这些图形分别定义成块，需要绘制它们时用插入块的方法实现即可，即将绘图变成了拼图，这样既避免了大量重复性工作，又提高了绘图的效率。

（2）节省存储空间

AutoCAD 要保存图形中每个对象的相关信息，如对象的类型、位置、图层、线型和颜色等。如果一幅图中含有大量相同的图形，会占据较大的磁盘空间，但如果把这些图形事先定义成块，需要绘制它们时，直接将块插入图中的相应位置，则能够节省大量存储空间。因为虽然在块的定义中包含了图形对象的全部信息，但系统只需要定义一次。对于块的每次插入，AutoCAD 仅需要记住此块对象的相关信息（如块名、插入点坐标和插入比例等）。对于复杂且需要多次绘制的图形，这一优点尤为显著。

（3）加入属性

很多块还要求有文字信息，以便进一步解释说明。AutoCAD 2010 允许为块定义文字属性，而且还可以在插入的块中控制是否显示这些属性，并能够从图形中提取属性，将其保存到单独文件中。

2. 定义块

（1）功能

将选定的对象定义成块。

（2）命令调用方式

命令：BLOCK。工具栏："绘图"/"🖾"（创建块）按钮。菜单命令："绘图"/"块"/"创建"命令。

（3）命令执行方式

执行 BLOCK 命令，打开"块定义"对话框，如图 4-118 所示。

下面介绍该对话框中主要选项的功能。

1）"名称"文本框

用于指定块的名称，直接在文本框中输入即可。

2) "基点"选项组

用于确定块的插入基点位置。可以直接在 X、Y 和 Z 文本框中输入对应的坐标值；也可以单击"拾取点"按钮"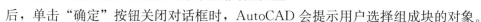"，切换到绘图屏幕指定基点；或选中"在屏幕上指定"复选框，关闭该对话框后再根据提示指定基点。

图 4-118 "块定义"对话框

3) "对象"选项组

用于确定组成块的对象。

① "在屏幕上指定"复选框

选中此复选框，通过对话框完成其他设置后，单击"确定"按钮关闭对话框时，AutoCAD 会提示用户选择组成块的对象。

② "选择对象"按钮"💷"

选择组成块的对象。单击该按钮，AutoCAD 临时切换到绘图屏幕，并提示：

　　　选择对象：

在此提示下选择组成块的各对象，然后按 Enter 键，AutoCAD 返回到如图 4-118 所示的"块定义"对话框，同时在"名称"文本框的右侧显示由所选对象构成的块的预览图标，并在"对象"选项组中的最后一行显示"已选择 n 个对象"。

③ "快速选择"按钮"💷"

快速选择满足指定条件的对象。单击此按钮，AutoCAD 打开"快速选择"对话框，可以通过此对话框指定选择对象时的过滤条件，以快速选择满足条件的对象。

④ "保留""转换为块"和"删除"单选按钮

确定将指定的图形定义成块后，处理这些用于定义块的图形的方式。选中"保留"单选按钮表示保留这些图形；选中"转换为块"单选按钮表示将对应的图形转换成块；选中"删除"单选按钮表示定义块后删除对应的图形。

4) "方式"选项组

用于指定块的设置。

① "注释性"复选框

指定块是否为注释性对象。

② "按统一比例缩放"复选框

指定插入块时是按统一的比例缩放，还是允许沿各坐标轴方向采用不同的缩放比例。

③ "允许分解"复选框

指定插入块后是否可以将其分解，即分解成组成块的各基本对象。

说明：

如果选中"允许分解"复选框，插入块后，可以用 EXPLODE 命令（菜单："修改"/"分解"命令）分解。

5) "设置"选项组

用于指定块的插入单位和超链接。

① "块单位"下拉列表框

指定插入块时的插入单位，通过对应的下拉列表选择即可。

②"超链接"按钮

通过"插入超链接"对话框使超链接与块定义相关联。

6)"说明"文本框

用于指定块的文字说明部分。

7)"在块编辑器中打开"复选框

用于确定当单击对话框中的"确定"按钮创建出块后，是否立即在块编辑器中打开当前的块定义。如果打开了块定义，可对块定义进行编辑。

通过"块定义"对话框完成各设置后，单击"确定"按钮，即可创建出对应的块。

说明：

如果在"块定义"对话框中选中"在屏幕上指定"复选框，单击"确定"按钮，AutoCAD 将给出对应的提示，用户响应即可。

图 4-119 "写块"对话框

3. 定义外部块

用 BLOCK 命令定义的块为内部块，它从属于定义块时所在的图形。AutoCAD 2010 还提供了定义外部块的功能，即将块以单独的文件保存。用于定义外部块的命令为WBLOCK，执行该命令，AutoCAD 打开"写块"对话框，如图 4-119 所示。

下面介绍该对话框中主要选项的功能。

（1）"源"选项组

用于确定组成块的对象来源。其中，选中"块"单选按钮表示将用 BLOCK 命令创建的块写入磁盘；选中"整个图形"单选按钮表示将全部图形写入磁盘；选中"对象"单选按钮则表示将指定的对象写入磁盘。

（2）"基点"和"对象"选项组

"基点"选项组用于确定块的插入基点位置；"对象"选项组用于确定组成块的对象。只有在"源"选项组中选中"对象"单选按钮，这两个选项组才有效。

（3）"目标"选项组

用于确定块的名称和保存位置。可以直接在"文件名和路径"文本框中输入文件名（包括路径），也可以单击相应的按钮，从打开的"浏览图形文件"对话框中指定保存位置与文件名。

实际上，用 WBLOCK 命令将块写入磁盘后，该块以".dwg"格式保存，即以 AutoCAD 图形文件格式保存。

4.7.2 插入块

1. 功能

为当前图形插入块或图形。

2. 命令调用方式

命令：INSERT。工具栏："绘图"/""（插入块）按钮。菜单命令："插入"/"块"命令。

3. 命令执行方式

执行 INSERT 命令，AutoCAD 将打开"插入"对话框，如图 4-120 所示。

下面介绍该对话框中主要选项的功能。

（1）"名称"下拉列表框

用于确定要插入块或图形的名称。可以直接输入名称或通过下拉列表框选择块，也可以单击"浏览"按钮，从弹出的"选择图形文件"对话框中确定图形文件。

（2）"插入点"选项组

用于确定块在图形中插入的位置。可以直接在 X、Y 和 Z 文本框中输入点的坐标，也可以选中"在屏幕上指定"复选框，以便在绘图窗口指定插入点。

图 4-120　"插入"对话框

（3）"比例"选项组

用于确定块的插入比例。可以直接在 X、Y 和 Z 文本框中输入块在三个方向的比例，也可以选中"在屏幕上指定"复选框，通过命令按指示指定比例。

说明：

如果在定义块时选择按统一比例缩放，那么只需要指定沿 X 方向的缩放比例即可。

（4）"旋转"选项组

用于确定插入块时块的旋转角度。可以直接在"角度"文本框中输入角度值，也可以选中"在屏幕上指定"复选框，通过命令行指定旋转角度。

（5）"块单位"选项组

用于显示有关块单位的信息。

（6）"分解"复选框

用于确定插入块后，是否将块分解成组成块的各个基本对象。

当通过"插入"对话框设置了要插入的块以及插入参数后，单击"确定"按钮，即可将块插入当前图形中（如果选择了在屏幕上指定插入点、插入比例或旋转角度，插入块时还应根据提示指定插入点和插入比例等）。

4. 设置插入基点

在前面中介绍过，使用 WBLOCK 命令创建的外部块以 AutoCAD 图形文件格式（即 . DWG格式）保存。实际上，可以使用 INSERT 命令将任一 AutoCAD 图形文件插入当前图形。但当将某一图形文件以块的形式插入时，AutoCAD 默认将图形的坐标原点作为块上的插入基点，不便于绘图。为此，AutoCAD 允许用户为图形重新指定插入基点。用于设置图形插入基点的命令为 BASE，利用"绘图"/"块"/"基点"命令即可启动该命令。

首先，打开要设置基点的图形。执行 BASE 命令，AutoCAD 提示：

输入基点：

在此提示下指定一点，即可为图形指定新基点。

4.7.3 编辑块

1. 功能

在块编辑器中打开块定义，以对其进行修改。

2. 命令调用方式

命令：BEDIT。工具栏："标准"/"⬚"（块编辑器）。菜单命令："工具"/"块编辑器"命令。

3. 命令执行方式

执行 BEDIT 命令，打开"编辑块定义"对话框，如图 4-121 所示。

从该对话框左侧的列表中选择要编辑的块（如选择标高），然后单击"确定"按钮，AutoCAD 进入块编辑模式，如图 4-122 所示（注意：绘图背景变为黄颜色）。

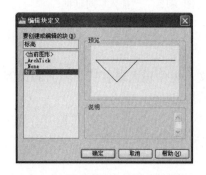

图 4-121 "编辑块定义"对话框

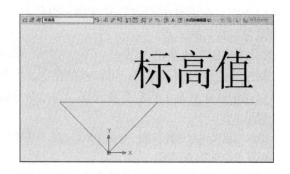

图 4-122 动态编辑块

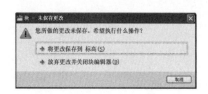

图 4-123 提示信息

此时，显示出要编辑的块，用户可以直接对其进行编辑。编辑块后，单击相应工具栏中的"关闭块编辑器"按钮，AutoCAD 打开如图 4-123 所示的提示窗口，单击"将更改保存到标高"项（本例的块名为标高），AutoCAD 关闭块编辑器，并确认对块定义的修改。一旦利用块编辑器修改了块，当前图形中插入的相应块均自动进行对应的修改。

4.7.4 属性

属性是从属于块的文字信息，是块的组成部分。本节介绍为块定义属性、使用有属性的块以及编辑属性的方法。

1. 定义属性

（1）功能

创建属性定义。

（2）命令调用方式

命令：ATTDEF。菜单命令："绘图"/"块"/"定义属性"命令。

（3）命令执行方式

执行 ATTDEF 命令，打开"属性定义"对话框，如图 4-124 所示。

下面介绍该对话框中主要选项的功能。

1）"模式"选项组

用于设置属性的模式。

①"不可见"复选框

用于设置插入块后是否显示属性值。选中该复选框表示属性不可见，即属性值不在块中显示，否则显示。

②"固定"复选框

用于设置属性是否为固定值。选中该复选框表示属性为定值（此值应通过"属性"选项组中的"默认"文本框给定）。如果将属性设为非定值，则插入块时用户可以输入其他值。

图 4-124 "属性定义"对话框

③"验证"复选框

用于设置插入块时是否校验属性值。如果选中该复选框，插入块时，用户根据提示输入属性值后，AutoCAD 将再次提示，提示用户校验所输入的属性值是否正确，否则不提示用户校验。

④"预设"复选框

用于确定当插入有预设属性值的块时，是否将属性值设置为默认值。

⑤"锁定位置"复选框

用于确定是否锁定属性在块中的位置。如果没有锁定位置，插入块后，可利用夹点功能改变属性的位置。

⑥"多行"复选框

用于指定属性值是否可以包含多行文字。如果选中该复选框，则可以通过"文字设置"选项组中的"边界宽度"文本框指定边界宽度。

2）"属性"选项组

"属性"选项组中，"标记"文本框用于确定属性的标记（用户必须指定标记）；"提示"文本框用于确定插入块时，AutoCAD 提示用户输入属性值的提示信息；"默认"文本框用于设置属性的默认值，用户在各相应文本框中输入具体内容即可。

3）"插入点"选项组

用于确定属性值的插入点，即属性文字排列的参考点。指定插入点后，AutoCAD 将以该点为参考点，按照在"文字设置"选项组中的"对正"下拉列表框确定的文字对齐方式放置属性值。可以直接在 X、Y 和 Z 文本框中输入插入点的坐标，也可以选中"在屏幕上指定"复选框，通过绘图窗口指定插入点。

4）"文字设置"选项组

用于确定属性文字的格式。各选项含义如下：

①"对正"下拉列表框

用于确定属性文字相对于在"插入点"选项组中确定的插入点的排列方式。可以通过下拉列表在左对齐、对齐、布满、居中、中间、右对齐、左上、中上、右上、左中、正中、右中、左下、中下和右下等选项中进行选择。

②"文字样式"下拉列表框

用于确定属性文字的样式，从相应的下拉列表中进行选择即可。

③"文字高度"文本框

用于指定属性文字的高度，可以直接在对应的文本框中输入高度值，或单击对应的按钮，在绘图屏幕上指定。

④"旋转"文本框

用于指定属性文字行的旋转角度，可以直接在对应的文本框中输入角度值，也可以单击对应的按钮，在绘图屏幕上指定。

⑤"边界宽度"文本框

当属性值采用多行文字时，指定多行文字属性的最大长度。可以直接在对应的文本框中输入宽度值，或单击对应的按钮，在绘图屏幕上指定，"0"表示没有限制。

5）"在上一个属性定义下对齐"复选框

当定义多个属性时，选中该复选框，表示当前属性将采用前一个属性的文字样式、字高以及旋转角度，并另起一行按上一个属性的对正方式排列。选中"在上一个属性定义下对齐"复选框后，"插入点"与"文字设置"选项组均以灰颜色显示，变为不可用状态。

确定了"属性定义"对话框中的各项内容后，单击该对话框中的"确定"按钮，AutoCAD完成一次属性定义，并在图形中按指定的文字样式、对齐方式显示属性标记。用户可以用上述方法为块定义多个属性。

完成属性的定义后，就可以创建块了。需要说明的是，创建块并选择作为块的对象时，不仅要选择用作块的各个图形对象，还应选择全部属性标记。

【例4-7】 定义标高符号块。

本例将定义含有粗糙度属性的粗糙度符号块，步骤如下：

（1）绘制标高符号

绘制如图4-125所示的标高符号（过程略。图中的黑点用于确定标高数字的位置，读者不必绘制该点）。

（2）定义属性

执行：ATTDEF命令，打开"属性定义"对话框，在该对话框中进行相应的属性设置，如图4-126所示。

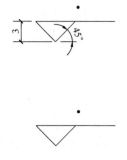

图4-125　标高符号　　　　　图4-126　"属性定义"对话框

从对话框中可以看出，已将属性标记设为"标高值"，将属性提示设为"输入标高值"；将标高的默认值设为0.000；将在绘图屏幕确定块属性的插入点即1点；在"文字

176

设置"选项组中的"文字样式"下拉列表框中，将文字样式选择为 4.5 节【例 4-4】中定义的"文字 35"；在"对正"下拉列表框中，将文字的对正方式选择为"中间"。

单击"确定"按钮，AutoCAD 提示：

指定起点：

在此提示下确定属性在块中的插入点位置 1，即图 4-125 中标记有小黑点的位置，即可完成标记为标高的属性定义，且 AutoCAD 将该标记按指定的文字样式和对正方式显示在相应位置，如图 4-127 所示。

（3）块定义

执行 BLOCK 命令，打开"块定义"对话框，在该对话框中进行相关设置，如图 4-128 所示。

从图 4-128 中可以看出，块名为"标高值"；通过"拾取点"按钮将图 4-127 中两条斜线在下方的交点 1 选择为块基点；选中了"转换为块"单选按钮；通过"选择对象"按钮选择了图 4-127 中表示标高符号的三条线以及块标记"标高"作为创建块的对象（切记要选择块标记"标高"，所以提示"已选择 4 个对象"）；在"说明"文本框中输入了"标高值"。

图 4-127　定义有属性的标高符号　　　　图 4-128　　"块定义"对话框

单击对话框中的"确定"按钮，完成块的定义。最后，保存块所在的图形（建议文件名：例 4-7 标高 . dwg）

如果在当前图形中执行 INSERT 命令插入块"标高"，插入时 AutoCAD 将提示：

输入标高值＜0.000＞：

直接按 Enter 键，可以插入标高为默认值 0.000 的标高符号，或在此提示后输入其他值。

2. 修改属性定义

定义属性后，可以修改属性定义中的属性标记、提示以及默认值。实现该功能的命令为 DDEDIT，选择"修改"/"对象"/"文字"/"编辑"命令可执行该命令。执行 DDEDIT 命令，AutoCAD 提示：

选择注释对象或［放弃（U）］：

在该提示下选择属性定义标记后，打开"编辑属性定义"对话框，如图 4-129 所示。可以通过此对话框修改属性定义的属性标记、提示和默认值等。

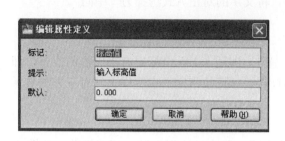

图 4-129 "编辑属性定义"对话框

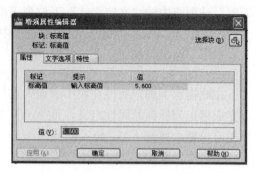

图 4-130 "增强属性编辑器"对话框

3. 属性显示控制

插入含有属性的块后，可以控制各属性值的可见性。实现此功能的命令为 ATTDISP，选择"视图"/"显示"/"属性显示"中的相应子菜单可以实现该操作。执行 ATTDISP 命令，AutoCAD 提示：

输入属性的可见性设置［普通（N）/开（ON）/关（OFF）］＜普通＞：

其中，执行"普通（N）"选项表示将按定义属性时规定的可见性模式显示各属性值；执行"开（ON）"选项将会显示出所有属性值，与定义属性时规定的属性可见性无关；执行"关（OFF）"选项则不显示所有属性值，与定义属性时规定的属性可见性无关。

4. 利用对话框编辑属性

AutoCAD 为用户提供了利用对话框编辑块中属性值的功能。实现该功能的命令为 EATTEDIT，利用"修改 Ⅱ"工具栏中的"🅥"（编辑属性）按钮和菜单命令"修改"/"对象"/"属性"/"单个"可执行该命令。执行 EATTEDIT 命令，AutoCAD 提示：

选择块：

在此提示下选择块，打开"增强属性编辑器"对话框，如图 4-130 所示（在绘图窗口双击有属性的块，也可以打开该对话框）。

在该对话框中有"属性""文字选项"和"特性"三个选项卡和其他选项。下面介绍它们的功能。

（1）"属性"选项卡

该选项卡中，AutoCAD 在列表框中显示出块中每个属性的标记、提示和值，在列表框中选择某一属性，AutoCAD 将在"值"文本框中显示相应的属性值，并允许通过该文本框修改属性值。

（2）"文字选项"选项卡

用于修改属性文字的格式，相应的对话框如图 4-131 所示。

可以通过该对话框修改文字的样式、对正方式、文字高度、文字行的倾斜角度、文字是否反向显示、是否上下颠倒显示、文字的宽度比例以及文字的倾斜角度等。

（3）"特性"选项卡

用于修改属性文字的图层、线宽、线型、颜色和打印样式等。"特性"选项卡如图 4-132所示，用户通过对话框中的下拉列表框或文本框设置、修改即可。

"增强属性编辑器"对话框中除上述三个选项卡外，还有"选择块"和"应用"等按钮。"选择块"按钮用于选择要编辑的块对象，"应用"按钮用于确认已做出的修改。

图 4-131 "文字选项"选项卡   图 4-132 "特性"选项卡

4.8 本 章 小 结

本章介绍 AutoCAD 2010 的二维图形编辑功能，其中包括选择对象的方法；各种二维编辑操作，如删除、移动、复制、旋转、缩放、偏移、镜像、阵列、拉伸、修剪、延伸、打断以及创建倒角和圆角等；介绍了如何利用夹点功能编辑图形，同时还介绍了 Auto-CAD 2010 的填充图案功能，可以进行各种填充图案；AutoCAD 2010 的文字标注功能和表格功能，文字标注是工程图中必不可少的内容。AutoCAD 2010 提供了用于标注文字的单行文字（DTEXT）命令和多行文字（MTEXT）命令；AutoCAD 2010 的尺寸标注与参数化绘图功能；块的制作与属性功能等。

通过本章介绍的内容可以看出，将 AutoCAD 的绘图命令与编辑命令、填充图案命令、标注文字、标注尺寸、块制作等相结合，基本能够完成各种工程图绘制。"块"是图形对象的集合，通常用于绘制复杂、重复的图形。一旦将一组对象定义成块，就可以根据绘图需要将其插入图中的任意指定位置，从而将绘图过程变为拼图，提高绘图效率。"属性"是从属于块的文字信息，是块的组成部分。可以为块定义多个属性，并且可以控制这些属性的可见性。

当用 AutoCAD 2010 绘制某一工程图时，一般可以通过多种方法实现。例如，当绘制已有直线的平行线时，既可以用复制命令得到，又可以用偏移命令实现，可以根据用户的绘图习惯、对 AutoCAD 2010 的熟练程度以及具体绘图要求确定绘图方法。到目前为止利用前面介绍的内容已经能够绘制一些工程图。在进行尺寸标注时，如果 AutoCAD 提供的尺寸标注样式不能满足标注要求，在标注之前，应首先设置标注样式。当以某一样式标注尺寸时，应将该样式设置为当前样式。AutoCAD 将尺寸标注分为线性标注、直径标注、半径标注、连续标注、基线标注和引线标注等多种类型。标注尺寸时，首先应确定要标注尺寸的类型，然后执行相应的命令，根据提示进行操作即可。使用 AutoCAD 2010，还可以方便地为图形标注尺寸公差和形位公差、编辑已标注的尺寸公差。利用参数化功能，可以为图形对象建立几何约束和标注约束，能够实现尺寸驱动，即当改变图形的尺寸参数后，图形会自动发生相应的变化。

第5章 建筑平面图的绘制

本章要点：

通过本章的学习，读者应了解绘图过程，建筑总平面图的概念，掌握建筑总平面图的设计方案和方法，以及建筑总图的绘制。

- 绘制边框和标题栏
- 建筑总平面图的概念
- 建筑总平面图的设计方案
- 绘制建筑总平面图的方法
- 绘制建筑总平面图
- 综合图练习

5.1 绘制一幅标准图框

以 A4 图横放为例，绘制如图 5-1 所示的平面图形，绘图过程如下：

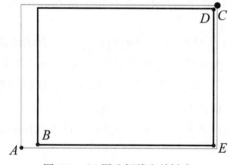

图 5-1 A4 图边框线和关键点

1. 绘图准备

（1）建立图层；

（2）设置图层颜色（分别改为白、蓝、绿、黄、红）；

（3）设置线型（虚线为 Dashed 选项，点画线为 Center 选项，其他为实线）；

（4）设置线宽（粗实线为 0.6 线宽，中实线为 0.3，虚线为 0.3，其他图层线宽为默认即可，将图层线宽依次设置好）；

（5）选择当前图层（图层建好后，选中"细实线"，将"细实线"设置为当前层）。

2. 调出工具栏

调出"捕捉对象"工具栏：在工具栏之间的空白处点击"右键"，点击 ACAD 后跳出的"菜单"中可以选择"捕捉对象"工具栏，将其打上对钩即可调出。

同理，今后需要调出其他工具栏时，可以采用同样方法。

3. 设置捕捉格式

在状态栏中设置捕捉"中点"，其他设置如捕捉特殊点，可以采用同样方法。

4. 画 A4 图及边框线

该图有五个关键点 A、B、C、D、E，其中 A、C、E 是基点，以 A 为基点确定 B 点，以 C 为基点确定 D 点，如图 5-1 所示。

（1）在绘图工具栏：单击"□"（矩形）按钮/点击绘图区得 A 点/输入"@297，210

﹂"（﹂空格符号）；

（2）画 A4 图边框线：调出"捕捉对象"工具栏，并设置粗实线为当前层"✓"；

（3）在绘图工具栏：单击矩形"▢"/点击捕捉自"🝰"/捕捉 A 点/输入"@25，5 ﹂"（得到 B 点）/捕捉自"🝰"/捕捉 C 点/输入"@−5，−5 ﹂"（得到 D 点，A4 图边框线画完）。

5.2 绘 制 标 题 栏

标题栏可以看成是一个矩形，再分好横竖格。以全国 CAD 等级考试标题栏（130×32）为例，绘制如图 5-2 所示的平面图形，绘图过程如下：

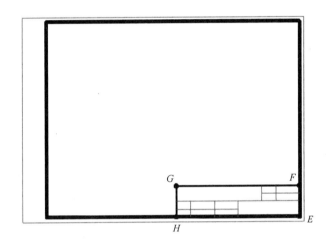

图 5-2   A4 图标题栏

1. 将图层设为中实线层，将状态设置成极轴或正交模式，设置好捕捉中点、垂足；

2. 绘图工具栏：单击"⟋直线"/捕捉自"🝰"/捕捉 E 点/输入"@0，32 ﹂"（得到 F 点）/输入"@-130，0 ﹂"（得到 G 点）/输入"@0，−32"↵（得到 H 点），再次按↵结束画线（标题栏外框 130×32 画完）；

3. 修改工具栏：单击"⟐偏移"/输入 8↵/选中水平 GF130 线/向下空白处单击鼠标左键/偏移出一条 130 线/再次选中刚偏移出的这条 130 线/再次向下空白处单击鼠标左键/再次重复偏移第三条 130 线；

4. 修改工具栏：单击"⟐偏移"/输入 15↵/选中左侧垂直 GH32 线/向右空白处单击鼠标左键（偏移出一条 GH32 线，即画出姓名栏）/再次按"﹂"（相当于再次单击"⟐"（偏移））/输入 25/单击选中刚刚偏移出的 32 线/向右空白处单击鼠标左键（即画出填写姓名的栏）/同理继续偏移 25、25、15 画出考号、图号、试题等栏；

5. 修改工具栏：单击"⟍修剪"/全部选中刚才偏移出的 130 线和 32 线 ﹂（空格相当于结束选择）/单击需要剪掉的线段（逐个修剪出图名栏、考评点栏）；

6. 在修改工具栏中，单击"⟐偏移"按钮，在命令行中输入 8 回车，用方框选中水平的 130 线条，130 线条由实线变成虚线，向下即标题栏中间点击，同理，再向下点击三

181

次。即完成标题栏中的四条水平线条的绘制；

这里特别说明的是若绘制表格或明细栏，偏移这种方法比较实用；

7. 将标题栏框内的线条选中，将其改为细实线图层。

5.3 标题栏中标注文字

1. 将图层设当前层为标注层，输入文字。在绘图工具栏中，单击"**A** 文字"按钮，执行命令后，在绘图区光标变为十字交叉线和一矩形文字框，即拉出文字输入空间，如图 4-57 所示。

（1）设置文字格式：调整矩形文字框大小和位置，弹出"多行文字"编辑器，在"文字格式"状态栏中，依次设置前三个具有下拉形式属性："样式"设置为"Standard"，"字体"设置为"宋体"，"文字高度"设置为 6。

（2）调出输入法，输入"CAD 技能等级一级考评"，若字行不在中间，用"移动✛"工具按钮将其移动到合适的位置。

2. 输入其他文字，在绘图工具栏中，单击"**A** 文字"按钮，第一角点选在第一列第二行左上方角点，第二角点则选在同方格内的右下方角点，输入"姓名"，字号可调整为 3（偏小或偏大可修改字号的数字，将其调整到合适的大小），同样用移动工具调整好在方格中的位置。

3. 复制文字，调整好"姓名"二字的字号后，在修改工具栏中，单击"❝复制"按钮，选中"姓名"二字后，以左上方第一角点为基点，向正下即第一列第三行左上方为第二点复制。同理，将需要填入文字的方格全部复制上"姓名"二字。同理，复制"CAD技能等级一级考评"到"CAD 等级考评点"栏中，并调整好字号。

4. 修改文字选中第一列第三行方格中的文字双击，修改"姓名"二字为"成绩"。

同理将各方格中需要修改的文字全部修改成应该填入的文字，即完成"（考号）""（阅卷签字）""题号""比例""CAD 等级考评点"。同时修改好各方格中文字的字号和位置，如图 5-3 所示。

CAD技能等级一级考评		题号	
		比例	
姓名		（考号）	CAD等级考评点
成绩		（阅卷签字）	

图 5-3　标题栏

5.4 绘制建筑总平面图

建筑总平面图用于表示新建的建筑物相对于地基的具体位置，它提供了新建建筑物与外界的相互关联，从而作为施工放线的法定的文件依据。

建筑总平面图一般以 1∶500（或 1∶1000、1∶2000）的比例尺绘制。

5.4.1 建筑总平面图的概念

建筑设计一般从建筑总平面图设计开始，总平面图内容主要包括原有地形、地貌、地物、建筑物、构筑物、建筑红线、用地红线、新建筑道路、绿化与环境规划及新建建筑物等。如要绘制施工图纸，还应该有大地标高定位点、经纬度、指北针、风玫瑰图、尺寸标注与标高标注、层数标注以及设计说明等辅助说明性图素。总平面施工图用于施工定位、报建设城规部门及与建筑有关的部门（如消防）审批等。因此，总平面图要求准确反映新旧建筑的位置、环境关系，而且必须定位准确、方位无误、新旧建筑关系明确。

在实际工作中，建筑绘图一般是从一层平面开始绘制。将经过修改后的顶层平面加上一层平面中详尽的环境及室外附属工程调入方案比较，再进行修改和深化，加上辅助说明性图素，即可完成总平面图的绘制。

5.4.2 建筑总平面图的设计方案

在进行建筑总平面图设计，特别是进行方案设计或多方案比较时，应该考虑总平面图所有的因素，包括原有建筑物、原有需保留的绿化、道路、红线等。当然，总平面图也可以通过三维总体模型的俯视图得到，本书主要讲述用二维方法绘制建筑总平面图的方案。

1. 绘图准备

使用 AutoCAD 绘图之前，应首先对绘图环境做必要的设置，以便于以后的工作。如果已建立过总平面图样图或已绘制过总平面图，就可以直接调用其绘图环境进行绘制。如果有其他在 AutoCAD 上二次开发的专业制图软件，也可从中调用一个总平面图得到其绘图环境。否则，就需从头开始建立总平面图的绘图环境，其中包括图域、图层、线型、字体与尺寸标注格式等参数的设置。

2. 地形图的绘制

任何建筑都是基于使用方提供的地形现状图进行设计的。在进行设计之前，设计师必须首先绘制地形现状图。总平面图中的地形现状图的输入，依据具体条件不同，内容也不尽相同，有繁有简。一般可分为三种情况：一是高差起伏不大的地形，可近似地看作平地，用简单的绘图命令即可完成；二是较复杂的地形，尤其是高差起伏较剧烈的地形，应用直线 LINE、多线 MLINE、多段 PLINE、圆弧 ARC、样条曲线 SPLINE、徒手画线 SKETCH 等命令绘制等高线或网格形体；三是特别复杂的地形，可以用扫描仪扫描为光栅文件，用 XREF 命令进行外部引用，也可用数字化仪直接输入为矢量文件。

3. 地物的绘制

对于现状图中的地物，通常用简单的二维绘图命令按相应规范即可绘制。这些地物主要包括铁路、道路、地下管线、河流、桥梁、绿化、湖泊、广场、雕塑等。

地物的一般绘制步骤为先用多线 MLINE、多段 PLINE 等命令绘制一定宽度的平行线，也可用直线 LINE 和偏移 OFFSET 命令绘制平行线，然后用倒圆角 FILLET、倒角 CHAMFER、修剪 TRIM、修改现有对象的特性 CHANGE 等编辑命令进行倒角、剪切等操作，最后用点画线绘制道路中心线，用实体 SOLID 命令填充铁路短黑线，用图案填充 BHATCH 命令填充流水等。

现状图上的其他地物也可用基本的二维绘图方法绘制。如果用户拥有其他具有专业图库的建筑软件或已在 AutoCAD 中建立了专业图形库，也可用插入块 INSERT 命令插入相应形体（如树、绿化带、花台等），然后用阵列 ARRAY、复制 COPY、偏移 OFFSET、移动 MOVE、比例 SCALE、拉长 LENGTHEN 等命令进行修改编辑，直到符合要求为止。用户可以通过不同途径绘制这些地貌，达到同一目的，关键是用户需在不断地绘图实践中总结方法与技巧，熟练运用编辑命令。

4. 原有建筑的绘制

建筑设计规范规定所有建筑在总平面图设计中用细实线绘制，而且在总平面图设计中，必须反映新旧建筑关系。作为方案设计阶段，由于一般建筑形体都比较规则，往往需绘制若干简单的形体，这些形体只要尺寸大小和位置准确，用二维绘图命令即可完成全部图形的绘制。绘制原有建筑物、构筑物的二维绘图方法通常可用直线 LINE、多段线 PLINE、圆弧 ARC、圆 CIRCLE、多边形 POLYGON、椭圆 ELLIPSE 等二维绘图命令绘制。绘制时主要应注意形体的定位。另外，对于总平面图一些需用符号表示的构筑物，如水塔、泵房、消火栓、电杆、变压器等，应符合制图规范，并可将这些图例统一绘制成块以供调用，也可从专业图库中调用。

5. 红线的绘制

在建筑设计中有两种红线：用地红线和建筑红线。用地红线是主管部门或城市规划部门依据城市建设总体规划要求确定的可使用的用地范围；建筑红线是拟建建筑可摆放在该用地范围中的位置，新建建筑不可超出建筑红线。建筑红线一般用虚线、点画线绘制，它一般由比较简单的直线或弧线组成，颜色宜设为红色，因此要用指定线型绘制。

6. 辅助图素的绘制

在总平面图设计中的其他一些辅助图素（如大地坐标、经纬度、绝对标高、特征点标高、风玫瑰图、指北针等）可用尺寸标注、文本标注等方式标注或调用（绘制）图块。由于这些数值或参数是施工设计和施工放样的主要参考标准，因此高驻地在绘图中应注意绘制精确、定位准确。图 5-4 即为按照以上方法绘制的某宿舍楼原有地形现状图。

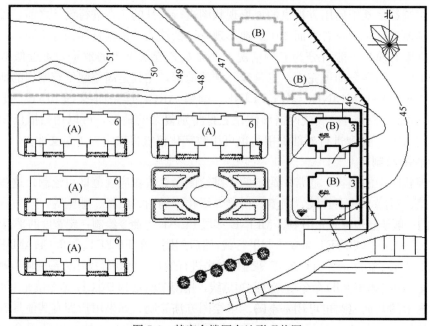

图 5-4 某宿舍楼原有地形现状图

7. 新建建筑与道路的绘制

通常单体设计项目大多先布置建筑，而后布置相关道路，而群体规划项目则大多先布置道路网，而后布置建筑。在 AutoCAD 中，道路及新建建筑可以直接用二维绘图命令，如直线 LINE、多段 PLINE、多线 MLINE、圆弧 ARC、圆 CIRCLE 等命令绘制，再用二维编辑命令编辑即可。

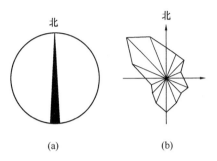

8. 绿化与配景的绘制

绿化与配景可以直接用二维绘图命令绘制。如果用预先建立好的各种建筑配景图块直接插入，就可以大幅提高工作效率。

9. 指北针与风玫瑰的绘制

建筑总平面图以指北针或者风玫瑰表示方向。

图 5-5　指北针和风玫瑰图
（a）指北针；（b）风玫瑰图

风玫瑰因地区差异而各不相同，图 5-5 为某地区指北针和风玫瑰图，该图可用直线 LINE、多段线 PLINE 和实体 SOLID 等命令绘制，再用文字 DTEXT 命令标示北向即可。

5.4.3　绘制学院大楼建筑总平面图（图 5-6）

1. 绘制辅助线网

与前面讲述平面图的绘制方法类似，绘制总平面图时通常也要先绘制辅助线网，其步骤如下：

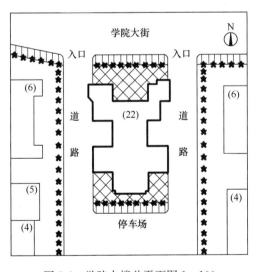

图 5-6　学院大楼总平面图 1∶100

（1）在 AutoCAD 程序中，系统自动建立新文件。打开"图层"工具栏，选择"图层特性管理器"图标，则系统弹出"图层特性管理器"对话框。在"图层特性管理器"对话框中单击"新建"按钮，新建图层"辅助线"，一切设置继续采用默认设置。双击新建的图层，使得当前图层是"辅助线"，然后单击"确定"按钮退出"图层特性管理器"对话框。

（2）在"绘图"工具栏，选择构造线命令图标"✍"，在正交模式下绘制一根竖直构造线和一根水平构造线，组成"十"字辅助线网，如图 5-7 所示。

（3）在"修改"工具栏，选择偏移命令图标"⌷"，让竖直构造线往右边连续偏移 100 距离、80 距离、100 距离和 120 距离。打开修改工具栏，选择偏移命令图标"⌷"，让水平构造线连续往上偏移 90 距离、50 距离、80 距离、60 距离、65 距离、100 距离和 80 距离，得到主要轴线网，如图 5-8 所示。

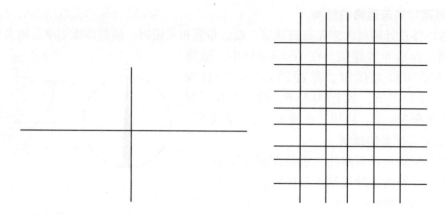

图 5-7　绘制"十"字构造线　　　　　　图 5-8　绘制主要轴线网

2. 绘制新建建筑

新建建筑是总平面图的核心，其绘制步骤如下：

（1）在"图层"工具栏，选择图层特性管理器图标"🖼"，则系统弹出"图层特性管理器"对话框。在"图层特性管理器"对话框中单击"新建"按钮，新建图层"新建建筑"，设置线宽为 0.30mm，其他一切设置采用默认设置。然后双击新建的图层，使得当前图层是"新建建筑"。然后单击"确定"按钮退出"图层特性管理器"对话框。

（2）在"绘图"工具栏，选择直线命令图标"✐"，根据轴线网绘制出新建建筑的外边轮廓，结果如图 5-9 所示。

（3）打开"绘图"工具栏，选择直线命令图标"✐"，绘制直线细化建筑的左上角部分，然后打开"修改"工具栏，选择修剪命令图标"⊹"，修剪掉原来的部分，得到细化建筑的左上角，如图 5-10 所示。

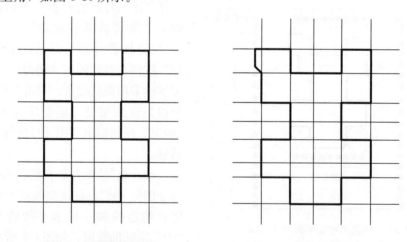

图 5-9　绘制新建建筑　　　　　　图 5-10　细化建筑的左上角

（4）采用同样的方法，细化建筑的右上角上部和下部，结果如图 5-11 所示。

（5）打开"绘图"工具栏，选择直线命令图标"✐"，在建筑的正下方出口绘制一个扁矩形，如图 5-12 所示。

（6）打开"绘图"工具栏，选择圆弧命令图标"⌒"，绘制一个圆弧，结果如图 5-13 所示。

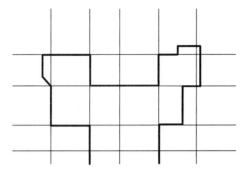

图 5-11　细化建筑的右上角上部和下部

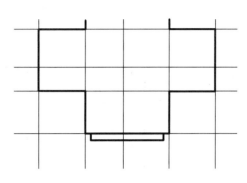

图 5-12　绘制扁矩形

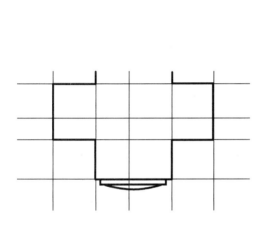

图 5-13　绘制圆弧结果

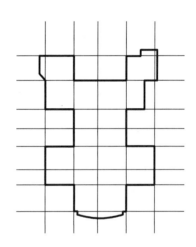

图 5-14　大楼轮廓绘制结果

（7）打开"修改"工具栏，选择修剪命令图标"✄"，修剪掉不需要的部分，即圆弧上的直线。这样大楼的轮廓就绘制好了，结果如图 5-14 所示。

3. 绘制辅助设施

辅助设施是总平面图阐释新建建筑与周围环境关系必不可少的环节，其绘制步骤如下：

（1）打开"图层"工具栏，选择图层特性管理器图标"❖"，则系统弹出"图层特性管理器"对话框。在"图层特性管理器"对话框中单击"新建"按钮，新建图层"辅助设施"，一切设置采用默认设置，然后双击新建的图层，使得当前图层是"辅助设施"。然后单击"确定"按钮退出"图层特性管理器"对话框。

（2）打开"绘图"工具栏，选择矩形命令图标"▢"，绘制一个 1200×1200 矩形来标明总的作图范围，如图 5-15 所示。

（3）打开"修改"工具栏，选择偏移命令图标"❖"，让最上边的水平构造线往上偏移 200 距离。继续选择偏移命令图标"❖"，让最左边的竖直构造线往左边偏移 150 距离。打开"修改"工具栏，选择偏移命令图标"❖"，让最右边的竖直构造线往右边偏移 150 距离。这样得到新的辅助线，绘制结果如图 5-16 所示。

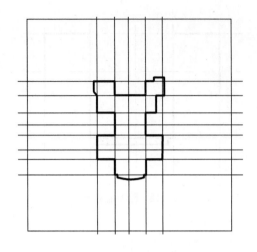

图 5-15　绘制矩形范围　　　　　　　　图 5-16　绘制辅助线

（4）打开"绘图"工具栏，选择直线命令图标"✏"，根据辅助线绘制围墙，然后打开"修改"工具栏，选择偏移命令图标"⬆"，让围墙往里偏移 50 距离，结果如图 5-17 所示。

（5）打开"绘图"工具栏，选择直线命令图标"✏"，继续绘制围墙。绘制结果如图 5-18 所示。

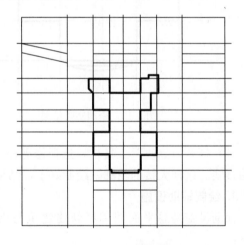

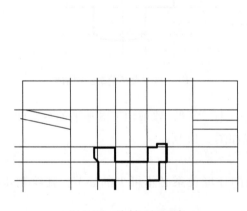

图 5-17　绘制正门围墙　　　　　　　　图 5-18　围墙绘制结果

（6）打开"修改"工具栏，选择圆角命令图标"⬜"，指定圆角半径为 20，然后把围墙各角进行圆角，则结果如图 5-19 所示。

（7）打开"绘图"工具栏，选择直线命令图标"✏"，根据辅助线绘制道路，如图 5-20 所示。

（8）在"标准"工具栏中，选择工具选项板命令图标"▦"，则系统弹出如图 5-21 所示的工具选项板（命令条目：toolpalettes 也能调出工具选项板）。选择"树"图例，把"树"图例放在一个空白处。

（9）调出"修改"工具栏，选择缩放命令图标"⬜"，把"树"图例大小缩放到合适程度。

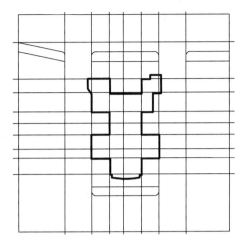

图 5-19 圆角操作结果   图 5-20 绘制道路结果

（10）调出"修改"工具栏，选择复制命令图标"🔏"，把"树"图例复制到各个位置，完成植物的绘制和布置，结果如图 5-22 所示。

（11）打开"绘图"工具栏，选择直线命令图标"✎"，绘制一些矩形来表示周围的已有建筑，绘制结果如图 5-23 所示。

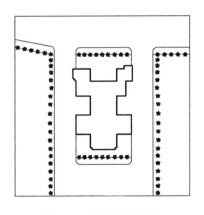

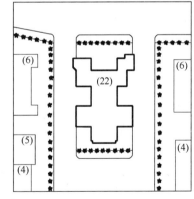

图 5-21 工具选项板   图 5-22 绘制绿化结果   图 5-23 绘制已有建筑

4. 图案填充和文字说明

本例中通过图案填充来绘制指北针和楼前后广场，标注必要的文字对总平面图的各部分进行说明。其绘制步骤如下：

（1）打开"图层"工具栏，选择图层特性管理器图标"🗐"，则系统弹出"图层特性管理器"对话框。在"图层特性管理器"对话框中单击"新建"按钮，新建图层"标注"，一切设置采用默认设置，然后双击新建的图层，使得当前图层是"标注"。然后单击"确

189

定"按钮退出"图层特性管理器"对话框。打开"绘图"工具栏,选择圆命令图标"⊘",绘制一个圆。然后打开"绘图"工具栏,选择直线命令图标"✎",绘制圆的竖直直径和另外一条弦,绘制结果如图 5-24 所示。

(2)打开"修改"工具栏,选择镜像命令图标"⚎",把圆的弦镜像,组成圆内的指针。然后打开"绘图"工具栏,选择图案填充命令图标"◫",把指针填充为黑色,这样得到指北针的图例,如图 5-25 所示。

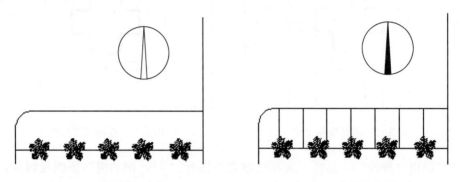

图 5-24 绘制圆和直线   图 5-25 绘制指北针图例

(3)打开"绘图"工具栏,选择图案填充命令图标"◫",把围墙填充为竖直线。打开"绘图"工具栏,选择图案填充命令图标"◫",把楼前、楼后广场填充为方格。图案填充操作的结果如图 5-26 所示。

(4)调出"绘图"工具栏,选择多行文字命令图标"A",在整个图形的正上方标明"学院大街",两个入口处分别标明"入口",在过道上标上"道路",在停车场标上"停车场",在指北针图例上方标上"N"指明北方,最后在图形的正下方标明"学院大楼总平面图 1∶100"。然后打开"绘图"工具栏,选择直线命令图标"✎",在文字下方绘制一根线宽为 0.3mm 的直线,这样就全部绘制好了。总平面图的最终效果如图 5-27 所示。

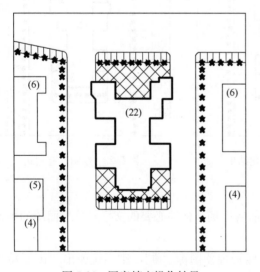

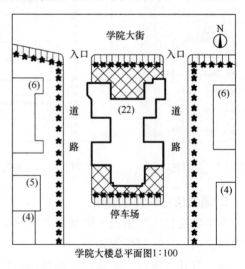

图 5-26 图案填充操作结果   图 5-27 总平面图的最终效果

5.5 本 章 小 结

　　本章介绍了如何绘制一幅标准的图框、绘制学生用标题栏、向标题栏中填入文字；重点介绍了建筑总平面图构成、绘制方法提示。通过绘制图框、标题栏、填入文字，可以使学习到的 AutoCAD 2010 的相关命令得到加强，在实战中进一步巩固提高，熟悉使用命令的方法和应用场合，特别是不同线型在工程图中所代表的含义。

第6章 建筑图的绘制

本章要点：

通过本课的学习，读者应了解建筑平面图、立面图、剖面图的概念，掌握建筑平面图的三个设计阶段和绘制方法，以及建筑图的绘制。

- 建筑平面图的概念、设计建筑平面图的三个阶段、绘制建筑平面图的方法
- 建筑立面图的概念、设计建筑立面图的三个阶段、绘制建筑立面图的方法
- 建筑剖面图的概念、设计建筑剖面图的三个阶段、绘制建筑剖面图的方法

6.1 建筑平面图的绘制应知常识与技能

建筑平面图实际上是用假想的水平剖切平面在建筑物窗台以上窗头以下把整幢房屋剖开，移去观察者与剖切平面之间的部分后向水平投影面所做的正投影图，习惯上称它为平面图。

6.1.1 建筑平面图的概念

建筑平面图是表示建筑物水平方向各部分内容及其组合关系的图纸。由于建筑平面图能突出地表达建筑的组成和功能关系等方面的内容，因此一般建筑设计都先从平面设计入手。在建筑平面设计时还应从建筑整体出发，考虑建筑空间组合的效果，照顾建筑剖面和立面的效果和体型关系。

一般说来，多层建筑物应绘制出各层平面图，但当有些楼层的平面布置相同或仅有局部不同时，则需要绘制出一个共同的平面图（标准平面图），再对局部不同的地方绘制局部平面图。

6.1.2 建筑平面图的三个设计阶段

建筑平面图的设计可以分为方案设计、初步设计及施工图设计三个阶段。下面分别进行介绍。

1. 方案设计阶段

在最初的建筑方案设计阶段，计算机只能作为一种绘图辅助设计工具，用户不能指望输入几个数据，计算机就帮助用户完成所有的设计工作，因为计算机不能代替人进行思维创造。用户首先应该在头脑中构思草图，有了整体的构思方案后，再用计算机来进行绘制和修改。例如，利用 AutoCAD 绘制建筑的墙体、柱网、轴线、楼梯、门窗、阳台及绿化设施等来反映建筑的功能分区、房间布置、空间组织建筑等平面设计要素。计算机的优点是能方便地生成多种方案加以比较和选择，用户可以从中选取设计功能合理、技术先进、造价低廉、造型优美的最佳方案。而且用计算机计算各方案的面积、容积率、绿化率、各

项经济指标（如使用系数、有效系数、空间容量等）、质量目标函数、声、光、日照、强弱电、水、交通联系等指标值，分析结构布置、经济性、施工方案等非常方便快捷，使用户从繁琐而沉重的计算工作中解脱出来。

方案设计阶段表达的内容比较简单，主要表达的内容是柱网、墙体、门窗、阳台、楼梯、雨篷、踏步、散水等主要建筑部件，确定各部件的初步尺寸和形状，这些尺寸可以不必十分准确，柱网可以用点表示，墙体可以画单线，门窗可以留空不画或简单表示，楼梯可以简单示意，其他次要部分部件可以不画而在初步设计阶段绘制。

2. 初步设计阶段

初步设计阶段的建筑平面设计是以方案设计阶段的平面图、建筑环境及总体初步方案造型为根据，对单体建筑的具体化。设计师应该仔细分析使用方及规划建筑主管部门提出的具体面积指标，分析建筑周围环境、气候、交通组织等，进行大的功能分区，然后再进行平面功能的具体划分以及开启门窗洞口、布置家具、设计楼梯等。设计绘图过程中，利用 AutoCAD 可以绘制出各功能块，然后进行拼装组合、调整尺寸、协调相互之间的关系，使之组合成一个有机整体。

在充分分析和比较的基础上，建筑师应该有一个该建筑的初步轮廓，并对平面布局及总体尺寸有大致的把握。此时即可上机进行细致的平面绘图，利用 AutoCAD 初步确定柱网、墙体、门窗、阳台、楼梯、雨篷、踏步、散水等建筑部件，确定各部件的初步尺寸和大体形状。

与方案设计阶段的平面图相比，初步设计阶段的建筑平面图设计的尺寸应该基本准确，可以只标注两道尺寸，即轴线尺寸和轴线总尺寸。柱网需要用相应比较准确的形状表示、须绘制双线，门窗必须用标准的门窗形式表示，楼梯必须基本绘制准确，其他次要部件也必须确定表达。

3. 施工图设计阶段

施工图设计阶段是指在方案设计阶段及初步设计阶段的基础上，确定柱网、墙体、门窗、阳台、楼梯、雨篷、踏步、散水等建筑部件的准确形状，尺寸，材料，色彩及施工方法。

建筑平面图设计只是停留在可行性研究后的基础上，它仅仅是把修建建筑的设想反映到图纸上，还不能把它用于建筑施工。要把设计方案付诸实践，就必须进行建筑施工图设计，建筑平面施工图必须表明建筑各部件的位置、构造、尺寸、细部节点，文本说明也要十分详尽，注明建筑所采用的标准图集号或做法。图 6-1 即为按照上述方法进行绘制的某住宅三层平面图。

6.1.3 绘制建筑平面图的方法

绘制建筑平面图的一般方法是：根据要绘制图形的方案设计对绘图环境进行设置，然后确定柱网，再绘制墙体、门窗、阳台、楼梯、雨篷、踏步、散水、设备，标注初步尺寸和必要的说明文字等。

1. 轴网设计

建筑的平面设计绘图一般从定位轴线开始。建筑的轴线主要用于确定建筑的结构体系，是建筑定位最根本的依据，也是建筑体系的决定因素。建筑施工的每一个部件都是以

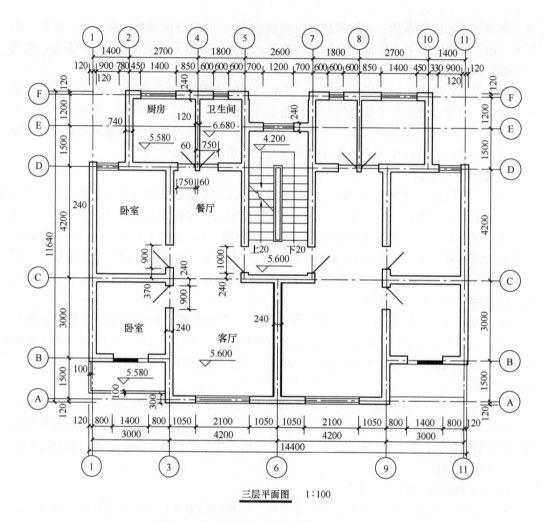

三层平面图　　1:100

图 6-1　施工图设计阶段的某住宅三层平面图

轴线为基准定位的，确定了轴线，也就决定了建筑的承重体系和非承重体系，决定了建筑的开间及进深，决定了楼板、柱网、墙体的布置方式。因此，轴线一般以柱网或主要墙体为基准布置。

轴网按平面形式不同，可以分为三种：正交轴网、斜交轴网和圆弧轴网。

（1）正交轴网

正交轴网是指以水平轴线（纵轴）与垂直方向轴线（横轴）之间的夹角为直角的轴线网络，其一般绘制方法是用 LINE 命令绘制第一条水平轴线（纵轴）与垂直方向轴线（横轴）；再用偏移 OFFSET 命令偏移生成其他轴线；用二维命令绘制一个标准柱截面后直接多次执行复制 COPY 或阵列 ARRAY 命令完成，也可将标准柱截面做成块以备插入；用圆 CIRCLE 命令绘制轴线符号；用文字 DTEXT 命令标注轴线编号；最后用标注 DIM 命令标注轴线之间距离尺寸。

正交轴网有两种，一种是正交正放（即横轴与纵轴与 X 轴、Y 轴平行），如图 6-2（a）所示；另一种是正交斜放（即横轴与纵轴与 X 轴、Y 轴成一定角度），如图 6-2（b）所示。正交斜放轴网的绘制方法与正交正放轴网的绘制方法相似，只是正交正放轴网绘制

194

完成后应用旋转 ROTATE 命令将其旋转到合适的角度。如轴网具有对称性或单元性，可在做完对称部分或单元轴网后用镜像 MIRROR 或复制 COPY 命令绘制相同的轴网，这样可大幅减少工作量。

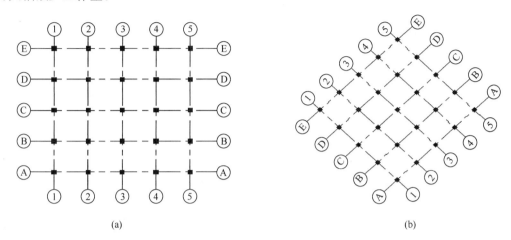

图 6-2 正交轴网

（a）正交正放轴网示意图；（b）正交斜放轴网示意图

另外需要注意的是：建筑制图规范规定轴圈的直径为 8mm。

（2）斜交轴网

在建筑设计中，由于用地的特殊性或建筑设计的复杂性，经常会遇到斜交轴网。所谓斜交轴网是指同一方向轴线平行，但轴线（纵轴）与轴线（横轴）之间为非垂直角度的轴网，它的绘制方法与正交轴网的绘制方法基本相同，只是绘制时要控制轴线之间的夹角，轴线的引线也应同时偏移相应角度，而且轴线之间的夹角还应在图纸中标注清楚。

例如：在如图 6-3（a）所示的斜交轴网中，首先绘制横轴Ⓐ轴，然后用指定捕捉间距 SNAP 命令设置绘图网格的方向，打开正交模式绘制纵轴①轴。最后用阵列 ARRAY 命令绘制②～⑤轴及Ⓑ～Ⓔ轴，加上轴号引线及轴线编号，标注出轴线间尺寸，即可完成一个斜交轴网的绘制。

（3）圆弧轴网

对于圆弧建筑，其结构体系和柱网布置也常常与该圆弧保持一致。其轴网的绘制方法是以圆心为基准，绘制一条轴线后用阵列 ARRAY 命令中的环形阵列径向轴线，然后用圆 CIRCLE 或圆弧 ARC 命令绘制环形轴线。因此，这类轴线的圆心的定义要精确。

绘制如图 6-3（b）所示的轴线，其具体操作步骤如下：

①以圆心点为起点，首先确定起始轴线①。

②若轴线之间夹角相等，可用阵列 ARRAY 命令的"P"选项一次阵列完成全部轴线；若轴线间夹角不相等，可用阵列 ARRAY 命令结合旋转 ROTATE、镜像 MIRROR 命令生成其他轴线。图 6-3（b）即为用阵列 ARRAY 命令一次生成①～⑧轴线。

③用圆 CIRCLE 或圆弧 ARC 命令以设计半径绘制外圈弧轴线Ⓒ，再用偏移 OFFSET 命令生成Ⓐ轴、Ⓑ轴线。

④绘制相应轴线、轴线符号。其绘制方法同正交轴网轴线符号的绘制。

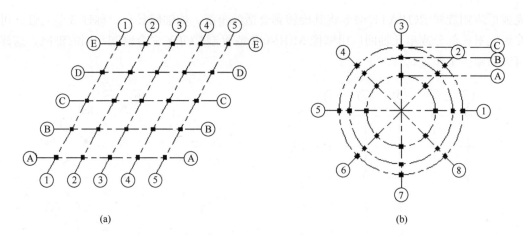

图 6-3　斜交轴网和圆弧轴网

(a) 斜交轴网；(b) 圆弧轴网

⑤用阵列 ARRAY 命令绘制分轴线，并绘制相应分轴线号，标注出相邻轴线间的距离。

2. 墙体设计

建筑空间的划分绝大部分是用墙体来组织的，在砖混结构体系中，剪力墙不但要承重，还要抵抗水平推力。墙体设计是根据平面功能和轴网来布置的，它的主要任务是对总体设计的单体模型外轮廓进行调整和具体化，绘制出建筑的外围护墙、补充绘制内部墙体。

墙体按照外形分为直线墙、曲线墙和不规则的扭曲组合墙体。在墙体设计中，可以单独为墙体设置绘图环境，打开轴线层和墙体层，设置栅格间距和光标捕捉模数为 300（因为建筑设计规范规定建筑结构体系如开间和进深的模数一般为 300）并启用捕捉功能（按 [F9] 键切换"捕捉"开关模式），坐标处于跟踪状态（按 [F6] 键切换"坐标"开关模式），打开正交模式（按 [F8] 键切换"正交"开关模式）。下面将具体讲解绘制墙体的方法与技巧。

（1）直线墙的绘制

大多数民用建筑中使用的都是规则的直线型墙体，它的绘制方法比较简单，用基本的二维绘图和编辑命令即可完成，其绘制方法如下：

1）建筑设计以 100 为基本模数，建筑的结构体系模数一般为 300，因此可设置绘图栅格间距和捕捉模数为 300，运用目标捕捉热键快速准确定位。水平和垂直墙壁可在正交模式下以模数在轴网或网点上定位。

2）进行墙体设计时，只考虑墙体本身是不够的，建筑师还应考虑门窗、阳台、楼梯及结构布置等相关因素，为进一步深入细部打下基础。

3）斜墙线可根据已知墙线两端点的情况，用目标捕捉完成，也可使用旋转命令；若已知墙线端点坐标，则可用极坐标、相对坐标定位。

（2）曲线墙的绘制

建筑设计中为了功能和造型的需要，也经常运用曲线墙体，其绘制方法如下：

1）完整的圆墙一般直接用基本的二维绘图圆 CIRCLE 命令以圆心、半径、两点圆心或三点定圆的方法绘制；对于可以用圆 CIRCLE 命令定义的规则的一段圆弧墙，则可用圆 CIRLCE、圆弧 ARC 命令或多段线 PLINE 命令的"圆弧"选项绘制，通常用三点法或两点圆心法绘制。另外，在圆弧墙线绘制时注意起点和终点的顺序。

2）由一段圆弧或多个圆弧组成的墙被称为曲线墙。两条直线墙与一条圆弧墙相切可用倒圆角 FILLET 命令完成，多个圆弧墙组成的曲线墙应运用对象捕捉模式准确定位，并灵活运用弧线的多种绘制方式。

3）可采用绘制辅助线或采用已知墙线定位的方法绘制一些难以定位的弧线墙，绘制过程中要灵活运用编辑、查询和构造命令。

在建筑设计中，上一层平面总是基于下一层平面的结构体系，因此在完成一层平面后，可以复制后进行修改到二、三、四甚至其他层平面。直接用绘图命令来绘制墙体的方法在墙线有规律地重复出现时显得复杂而且效率低，利用 AutoCAD 中的图素复制工具，如复制、阵列复制、镜像复制、偏移复制等，可以方便快速地复制大量有规律排列的墙线。

在用各种方法绘制墙线后，还需要对墙线进行编辑，如墙线的接头、断开、延伸、删除、圆角、移动、旋转等。对于墙线的接头、圆角都可以使用倒圆角 FILLET 命令，赋以圆角半径为 0 时，两线接直角；半径大于 0 时，两线接圆角。墙线倒斜角用倒角 CHAMFER 命令可做不同斜度的切角。其他如延伸 EXTEND、修剪 TRIM、打断 BREAK、删除体 ERASE 命令也都是十分常用的编辑命令，用户应熟练掌握。

要在平面图中绘制门窗，只要知道门窗与墙线间的距离后，用偏移 OFFSET 命令将墙线偏移，再修剪掉多余的墙线，即可形成门窗洞口，门窗的插入将在下一节中讲述。

在绘制方案设计草图时，用户多用绘制单线来表达墙体。进入初步设计阶段，墙体就应该根据比例用双线绘出。AutoCAD 提供了一个绘制多线的 MLINE 命令，用户可直接用这个命令来绘制双线墙。

墙体单线变为双线后并不是墙体的绘制就算完成了，在这个过程中往往会有几种墙线交错的现象，需要用修剪 TRIM、延伸 EXTEND、倒角 CHAMFER 及编辑多线 MLEDIT 编辑命令修改。

3. 门窗设计

在方案草图设计过程中，门窗可能只是一些标明的位置或洞口，进入建筑初步设计阶段，在绘制完墙线后，就需要将门窗仔细绘制出来。门的宽度、高度及门的用材与形式设计是根据空间的使用功能、人流量、防火疏散要求而定的；窗的大小及种类是根据建筑房间的采光系数、空间的使用功能要求及建筑造型要求确定的。在门窗设计中还应考虑施工的方便性、结构的明确性及其他设计要求。

门窗的大小应符合建筑模数。在工程项目的设计中，建筑师应尽量减少其种类和数量。在用 AutoCAD 绘制门窗时，最佳方法是事先根据不同种类的门窗制作一些标准门窗块，在需要时根据实际尺寸指定比例缩放插入，或直接调用建筑专业图库的图形。

在建筑平面初步设计阶段，门窗标号可以不标，但施工图中必须要标明并进行门窗统计。

【例 6-1】按 1∶1 的比例绘制房屋内门的花格图形并标注尺寸，如图 6-4 所示。

提示：（该题有三个关键点 A、B、C，其中 A 是基点，B 点相对于 A 点，C 点相对于 B 点）

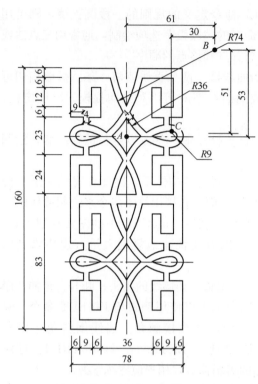

图 6-4 内门花格图形

1. 画矩形□78×160（设粗实线为当前层）

（1）绘图工具栏：单击"□（矩形）"/点击绘图空白区左下角点/输入"@78，160↵"；

（2）修改工具栏：单击"⚏（偏移）"按钮/输入"6↵"/选中□78×160矩形线框/向内空白处单击鼠标左键/偏移出宽度为6的双边框；

2. 画中心线（设中心线层为当前层，调出"对象捕捉"工具栏）

（1）绘图工具栏：单击"✎"（直线）按钮/捕捉自▛/捕捉□78×160矩形线框左上角点/输入"@39，5↵"/输入"@0，-170↵"/↵（得到垂直中心线）；

（2）修改工具栏：单击"✂"（分解）按钮/选中□78×160双边矩形线框↵（将两个方框线分解）；

（3）修改工具栏：单击"⚏"（偏移）按钮/输入"41.5↵"/选中□78×160最上边水平78长度线/向下空白处单击鼠标左键/偏移出一条过A点的水平78长度线；

（4）将过A点的水平78长度线改为中心线型：选中垂直中心线（出现有三个蓝色平点的选中标记）/单击"✎"（特性匹配）钮/单击水平78长度线（即修改成中心线型）；可用夹点方式将78水平点画线向右延长5；

（5）垂直中心线和水平点画线相交即确定出关键点A；

3. 圆弧R74画法（以B点为圆心）

绘图工具栏：单击圆"⊙"按钮捕捉自"▛"/捕捉A点/输入"@61，53↵"（得到B点即R74的圆心）/输入"74↵"，得R74圆；

4. 圆弧R9画法（以C点为圆心）

绘图工具栏：圆"⊙"按钮/捕捉自"▛"/捕捉B点/输入"@-30，-51↵"（得到C点即R9的圆心）/输入"9↵"，得R9圆；

5. 圆弧R36画法

绘图工具栏：圆"⊙"按钮/输入"T↵"/捕捉R74圆、捕捉R9圆（一定注意切点位置）/输入"36↵"，得R36圆；

6. 用修剪的方法，完成R74圆弧、R36圆弧、R9圆弧（注意R9圆弧超出矩形外框）；

7. 用偏移、镜像、修剪等方法完成其他图形。

4. 交通组织与设计

在建筑设计中，交通设计分为平面交通设计和垂直交通设计。平面交通设计是指建筑水平方向的空间联系和通道设计（如门厅、过道、走廊等），垂直交通设计是指建筑竖向空间的联系和竖向空间的通道设计（如楼梯、电梯、自动扶梯、升降机、坡道、踏步等）。

（1）单跑楼梯设计

建筑楼梯设计是建筑构造设计的重点和难点，有一整套的计算公式和设计规定。但总体说来，楼梯设计要先以层高及使用性质大致确定楼梯的开间和进深，然后初步假定踏步高和踏步宽，并计算出踏步数、梯段总长、楼梯井宽度、梯段宽和休息平台宽度，最后验算是否符合规范。如果不符合规范，则进行调整，重复前述步骤直至满足要求。图 6-5 即为某商场的室外楼梯。

（2）双跑及多跑楼梯设计

由于建筑空间的有限性，大量民用建筑采用的是双跑及多跑楼梯。它们的设计方法与单跑楼梯相似，但设计时要清楚楼梯的剖切位置、楼梯上下起止方向及剖切线方向，双跑及多跑楼梯的绘制通常是在绘制一段楼梯后，再用镜像 MIRROR、复制 COPY、偏移 OFFSET、拉伸 STRETCH、旋转 ROTATE 等编辑命令绘制其他楼梯段。图 6-6 即为某住宅楼的主楼梯。

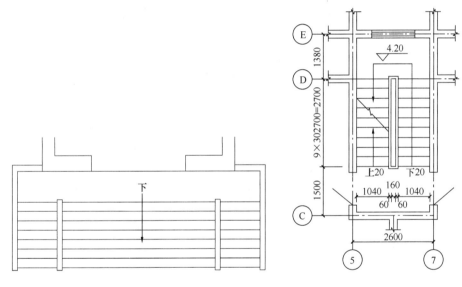

图 6-5 某商场的室外楼梯　　　　　　图 6-6 某住宅楼的主楼梯

（3）弧形楼梯的设计

弧形楼梯（含旋转楼梯）用于非疏散楼梯，主要用于建筑室内大厅，起到装点空间、引导人流等作用。弧形楼梯仍然是具有规律性的，其绘制方法与直线型楼梯基本相同，只是在计算上较为麻烦。

（4）异形楼梯设计

异形楼梯是指那些梯段由一段或几段直线形楼段以及一段或几段弧线形楼梯段组合而成的曲折多跑楼梯。

异形楼梯的绘制方法并不复杂，只需重复使用上述直线形楼梯段或弧线形楼梯段的绘制方法即可。需要注意的是：处理好楼梯的结构体系，仔细计算楼梯的各项参数，认真检查梯段交界处扶手的连接。

【例 6-2】 如图 6-7 所示，按 1：1 的比例抄绘楼梯组合体的两视图（不标注尺寸），在侧面投影（W 面投影）的位置完成 1-1 剖面（不标注尺寸），断面部分填充混凝土材料符号。

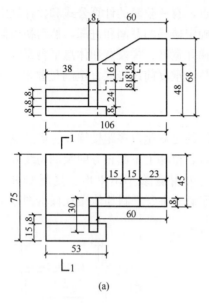

(a)　　　　　　　　　　　　　　(b)

图 6-7　抄绘图形
（a）二视图；（b）直观图

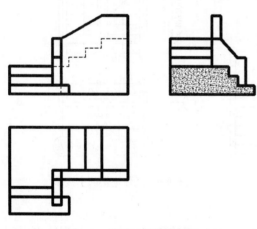

图 6-8　完成三视图和剖面

分析识图：需要画第三视图并画成剖面图，并参看图 6-8 答案。

（1）画三视图需按投影规律：长对正、高平齐、宽相等，需要具备一定的空间想象能力；

（2）可多采用偏移、修剪等方式画出。

作图提示：

1）将图层设置成粗实线层为当前层；

2）绘图工具栏：单击"▢"（矩形）/在绘图区内靠左中间处任意单击一点（作为矩形的第一点）/输入"@106，68⏎"（得到阶梯的 V 面视图的方框图）；

3）绘图工具栏：单击"▢"（矩形）/单击"⌐"（捕捉自）/捕捉 V 面方框图左下角点/输入"@0，−20⏎"（得到 H 面图的方框图左上角点）/输入"@106，−75⏎"（得到阶梯的 H 面视图的方框图）；

4）绘图工具栏：单击"▢"（矩形）/单击"⌐"（捕捉自）/捕捉 V 面方框图右下角点/输入"@20，0⏎"（得到 W 面图的方框图左下角点）/输入"@75，68⏎"（得到阶梯的 W 面视图的方框图）；

5）修改工具栏：单击"▨"（分解）按钮/选中需要分解的 V、H、W 面三个方框图

⌤（将三个方框图分解）；

6）在 V 面视图中，修改工具栏：单击"🕮"（偏移）按钮/输入"8⌤"/选中 V 面图中的底边线/向上空白处单击鼠标左键（偏移出一条间隔为 8 的线，即第一台阶）/再次选中刚偏移的这条线/向上空白处单击鼠标左键（偏移出第二条间隔为 8 的线，即第二台阶），同理继续偏移第三、四、五、六台阶；

同理，偏移出水平方向 38、8 和最上边 23 垂直护台的线条来，偏移出垂直方向 16、53 等，再通过修剪将 V 面视图完成；

7）在 H 面视图中，也用同样的方法，修改工具栏：单击"🕮"（偏移）按钮/输入"15⌤"/选中 H 面图中的底边线/向上空白处单击鼠标左键（偏移出一条间隔为 15 的线，即第一台面）/"⌤"/输入"8⌤"/再次选中刚偏移的这条线/向上空白处单击鼠标左键（偏移出第二条间隔为 8 的线，即第二台面），同理继续偏移护台长宽尺寸为 8×30、另一个护台长宽尺寸为 60×8；再通过修剪将 H 面视图完成；

8）W 面视图中，同样方法作出；填充混凝土方法：绘图工具栏"▨"填充钮/出现"图案填充和渐变色"框（图 4-35）/单击"样例"栏/出现"填充图案选项板"框/单击"其他预定义"选项卡/选中"AR-CONC"样例/比例栏：先设 0.3/单击"添加：拾取点"钮/返回到绘图区/单击需要填充图形的空白中间处/"⌤"/"⌤"（或按"确定"钮，完成填充）。

（5）电梯设计

如今，电梯已越来越普遍地应用到各种建筑中，电梯可以按照不同划分标准分为许多种类（按使用用途，可分为载客电梯和货运电梯等）。但在建筑设计中，各类电梯的表示方法基本一致，图 6-9 即为建筑设计中电梯平面的表示图样。

电梯规格是固定的，有特殊用途的电梯，也可要求厂家定做。在建筑设计中，用户只需制定出电梯在建筑中的平面位置，其他细部一般由电梯公司或专业安装公司来设计完成。电梯平面绘制要表达清楚轿箱、电梯门、平衡锤及控制电梯大小规格。

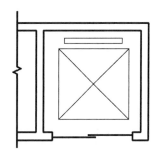

图 6-9　电梯平面图样

（6）台阶及坡道设计

在建筑设计中，台阶及坡道设计也尤为重要。台阶是指为处理楼面或地面的高差设置的踏步。坡道常用于在有车、货物上下或满足残疾人特殊通行要求时设置的。

1）台阶的设计与绘制：台阶的阶数一般不会很多，但不宜少于 3 步，但也有较多踏步的。踏步的设计根据空间和实际需要决定，其形式变化丰富多样，但万变不离其宗，它们总是由直线和弧线组成的。只要掌握了单跑直梯或异形楼梯的设计绘制方法，台阶的设计绘制也就变得非常容易了。台阶可用偏移 OFFSET 命令偏移第一级踏步线或墙线即可完成；若台阶较多，则可结合使用阵列 ARRAY、偏移 OFFSET、复制 COPY 等命令完成。室外台阶没有踏步剖断线，只有踏步方向线，其绘制方法在前面已讲述。另外，还需注意台阶的挡墙宽度及投影的平面绘制。图 6-10 是建筑设计中三种常见的台阶形式。

2）坡道的设计与绘制：坡道的坡长、坡宽、坡度都有一系列的建筑规定，坡道的设

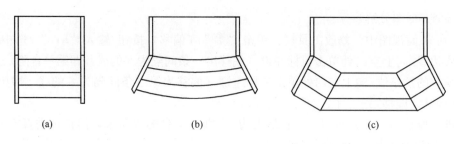

图 6-10　台阶的三种形式

(a) 普通台阶；(b) 圆弧台阶；(c) 异形台阶

计在满足规范规定的前提下，要综合考虑建筑的功能和视觉景观的需要。

坡道的绘制用 AutoCAD 的基本绘图命令按设计尺寸在完成坡道轮廓线后，注明坡道上行或下行方向及坡度即可。坡度值的标注方向应与坡度方向一致。

一般应在双线墙绘制完成后再绘制室外台阶和坡道，因为坡道大都是从外墙边线开始计算其宽度的，因此，它们与双线墙墙体宽度有关。图 6-11 是常见的两种坡道形式。

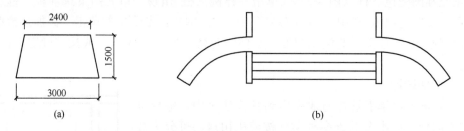

图 6-11　坡道的两种形式

(a) 普通坡道；(b) 台阶带坡道

另外，在建筑的水平交通及垂直交通设计中，还有自动扶梯等其他交通部件的设计。对于这类部件，可以参照上述方法进行设计绘图。例如，自动扶梯可按照其选用规格，以无平台单跑直梯的绘制方法绘制即可。

5. 室内家具及设备布置

为表达符合人的行为心理的建筑设计空间组织、房间的使用性质、人流线路的清晰性和空间使用的合理性，在建筑平面方案初步设计阶段，还要进行常用家具和设备的设计与布置。因为这些家具和设备一般均有规格尺寸，所以可以事先把常用家具（如桌、椅、床、沙发、柜、书架、茶几、花瓶等）和设备（如冰箱、洗衣机、电视机、洗手盆、拖布池、污水池、灶台、炉具、碗框、操作台、蹲便器、浴盆等）做成块放在专门的图库目录下，这些块只需按实际尺寸，用普通的二维绘图命令如多段线 PLINE、直线 LINE、等宽线 TRACE、圆弧 ARC、矩形 RECTANG、椭圆 ELLIPSE、多边形 POLYGON 等即可绘制。如果设计的设备和家具与标准块有出入；可以适当调整比例插入，如果有专业软件，可直接调用专业软件的家具及设备。另外，市面上有一些带建筑图形库的光盘，也可直接从光盘上调用。设备块和家具块的插入与编辑方法与门窗相似，图 6-12 即为使用上述方法绘制的某住宅楼的客厅及卧室的家具布置图。

6. 其他设施

对于建筑中的其他附属构件（如阳台、雨篷、散水、花台、室外环境和布置等），由

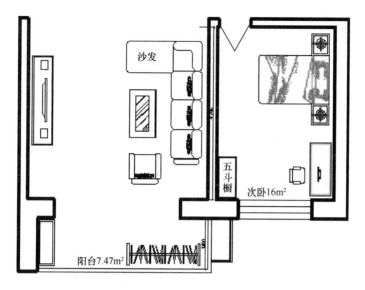

图 6-12　某住宅客厅和卧室家具布置图

于这些附属构件的设计与墙体的厚度有一定关系（包括前面讲述的室外台阶和坡道），并且都是从外墙边线开始计算其构件宽度的。所以可在完成方案设计的主要部分——平面功能分析、平面轴线、柱网、墙体、交通联系的设计后，在初步设计中进一步设计。例如，外墙宽度已明确，在方案设计阶段绘制这些构件应考虑其外墙宽度。这些建筑构件的边线一般与外墙都是平行的，它们的绘制很简单，可以用墙线偏移，然后用直线 LINE、延伸 EXTEND、修剪 TRIM、拉伸 STRETCH、旋转 ROTATE 等命令修改完成。

6.1.4　绘制建筑平面图

以图 6-1 为例绘制建筑平面图。

要求：

①绘图比例采用 1∶100；

②要求线、字体、尺寸应符合我国现行建筑制图国家标准，不同线型应放在不同的图层上，尺寸放在单独的图层上。

分析识图：

（1）该图纵向定位轴有十一条，下边是五条定位轴，相隔分别是 3000、4200、4200、3000；

（2）该图水平方向定位轴有六条，相隔分别是 1500、3000、4200、1500、1200；

（3）三层平面图：长 14540×宽 11640；

（4）一层两个户型，每户是两个卧室、一个客厅、一个餐厅、一个厨房、一个卫生间；

（5）墙厚度为承重墙 240 和非承重 120；

（6）定位轴①-③与Ⓐ-Ⓑ之间是左侧阳台、⑨-⑪与Ⓐ-Ⓑ之间是右侧阳台，阳台墙厚度是 100；

（7）窗口长度是 1400、2100、1200、900、600，①-③和⑨-⑪之间是拉窗，其余为普通窗口；窗的画法是相当于在厚度 240 墙上画间隔为 80 的四条细实线；

（8）门口宽度分别为进户门 1000、其余 900 和 750；

（9）标高分别是 5.600 和 5.580；

（10）楼梯在⑤—⑦轴之间，每个楼梯宽为 300，有九级台阶，可见详图尺寸。

1. 绘图前准备

（1）直接按小于 1∶100 的比例画，标注时需要修改标注或重新建立新的标注样式，将"标注样式管理器"调出/"修改（或新建）"按钮/选项卡"主单位"/"比例因子"栏/输入：100。标注尺寸时自动放大 100 倍。

（2）设置好图层。

2. 画出定位轴线，将图层设置为"点画线"层

（1）先画出纵向①—①定位轴线，长度为 160；再画出水平定位轴线Ⓐ—Ⓐ，长度 180；

（2）绘图工具栏：单击"✎"（直线）按钮/在绘图左下角任意单击一点/输入"160，0␣"；

（3）绘图工具栏：单击"✎"（直线）按钮/在绘图左下角适当位置单击一点/输入"0，180␣"。

3. 偏移纵向定位轴线

修改工具栏：单击"⬥"（偏移）按钮/输入"30␣"/选中①—①定位轴线/向右空白处单击鼠标左键（偏移出一条③—③定位轴线）/按"␣"一次/再按"␣"一次/输入"42␣"/选中③—③定位轴线/向左空白处单击鼠标左键（偏移出一条⑥—⑥线）/再次选中⑥—⑥线/向右空白处单击鼠标左键（偏移出一条⑨—⑨定位轴线）/按"␣"一次/再按"␣"一次/输入"30␣"/再次选中⑨—⑨线/向右空白处单击鼠标左键（偏移出一条⑪—⑪定位轴线）；

同理，在上面也偏移出②—②、④—④、⑤—⑤、⑦—⑦、⑧—⑧、⑩—⑩定位轴线。

4. 偏移水平方向定位轴线

修改工具栏：单击"⬥"（偏移）按钮/输入"15␣"/选中Ⓐ—Ⓐ定位轴线/向上空白处单击鼠标左键（偏移出一条Ⓑ—Ⓑ定位轴线）/按"␣"一次/再按"␣"一次/输入"30␣"/选中Ⓑ—Ⓑ定位轴线/向上空白处单击鼠标左键（偏移出一条Ⓒ—Ⓒ线）/连按两次"␣"/输入"42␣"/选中Ⓒ—Ⓒ定位轴线/向上空白处单击鼠标左键（偏移出一条Ⓓ—Ⓓ线）；

同理，偏移出Ⓔ—Ⓔ、Ⓕ—Ⓕ定位轴线。

修改工具栏：单击"⊱"（修剪）按钮/选中全部偏移出的垂直和水平定位轴线"␣"/单击需要剪掉的线段，修剪后效果如图 6-13 所示。

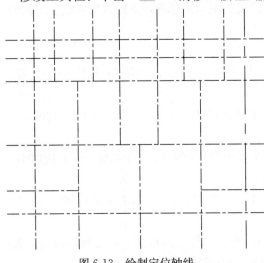

图 6-13　绘制定位轴线

5. 命名定位轴线

（1）将当前图层设置为"文字图层"或"标注图层"；

（2）绘图工具栏：单击"Ａ"（多行文字）/在绘图区由左上向右下拉出矩形框/出现文字格式对话框/在字体框中：设置字体为宋体，字号栏中设置字体大小为5/即可在空白栏中输入文字为1；

（3）绘图工具栏：单击"◎"（圆）/输入"4␣"/在文字1上画出 ϕ8 圆；

（4）修改工具栏：单击"✛"（移动）按钮，将 ϕ8 圆和数字1移动成为①；

（5）设置捕捉"象限点"，鼠标移到"对象捕捉"（对象捕捉）按钮上/"右键"/"设置"/弹出"草图设置"对话框/设置"◇ ☑象限点(Q)"（捕捉象限点）/按"确定"钮；

（6）修改工具栏：单击"❀"（复制）按钮/ 选中①␣/基点为①最上边的象限点/终点为①－①定位轴线的下端点/再次捕捉第二终点③轴线位置，同理，将所有下边定位轴线⑥、⑨、⑪编号复制完成。

同理，单击"❀（复制）"按钮/ 选中①␣/基点为①最下边的象限点/终点为①－①定位轴线的上端点/再次捕捉第二终点②轴线位置，同理，将所有上边定位轴线④⑤⑦⑧⑩⑪编号复制完成；

同理，单击"❀（复制）"按钮/ 选中①␣/基点为①最右边的象限点/终点为Ⓐ－Ⓐ定位轴线的左端点/再次捕捉第二终点Ⓑ轴线位置。同理，将所有左边定位轴线ⒸⒹⒺⒻ编号复制完成；

同理，单击"❀（复制）"按钮/ 选中①␣/基点为①最左边的象限点/终点为Ⓐ－Ⓐ定位轴线的右端点/再次捕捉第二终点Ⓑ轴线位置。同理，将所有右边定位轴线ⒸⒹⒺⒻ编号复制完成。

（7）修改定位轴线编号

1）单个逐字修改方法：可单个双击数字1，返回到文字编辑框，逐个修改数字1为3、6、9、11等，同理再逐个修改成 A、B、C、D、E、F；

2）采用"对象特性"对话框修改（图6-14）：

调出方法：在标准工具栏上单击"🛢（对象特性）"按钮；或快捷键：Ctrl+1；

选中所有需要修改的数字1/单击"对象特性"对话框文字栏右下侧"内容 *多种* …"按钮（空白时点击才会出现）/这时会出现输入"文字格式"对话框，逐个修改定位轴编号，修改完成第一个后/单击"确定"钮或在文字框外单击/再修改第二个定位轴编号，以后同理；完成后的定位轴线编号如图6-15所示。

（8）修改工具栏：单击"╶╱╴"（修剪）按钮/选中全部定位轴线"␣"（空格相当于结束选择）/单击需要剪掉的线段（应该从某一端部剪起，即从左开始或从右开始，从上开始或从下开始）；修剪成如图6-15所示的图形。

图6-14 "对象特性"
对话框

205

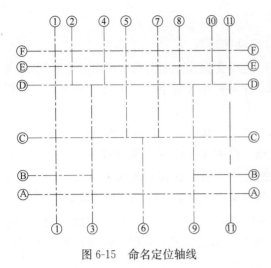

图 6-15　命名定位轴线

6. 画 24 墙线和 12 墙线（图 6-16a）

（1）修改工具栏：单击"△"（偏移）按钮/输入"1.2 ↵"/选中①—①定位轴线/向右空白处单击鼠标左键（偏移出 24 墙的右边墙线）/再次按"⌴"/再次选中①—①定位轴线/向左空白处单击鼠标左键（偏移出 24 墙的左边墙线）/再次按"⌴"/选中②—②定位轴线/向右空白处单击鼠标左键（偏移出②—②轴线 24 墙的右边墙线）/继续按"⌴"/再次选中②—②定位轴线/向左空白处单击鼠标左键（偏移出②—②轴线 24 墙的左边墙线）。同理，偏移所有定位轴线上需要偏移的 24 墙线；

（2）修改工具栏：单击"△"（偏移）按钮/输入"0.6 ↵"/选中④—④定位轴线/向右空白处单击鼠标左键（偏移出 12 墙的右边墙线）/再次按"⌴"/再次选中④—④定位轴线/向左空白处单击鼠标左键（偏移出 12 墙的左边墙线）/再次按"⌴"/选中⑧—⑧定位轴线/向右空白处单击鼠标左键（偏移出⑧—⑧轴线 12 墙的右边墙线）/继续按"⌴"/再次选中⑧—⑧定位轴线/向左空白处单击鼠标左键（偏移出⑧—⑧轴线 12 墙的左边墙线）；

（3）选中刚刚画出的任意一条墙线，将其改为粗实线（应还在选中状态）；单击标准工具栏上的"✐"（特性匹配）按钮/分别点击还需要修改成粗实线的墙线；

（4）修改工具栏：单击"⊬"（修剪）按钮/选中偏移出的垂直和水平墙线⌴/单击需要剪掉的线段，修剪后效果如图 6-16（a）所示。

7. 窗口门口画法

（1）通过偏移方法画出窗口 1400（以左下角 1400 窗口为例）：

修改工具栏：单击"△"（偏移）按钮/输入"8 ↵"/选中①—①定位轴线/向右空白处单击鼠标左键（偏移出 1400 窗口的左边窗线）/按"⌴"/再次按"⌴"/输入"14 ↵"/选中刚刚偏移出 1400 窗口的左边窗线/向右空白处单击鼠标左键（偏移出 1400 窗口的右边窗线）。

（2）画出窗口 2100：

修改工具栏：单击"△"（偏移）按钮/输入"10.5 ↵"/选中③—③定位轴线/向右空白处单击鼠标左键（偏移出 2100 窗口的左边窗线）/按"⌴"/再次按"⌴"/输入"21 ↵"/选中刚刚偏移出 2100 窗口的左边窗线/向右空白处单击鼠标左键（偏移出 2100 窗口的右边窗线）。

通过修剪方法修剪出窗口，其余窗口和门口，也用这种方法画出。也可用复制、镜像方式画出，这些方法的应用以自己熟练会用为主，再学习其他方法。

（3）选中细实线图层为当前层，绘图工具栏：单击"✐（直线）"钮/捕捉 2100 窗口的左下角点/捕捉 2100 窗口的右下角点/"↵"回车结束。

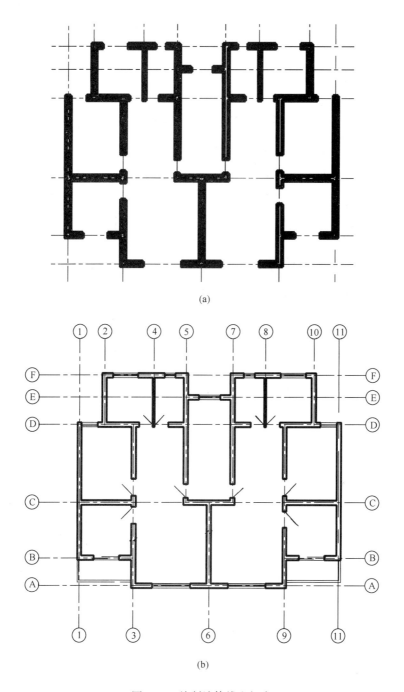

(a)

(b)

图 6-16　绘制墙体线和门窗

（a）绘制墙体实线；（b）绘制门洞和窗口

（4）修改工具栏：单击"⬚"（偏移）按钮/输入"0.8 ↵"/选中刚刚画好的 2100 窗口细实线/向上空白处单击鼠标左键（偏移出 2100 窗口第二条线）/再次选中刚刚偏移的 2100 细实线/向上空白处单击鼠标左键（偏移出 2100 窗口第三条线）/再选中刚刚偏移的 2100 细实线/向上空白处单击鼠标左键（偏移出 2100 窗口第四条线），完成窗口图 ▯══▯。

同理，窗口 1400 为拉窗（即两条相互错开的细实线），其他门也可用直线方法画出（图 6-17）。

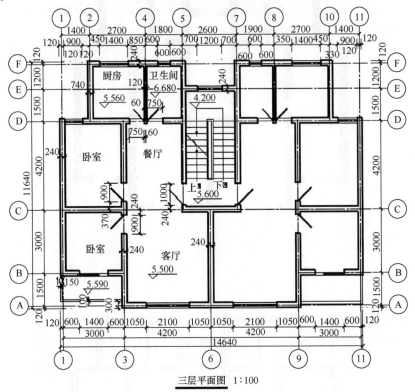

三层平面图 1:100

图 6-17　建筑平面图绘制最终结果

8. 上下楼梯画法

修改工具栏：单击 "🔁"（偏移）按钮/输入 "3 ↵"/选中①—①轴线/向下空白处单击鼠标左键（偏移出第一台阶线）/继续偏移出九级台阶，用画矩形的方法，可画出中间长×宽（280×2820、160×2700）扶手，并画出上、下楼箭头标记，适当修剪完成上下楼梯。

9. 标注文字

厨房、客厅、卫生间，标高标注：先画出标高符号 "▽——"，再标注数字，标注符号下三角左右边长为按直线画法：@5<—45、@5<45，上边直线为 15，单独画出；其他的标高用复制方法，并修改标高数字即可；标注出文字：三层平面图 1:100，并在下面画出一条粗实线。

10. 标注数据

（1）设置标注样式，以"建筑标记"，比例因子为 100；

（2）先标注细部尺寸：即最靠 24 墙的尺寸（即最里面尺寸），先点击"线性"标注/分别捕捉标注的两个点/拉出尺寸线选好适当位置单击鼠标/再次点击"连续"标注/继续选择标注的第三点/继续选择标注的第四点/继续点击下去；

（3）第二层尺寸标注为定位轴线尺寸：先点击"线性"标注/分别捕捉标注①—①和③—③间定位轴线标注点，标出 3000/再次点击"连续"标注/捕捉⑥—⑥定位轴线标注点，标注出 4200/捕捉⑨－⑨定位轴线标注点，标注出 4200/捕捉⑪－⑪定位轴线标注点，标注出 3000；

（4）最外层标注为总体尺寸：标注出 14640；

（5）同理，垂直标注也用同样方法标出。

6.2 建筑立面图的绘制应知常识与技能精讲

建筑立面图是在与建筑物立面平行的投影面上投影所得的投影图。原则上东西南北每一个立面都要绘制出它的立面图。

建筑立面图一般以 1∶100 的比例绘制（也可用 1∶50 或 1∶200）。

通常把反映建筑物主要出入口或反映主要造型特征的立面图称为正立面图，相应地把其他各立面图称为侧立面图和背立面图；立面图也可按建筑物的朝向称为正方面图，如南立面图、东立面图等；也可按立面图两端的轴线编号从左至右去命名，如①－⑤轴立面图、Ⓐ－Ⓑ轴立面图等。

6.2.1 建筑立面图

建筑立面图是反映建筑外部空间关系、门窗位置、形式与开启方式、室外装饰布置及建筑结构形式等最直观的手段，它是三维模型和透视图的基础。一栋建筑设计的外观好坏，取决于建筑的立面设计。根据观察方向不同可能有几个方向的立面图，而立面图的绘制是建立在建筑平面图的基础上的，它的尺寸在宽度方向受建筑平面图束缚，而高度方向的尺寸是根据每一层的建筑层高及建筑部件在高度方向的位置而确定的。

6.2.2 建筑立面图的三个设计阶段

建筑立面图设计也可分为方案设计、初步设计及施工图设计三个阶段。

1. 方案设计阶段

方案设计阶段的立面图一般根据平面图设计方案绘制，在完成草图后，再到计算机中绘制。方案设计阶段立面图表达的内容比较简单，主要表达的内容是墙体、门窗、阳台、雨篷、踏步、散水等建筑部件的大体形式和位置，确定各部件的初步尺寸，这些尺寸不必十分准确。

2. 初步设计阶段

初步设计阶段的建筑立面图是以方案设计阶段的立面图、城市规划要求、使用方造型要求及总体初步方案造型为根据，对单体建筑立面设计的具体化。设计师应该仔细分析使用方提出的具体要求，分析周围建筑立面设计、城市规划因素、建筑用途等，进行大的轮廓设计，然后再进行立面的具体划分以及门窗造型、装饰设计等。在设计绘图过程中，应根据平面设计的图形划分和门窗定位确定尺寸，协调相互之间的关系，使之组合成一个有机整体。

在充分分析和比较的基础上，建筑师就应该有一个该建筑的初步立面轮廓概念，对立面布局及总体尺寸有大致的把握。此时，即可上机进行细致的立面图绘制。

与方案设计阶段的立面相比，初步设计阶段的建筑立面设计的尺寸应该基本准确，可以标注水平尺寸和标高。门窗需要用比较准确的形状表示，墙体轮廓需画粗线，其他装饰部件也必须准确表达。

3. 施工图设计阶段

施工图设计阶段是指在方案设计阶段及初步设计阶段的立面图基础上确定墙体、门窗、阳台、雨篷、踏步、散水、女儿墙等建筑部件的准确形状、尺寸、材料、色彩及施工方法。建筑立面图设计还只是停留在可行性研究的基础上，它仅仅是把修建建筑的设想反映到图纸上，还不能把它用于建筑施工。要把设计方案图付诸实践，就必须进行建筑施工图设计。建筑立面施工图必须表明建筑各部件的位置、构造做法、材料、尺寸、细部节点，文本说明也要十分详尽，注明建筑所采用的标准图集号或做法。图 6-18 即为某宿舍楼的北立面施工图。

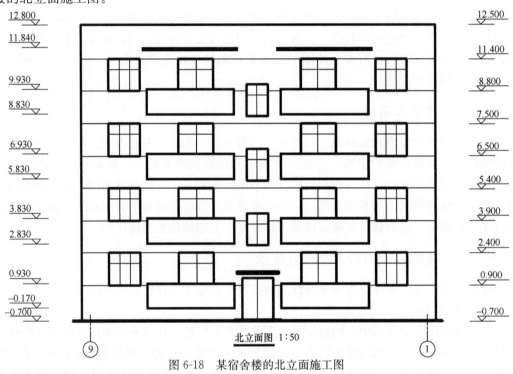

图 6-18　某宿舍楼的北立面施工图

6.2.3　绘制建筑立面图的方法

在绘制建筑立面图的过程中要有一定的顺序，但也没有统一规定。在传统的手工绘图中，一般是在完成建筑平面施工图绘制后进行立面图的绘制，因为建筑平面施工图是立面图的基础，所以建筑平面施工图的修改将给立面图的修改带来巨大的工作量。但在运用 AutoCAD 辅助建筑设计的过程中，则可完全打破这一束缚，可以利用 AutoCAD 便于修改的强大功能任意选定某一类图纸进行设计绘图。用 AutoCAD 绘制立面图的两种基本方法如下：

1. 各向独立绘制立面图

绘制建筑立面图时必须先绘制建筑平面图。这种立面图绘制方法如同手工绘图，即直接调用平面图，关闭不要的图层，删去一些不必要的图素，根据平面图某方向的外墙、外门窗等位置和尺寸，按照"长相等、高平齐、宽对正"的原则直接用 AutoCAD 绘图命令绘制某方向的建筑立面投影图。在绘制时可以用设置捕捉模式 OSNAP 命令和直线 LINE

命令绘制一些辅助线帮助准确定位。这种绘图方法简单、直观、准确，是最基本的绘图方法，能体现出计算机绘图定位准确、修改方便的优势，但它产生的立面图是彼此分离的，不同方向的立面图必须独立绘制。

2. 模型投影法绘制立面图

该方法是利用 AutoCAD 建筑建模准确、消隐迅速的功能。首先建立起建筑的三维模型（可以是建筑物外观三维面模型，也可以是实体模型），然后通过选择不同视点观察模型并进行消隐处理，得到不同方向的建筑立面图。这种方法的优点是它直接从三维模型上提取二维立面信息，一旦完成建模工作，就可以得到任意方向的建筑立面图。用户可在此基础上进行必要的补充和修改，生成不同视点的室外三维透视图，很多专业的 CAD 软件即采用这种方法生成立面图。具体做法是在各建筑平面图中关闭无用图层，删除不必要图素后组合起来，根据平面图的外墙、外门窗等的位置和尺寸，构造建筑物表面三维模型或实体模型。一般为了减小此三维模型的数据量，只需建立建筑的所有外墙和屋顶表面模型即可。

本书将以大多数建筑设计人员采用的传统绘制方法具体讲述建筑立面图的绘制，即各向独立绘制建筑立面图法。

（1）准备绘制立面图的平面图素

在建筑设计中，平面图决定立面图。但建筑立面施工图并不需要反映建筑内部墙、门窗、家具、设备、楼梯等构件以及平面图中的文本标注等，而且过多的标注和构件还会影响用户进行三维图形的绘制和观察，因此，在进行三维图形的绘制之前，首先应将这些无关图形删去或关闭所在层。

作为生成立面图基础的平面图中需要保留的构件有外墙、台阶、雨篷、阳台、室外楼梯、外墙上的门窗花台、散水等。删除与立面生成无关的内容时，可框选要删除的图形，再用 R 或 A 选项取消或增加一些选择对象。

若建筑物每层变化不大，可以选择一层或标准层平面作为生成立面的基础平面。但若建筑物的形体起伏变化较大，各层平面差别较大，如高层建筑物裙楼、塔楼、楼顶层等就必须每层开分处理，分别利用各部分生成立面，然后加以拼接调整完成整体立面图。

（2）绘制墙体立面

以得到的平面图为基础，依据建筑墙体尺寸和层高，生成墙体立面（一般墙轮廓线为粗实线，各层连接处不能断开），然后以平面图为基础绘制立面图；依据屋顶形式和女儿墙的高度（一般上人屋顶女儿墙高度为 900～1200mm，非上人屋顶女儿墙高度为 500～600mm，平层顶和坡屋顶没有女儿墙）生成屋顶立面。绘制墙体可以以轴线和平面墙体轮廓作为参考，用直线 LINE、多段线 PLINE、构造线 XLINE、偏移 OFFSET 等命令绘制。在绘制墙体时，可以单独为外墙设计设置绘图环境，打开"轴线"层和"墙体"层，设定栅格间距和光标捕捉模数为 100（因为建筑设计规范规定建筑立面图的模数一般为100mm），并打开捕捉功能（F9），坐标处于跟踪模式（F6），打开正交模式（F8）。下面将具体讲解绘制墙线的方法与技巧。

在立面设计中，上一层立面总是基于下一层平面的外墙轮廓，因此在完成一层平面图后，可以复制后进行修改得到二、三、四层甚至其他层立面。直接用绘图命令来绘制墙体的方法在外墙轮廓线有规律地重复出现时显得复杂而且效率低，利用 AutoCAD 中的图素复制工具，如复制 COPY、阵列 ARRAY、镜像 MIRROR、偏移 OFFSET 等命令可以方便快速地大量复制有规律排列的墙线。

在用各种方法绘制出立面墙线后，还需要对墙线进行编辑，如墙线和其他轮廓线的接头、断开、延伸、删除、圆角、移动等。对于墙线的接头、圆角都可以使用 FILLET 命令，赋以圆角半径为 0 时，两线接直角，半径大于 0 时，两线接圆角；墙线倒斜角用 CHAMFER 命令可制作不同斜度的切角；其他如延伸 EXTEND、修剪 TRIM、打断 BREAK、删除 ERASE 命令也都是十分常用的编辑命令，用户应熟练掌握。

（3）绘制门窗立面

在方案草图设计过程中，立面门窗可能只是一些标明的位置或洞口，进入建筑初步设计阶段，绘制完成立面墙线后，就需要将它们仔细绘制出来。此时应依据建筑的门窗形式和尺寸及门窗离地面高度绘制立面门窗。

门窗的大小、高度应符合建筑模数。一般门窗的尺寸都有一定的规定，如普通门高为 2m，入口防盗门宽度为 1m，高窗底框高度应为 1.5m 以上，一般窗户底框高度应为 0.9m。门的宽度、高度及门的立面形式是根据门平面的位置和尺寸及人流量要求确定的；窗的大小及种类是根据窗平面的位置和尺寸，房间的采光要求、使用功能要求及建筑造型要求确定的。在工程项目的设计中，设计师应该尽量减少门窗的种类和数量。

在用 AutoCAD 绘制门窗时，最佳方法是先根据不同种类的门窗制作一些标准的立面门窗块，在需要时根据实际尺寸指定比例缩放插入，或直接调用建筑专业图库的图形。

（4）绘制其他部件立面

绘制好立面墙体和门窗后，则可依据台阶、雨篷、阳台、室外楼梯、花台、散水等建筑部件的具体平面位置和高度位置绘制其立面形状，依据方案设计中的装饰方案绘制特殊的装饰部件。在绘制这些部件时，需要注意的是这些部件在平面的位置和高度方向的位置。绘制的命令主要是一些平面的二维绘图命令和二维编辑命令。

6.2.4 绘制门厅正立面图（比例 1∶100）（图 6-19）

分析：

门厅是一种简单的建筑形式，本节以门厅正立面图为代表讲述立面绘制的基本方法。

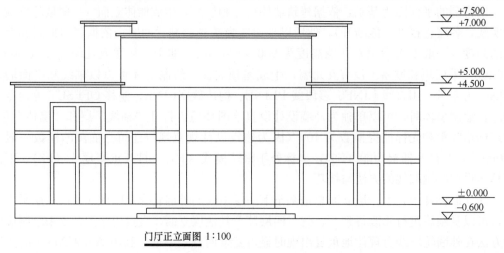

门厅正立面图 1∶100

图 6-19 门厅正立面图

门厅正立面图按结构绘制过程为：先绘制主要轮廓，然后绘制台阶与正门立面，再绘制两边建筑结构与顶部结构，最后进行相关尺寸标注与文字标注。

1. 绘制主要轮廓

主要轮廓绘制步骤如下：

（1）在 AutoCAD 程序中，打开图层工具栏，选择图层特性管理器图标"🖳"，则系统弹出"图层特性管理器"对话框。在"图层特性管理器"对话框中单击"新建"按钮，新建图层"辅助线"，一切设置采用默认设置，然后双击新建的图层，使得当前图层是"辅助线"。单击"确定"按钮退出"图层特性管理器"对话框。

（2）打开绘图工具栏，选择构造线命令图标"✐"，绘制一根竖直构造线和一根水平构造线，组成"十"字构造线，如图 5-7 所示。

（3）打开修改工具栏，选择偏移命令图标"🖴"，让竖直构造线连续往左偏移 6000 距离、5000 距离、6000 距离。打开修改工具栏，选择偏移命令图标"🖴"，让水平构造线连续往上偏移 600 距离、5000 距离、2000 距离和 500 距离。这样就形成门厅的初步轴线网，绘制结果如图 6-20 所示。

（4）打开图层工具栏，选择图层特性管理器图标"🖳"，则系统弹出"图层特性管理器"对话框。在"图层特性管理器"对话框中单击"新建"按钮，新建图层"建筑"，一切设置采用默认设置，然后双击新建的图层，使得当前图层是"建筑"。单击"确定"按钮退出"图层特性管理器"对话框。打开绘图工具栏，选择直线命令图标"✐"，根据轴线网绘制出门厅的大致轮廓，结果如图 6-21 所示。

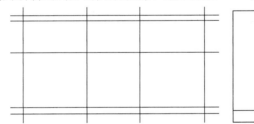

图 6-20　门厅主要辅助线网格

图 6-21　门厅主要轮廓线

2. 绘制台阶

台阶绘制步骤如下：

（1）打开修改工具栏，选择偏移命令图标"🖴"，让最下边水平直线连续往上偏移 200 距离两次。这样就形成台阶的横向线条，绘制结果如图 6-22 所示。

（2）打开修改工具栏，选择偏移命令图标"🖴"，让中间的两条竖直直线每条连续往外偏移 400 距离两次。这样就形成台阶的竖向线条，绘制结果如图 6-23 所示。

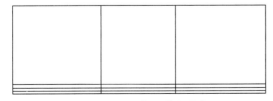

图 6-22　绘制台阶横向线条

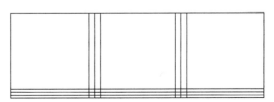

图 6-23　绘制台阶竖向线条

（3）最后打开修改工具栏，选择修剪命令图标"✂"，修剪掉不需要的部分，就形成了台阶，绘制结果如图6-24所示。

3. 绘制正门立面

正门立面绘制步骤如下：

（1）打开修改工具栏，选择偏移命令图标"🗀"，让中间的两条竖直直线每条往里偏移1000距离。打开修改工具栏，选择偏移命令图标"🗀"，让中间的水平直线往上偏移3000距离，绘制结果如图6-25所示。

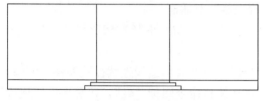

图6-24 台阶绘制结果　　　　　　图6-25 偏移操作结果

（2）打开修改工具栏，选择偏移命令图标"🗀"，让上一步的水平偏移结果往下偏移400距离。打开修改工具栏，选择偏移命令图标"🗀"，让上一步竖直偏移得到的两条竖直线都往里偏移300距离。这样得到正门的主要框架，包括立柱和横梁。绘制结果如图6-26所示。

（3）打开修改工具栏，选择修剪命令图标"✂"，修剪掉不需要的部分，就得到正门厅间的主要结构，绘制结果如图6-27所示。

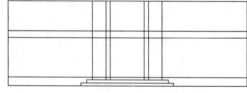

图6-26 绘制正门主要结构　　　　图6-27 正门主要结构绘制结果

（4）打开修改工具栏，选择偏移命令图标"✂"，让中间的水平线往下偏移600距离。然后打开绘图工具栏，选择直线命令图标"✏"，捕捉偏移得到的直线的中点绘制竖直线到底部，得到感应门的绘制结果。这样正门厅间立面就绘制好了，绘制结果如图6-28所示。

4. 绘制两边建筑

两边建筑绘制步骤如下：

（1）打开绘图工具栏，选择直线命令图标"✏"，捕捉横梁左上角点绘制水平直线，然后打开修改工具栏，选择偏移命令图标"🗀"，让所得直线往下偏移150距离，得到侧面房间的一根水平横梁，绘制结果如图6-29所示。

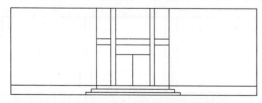 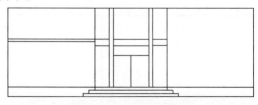

图6-28 正门厅间立面绘制结果　　　　图6-29 绘制水平横梁

（2）打开修改工具栏，选择偏移命令图标"⟟"，让上一步的水平横梁往下偏移 1000 距离，得到侧面房间的下边的水平横梁。然后打开修改工具栏，选择偏移命令图标"⟟"，让最左边的竖直线往右偏移 1500 距离，该房间最右边的竖直线往左偏移 1000 距离，绘制结果如图 6-30 所示。

（3）可以发现，该房间竖直线"冒头"了，需要把下边的多余部分剪掉。打开修改工具栏，选择修剪命令图标"⟋"，修剪掉下面冒头的部分，绘制结果如图 6-31 所示。

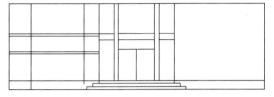

图 6-30　偏移操作结果

图 6-31　修剪操作结果

（4）打开修改工具栏，选择偏移命令图标"⟟"，让两条竖直线往右偏移 150 距离，得到侧面房间的结构柱。绘制结果如图 6-32 所示。

（5）打开修改工具栏，选择偏移命令图标"⟟"，让房间的右边的结构柱往左偏移 1000 距离，得到另一根结构柱。打开修改工具栏，选择偏移命令图标"⟟"，让房间的上边的结构横梁往上偏移 1000 距离，得到另一根结构横梁，绘制结果如图 6-33 所示。

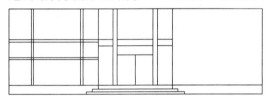

图 6-32　偏移操作结果

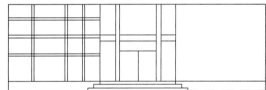

图 6-33　偏移得到结构柱

（6）打开绘图工具栏，选择直线命令图标"⟋"，绘制两根结构柱之间的横线，然后打开绘图工具栏，选择直线命令图标"⟋"，捕捉横线的中点绘制竖直线到房间底部。最后打开修改工具栏，选择偏移命令图标"⟟"，让竖直线往两边都偏移 75 距离，绘制结果如图 6-34 所示。

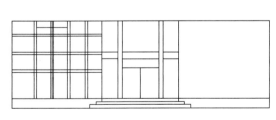

图 6-34　绘制主要结构

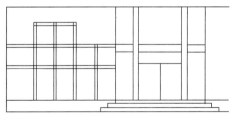

图 6-35　侧面房间主要结构

（7）打开修改工具栏，选择修剪命令图标"⟋"，修剪掉不需要的部分，就得到侧面房间的主要结构，绘制结果如图 6-35 所示。

（8）对于上一步的结果需要进一步修改。打开修改工具栏，选择修剪命令图标"⟋"，修剪掉不需要的部分，使得立面上的主要结构相连通，这样主要结构更为突出。绘制结果如图 6-36 所示。

（9）打开修改工具栏，选择偏移命令图标"🔲"，让房间上边的水平直线往下连续偏移 100 距离两次，得到屋面的构造，如图 6-37 所示。

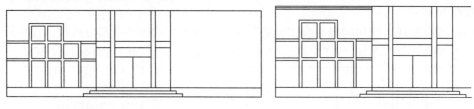

图 6-36　侧面房间的主要结构　　　　图 6-37　侧面房间的屋面构造

（10）打开修改工具栏，选择镜像命令图标"🔺"，把侧面房间进行镜像操作，得到右边的侧面房间。这样，侧面房间就绘制好了，绘制结果如图 6-38 所示。

5. 绘制门厅顶部

门厅顶部结构绘制步骤如下：

（1）打开修改工具栏，选择偏移命令图标"🔲"，让顶部的水平构造线连续往上偏移 2000 距离和 500 距离，接着同样让顶部的水平构造线连续往下偏移 500 距离，得到门厅顶部的水平构造线。打开修改工具栏，选择偏移命令图标"🔲"，让门厅最左边的竖直构造线往右连续偏移 3000 距离、1500 距离、500 距离和 1000 距离，得到门厅左半部分的竖直构造线。在右边部分同样进行相应的对称操作，就能得到门厅顶部主要构造线，绘制结果如图 6-39 所示。

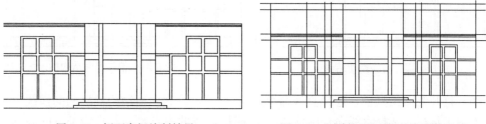

图 6-38　侧面房间绘制结果　　　　图 6-39　绘制门厅顶部的主要构造线

（2）打开绘图工具栏，选择直线命令图标"✏"，根据构造线绘制直线。然后打开修改工具栏，选择修剪命令图标"🔳"，修剪掉被遮挡住的部分，得到门厅顶部的主要结构。绘制结果如图 6-40 所示。

（3）打开修改工具栏，选择偏移命令图标"🔲"，让前部结构的两条竖直边界往里偏移 200 距离。然后打开绘图工具栏，选择直线命令图标"✏"，根据图 6-41 绘制直线，把直线连接起来。

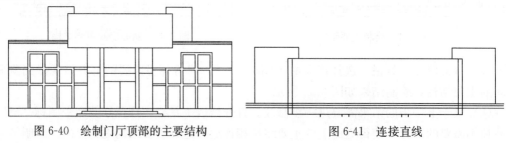

图 6-40　绘制门厅顶部的主要结构　　　　图 6-41　连接直线

（4）打开修改工具栏，选择修剪命令图标"⚡"，修剪掉被遮挡住的部分和多余的直线，结果如图 6-42 所示。

（5）采取和前面绘制房间顶板同样的办法，绘制门厅顶部的各个房间的顶板，绘制结果如图 6-43 所示。

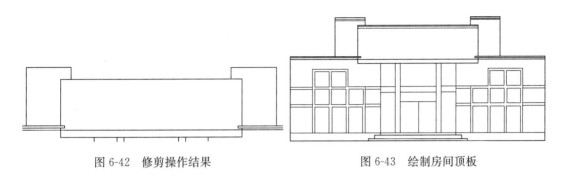

图 6-42　修剪操作结果　　　　　　　　图 6-43　绘制房间顶板

（6）采取同样的细化房间顶板的方法，细化房间顶部，细化结果如图 6-44 所示。这样，立面图基本上就绘制好了。下一步是要进行尺寸标注和文字说明。

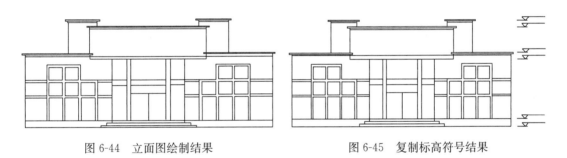

图 6-44　立面图绘制结果　　　　　　　图 6-45　复制标高符号结果

6. 尺寸标注和文字说明

尺寸标注与文字说明包括标高与图名，其绘制步骤如下：

（1）打开图层工具栏，选择图层特性管理器图标"⚞"，则系统弹出"图层特性管理器"对话框。在"图层特性管理器"对话框中单击"新建"按钮，新建图层"标注"，一切设置采用默认设置，然后双击新建的图层，使得当前图层是"标注"。单击"确定"按钮退出"图层特性管理器"对话框。打开绘图工具栏，选择直线命令图标"／"，在空白处绘制一个标高符号，绘制结果类似图 4-125 所示。

（2）调出修改工具栏，选择复制命令图标"❀"，把标高符号复制到需要进行标高标注的主要层次线上，绘制结果如图 6-45 所示。

（3）调出绘图工具栏，选择多行文字命令图标"**A**"，在各个标高符号上标出各自的标高。绘制结果如图 6-46 所示。

（4）调出绘图工具栏，选择多行文字命令图标"**A**"，在图形的正下方选择文字区域，则系统弹出"文字格式"对话框，在其中输入"门厅正立面图 1：100"，字高为 300。然后打开绘图工具栏，选择直线命令图标"／"，在文字下方绘制一根线宽为 0.3mm 的直线，这样就全部绘制好了。最终绘制结果如图 6-47 所示。

217

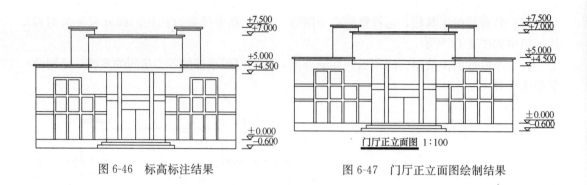

图 6-46　标高标注结果

图 6-47　门厅正立面图绘制结果

6.3　建筑剖面图的绘制应知常识与技能

剖面图的绘制与平面图、立面图的不同之处在于它多了楼梯和扶手的绘制，其他绘制方法与平面图相同。

剖面图一般以 1∶100 或 1∶50 的比例绘制。

6.3.1　剖面图的概念

一栋建筑的设计用平面图和立面图是难以完全表达建筑的整体构造的。如楼梯的构造、梁柱的结构布置和室内门窗、室内装饰部件的布置等就必须有剖面图才能表达得更清楚。建筑剖面图是反映建筑物内部空间关系和室内门窗、室内装饰部件、楼梯及室内特殊构造的有效手段。设计绘制建筑剖面图的目的是为了表达建筑物内部空间及结构构造。建筑剖面图是假设剖切平面沿指定位置将建筑物切成两部分，并沿剖视方向进行平行投影得到的平面图形。一般将剖面图的剖切位置设定在最能表达建筑空间构造，但又是最简单的地方。

6.3.2　建筑剖面图的设计阶段

建筑剖面图设计也可分为方案设计、初步设计及施工图设计三个阶段。

1. 方案设计阶段

方案设计阶段的剖面图一般根据平面图设计方案绘制，在完成草图后，再在计算机中绘制。方案设计阶段剖面图表达的内容比较简单，主要表达的内容是剖切部分墙体、门窗、楼梯、地面、屋顶等建筑部件的大体形式和位置，确定各部件的初步尺寸，这些尺寸可以不必十分准确。一些用户在方案设计阶段往往不绘制剖面图，而只用平面图和立面图表达建筑形体。

2. 初步设计阶段

初步设计阶段的建筑剖面图是以方案设计阶段的立面图、剖切位置、剖切方向和剖切对象为根据，对单体建筑剖面设计的具体化。在充分分析和比较的基础上，建筑师应该有了一个该建筑的剖切位置的大体轮廓概念。此时，即可上机进行细致的剖面图绘制。

与方案设计阶段的剖面相比，初步设计阶段的建筑剖面设计的剖切轮廓和尺寸应该基本准确。剖切到的墙体应该用粗实线表示，中间应该填充墙体材料的相应表达方式，未剖切到但能看到的墙体应该用细实线表示其轮廓；剖切到的梁、地板、门窗、楼梯、地面、雨棚、屋顶等部件轮廓应该用粗实线表示，中间应该填充其采用材料的相应表达方式；未剖切到但能看到的门窗、楼梯、地面、雨棚、屋顶等部件应该用细实线表示其轮廓；剖切到的梁、墙体、楼梯在剖面图比例较小时将外轮廓以内的部分填实即可。本书所指的建筑剖面图设计即指方案设计及初步设计阶段。

3. 施工图设计阶段

建筑剖面图设计还不能用于建筑施工。剖面施工图设计阶段是指在方案设计阶段及初步设计阶段的剖面图基础上确定墙体、门窗、楼梯、梁、柱、地面及屋顶等建筑剖件的准确形状、尺寸、材料、色彩及施工工艺与施工方法。建筑剖面施工图必须表明剖切到的建筑各部分的位置、构造做法、材料、尺寸、细部节点、引用图集、制作标准等，设计说明及尺寸标注也要十分详尽。图 6-48 即为某住宅楼Ⓐ－Ⓒ轴剖面施工图。

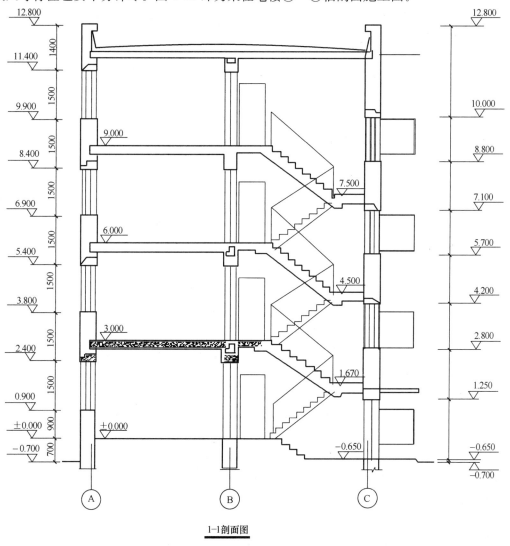

1-1剖面图

图 6-48　某住宅楼Ⓐ－Ⓒ轴剖面施工图

6.3.3 绘制建筑剖面图的方法

在绘制建筑剖面图之前，应选择最能表达建筑空间结构关系的部位来绘制剖面图，一般应在主要楼梯部位剖切。可以采用如下两种方法绘制建筑剖面图：

第一种：二维绘图的方法。这种绘图方法直观，从时间和经济效益来讲比较合算，它的绘制只需以建筑的平面、立面为其生成基础，根据建筑形体的情况绘制，这种方法适宜于从底层开始向上。

第二种：三维方法绘制剖面图。这一种绘制剖面图的方法是以已生成的平面图为基础，依据立面设计提供的层高、门窗等有关情况，将剖面图中剖切到或看到的部分保留，然后从剖切线位置将与剖视方向相反的部分剪去，并给剩余部分指定基高和厚度，得到剖面图三维模型的大体框架，然后以它为基础生成剖面图。如果想用计算机精确地绘制剖面图，也可以把整个建筑物建成一个实体模型，但是这样必须详尽地将建筑物内外构件全部建成三维模型，其工作量大，占用的计算机空间大，处理速度较慢，从时间和效率来看很不经济。

绘制剖面图可以从以下几个方面着手：

1. 准备绘制剖面图的平面、立面图素

在建筑设计中，平面、立面决定剖面。作为剖面生成基础的平面图和立面图中需保留的构件有沿剖视方向剖切到的外墙、台阶、雨篷、阳台、楼梯、门窗、花台、散水及屋顶等。

若建筑物每层变化不大，可以选择一层或标准层平面作为生成剖面的基础平面，但若建筑物的形体起伏变化比较大，各层平面差别较大，如高层建筑物裙楼、塔楼、楼顶层等就必须每层分开处理，分别利用各部分生成剖面，然后加以拼接调整完成整体剖面图。

2. 绘制墙体剖面

以上面所讲述的平面图及立面图为基础，依据建筑的外墙尺寸和层高，生成外墙剖面（一般外墙轮廓线为粗实线，各层连接处不能断开），然后以平面图为基础绘制平面图中沿剖视方向未剖切到但能看到的剖分墙体；依据屋顶形式和女儿墙的高度，生成屋顶剖面。

绘制墙体可以以轴线和平面墙体轮廓作为参考，用直线 LINE、多段线 PLINE、偏移 OFFSET 等命令绘制。在绘制墙体时，可以设定栅格间距和光标捕捉模数为 100（因为建筑设计规范规定建筑剖面的模数一般为 100mm），并打开捕捉功能（按［F9］键），使坐标处于跟踪模式（按［F6］键），打开正交模式（按［F8］键）。

在剖面设计中，上一层剖面的墙体基本上总是基于下一层平面的外墙轮廓，因此在完成一层平面后，可以在复制后进行修改得到二、三、四层甚至其他层剖面。墙轮廓线有规律地重复出现时可用复制如 COPY（复制）、ARRAY（阵列）、MIRROR（镜像）、OFFSET（偏移）等命令方便快速地复制有规律排列的墙线。

3. 绘制门窗剖面

在方案草图设计过程中，剖面门窗可能只是一些标明的位置或洞口，进入建筑初步设计阶段，绘制完成剖面墙线后，就需要将它们仔细绘制出来。此时应依据建筑的门窗形式和尺寸、门窗离地面高度绘制门窗剖面。

在用 AutoCAD 绘制门窗时，最佳方法是事先根据不同种类的门窗制作一些标准立面门、窗块，在需要时根据实际尺寸指定比例缩放插入，或直接调用建筑专业图库的图形。

4. 绘制楼梯

在剖面图中表现的重点主要是楼梯，绘制楼梯图的工作量最大，在此以如图 6-48 所示的某住宅楼建筑剖面图为例进行说明。

楼梯剖切到的部分有梯段、楼梯平台、栏杆等。制图规范规定剖切到的梯段和楼梯平台以粗实线表示，能观察到但未被剖切到的梯段和楼梯栏杆等用细实线绘制。如果绘图比例大，剖切到的梯段和楼梯平台中间应填充材质，因此可以根据出图比例指定宽度。用 LINE 或 PLINE 命令绘制出剖切到的踏步，先绘制一个踏步，然后用多重复制的方式依次复制，最后形成整个部切梯段。还有一种方法是建立用户坐标系，在绘制完一个踏步后，用阵列 ARRAY 命令沿 Y 轴方向阵列，完成踏步剖切线后，再用多段线 PLINE 命令绘制出楼梯平台及踏步另一侧的下沿轮廓线，用图案填充 HATCH 命令填充剖切部分材质。

5. 绘制其他部件

绘制好剖面墙体和门窗后，就可以依据台阶、雨篷、阳台、楼梯、花台、散水等建筑部件的具体位置和高度位置绘制其剖面形状，依据方案设计中的装饰方案绘制特殊的装饰部件。在绘制这些部件时，需要注意的是这些部件在平面的位置和高度方向的位置。其中使用到的绘制命令主要是一些平面的二维绘图命令和二维编辑命令。

6.3.4 绘制小楼建筑剖面图（图 6-49）

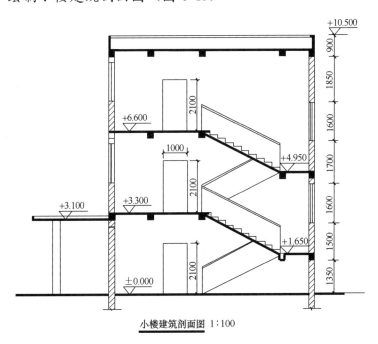

图 6-49 小楼建筑剖面图

1. 绘制辅助线步骤如下：

（1）在 AutoCAD 程序中，打开图层工具栏，选择图层特性管理器图标"🐢"，则系统弹出"图层特性管理器"对话框。在"图层特性管理器"对话框中单击"新建"按钮，新建图层"辅助线",一切设置采用默认设置。然后双击新建的图层,使得当前图层是"辅助线"。单击"确定"按钮退出"图层特性管理器"对话框。

(2)按下"F8"键打开"正交"模式。打开绘图工具栏,选择构造线命令图标"✓",绘制一条水平构造线和一条竖直构造线,组成"十"字构造线,如图5-7所示。

(3)打开修改工具栏,选择偏移命令图标"△",让水平构造线连续往上偏移3300距离三次,得到水平方向的辅助线。打开修改工具栏,选择偏移命令图标"△",让竖直构造线连续分别往右偏移3300距离、8200距离,得到竖直方向的辅助线。它们和水平辅助线一起构成主要辅助线网,如图6-50所示。

2. 绘制主要框架

框架绘制步骤如下:

(1)打开绘图工具栏,选择直线命令图标"✓",根据辅助线绘制两根竖直直线,然后打开修改工具栏,选择偏移命令图标"△",让绘制的竖直直线分别往两边偏移120距离,得到主要墙体,绘制结果如图6-51所示。

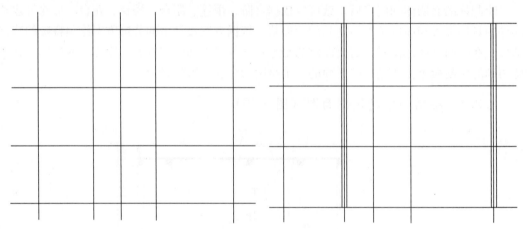

图6-50　主要辅助线网　　　　　　　图6-51　绘制主要墙体

(2)打开绘图工具栏,选择直线命令图标"✓",根据辅助线绘制三根水平直线,然后打开修改工具栏,选择偏移命令图标"△",让绘制的水平直线往下偏移100距离,得到主要楼板,绘制结果如图6-52所示。

(3)绘制楼顶的护栏。打开修改工具栏,选择偏移命令图标"△",让顶层的楼板线往上偏移600距离,所得直线再往下偏移100距离。打开绘图工具栏,选择直线命令图标"✓",在两端绘制直线把护栏和顶层连接起来。最后打开修改工具栏,选择偏移命令图标"△",让连接线往里偏移100距离,结果如图6-53所示。

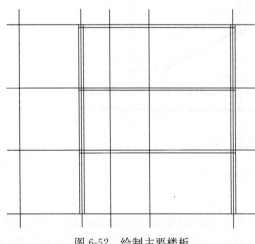

图6-52　绘制主要楼板

（4）绘制进楼的门厅。打开修改工具栏，选择偏移命令图标"⬚"，把地面线往上偏移 3200 距离，然后打开修改工具栏，选择修剪图标"⊹"，把两端多余的线条修剪掉，得到一条直线，结果如

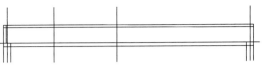

图 6-53　楼顶护栏绘制结果

图 6-54 所示。打开修改工具栏，选择偏移命令图标"⬚"，把所得直线连续往下偏移 100 距离两次。打开绘图工具栏，选择直线命令图标"✐"，在左端把偏移线都连接起来。打开修改工具栏，选择偏移命令图标"⬚"，让连接线往右偏移 100 距离，得到门厅顶板，结果如图 6-55 所示。

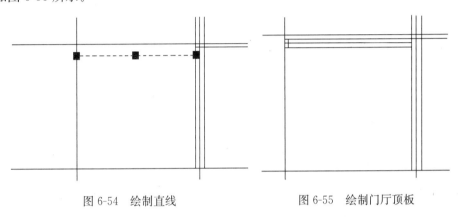

图 6-54　绘制直线　　　　　　　　　图 6-55　绘制门厅顶板

（5）打开修改工具栏，选择修剪图标"⊹"，把多余的线条修剪掉，得到具有剖视效果的门厅顶板，绘制结果如图 6-56 所示。

（6）打开修改工具栏，选择偏移命令图标"⬚"，把最左边的竖直构造线往右连续偏移 900 距离和 300 距离，得到立柱的辅助线，结果如图 6-57 所示。

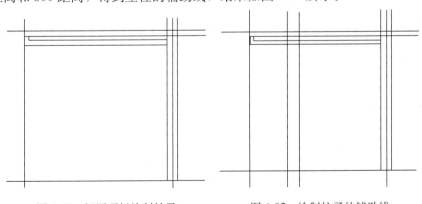

图 6-56　门厅顶板绘制结果　　　　　图 6-57　绘制柱子的辅助线

（7）打开绘图工具栏，选择直线命令图标"✐"，根据辅助线绘制柱子。打开修改工具栏，选择偏移命令图标"⬚"，把地面线往上偏移 2000 距离，然后打开修改工具栏，选择修剪图标"⊹"，把两端多余的线条修剪掉，在墙体上得到一条短直线，作为门的框架，绘制结果如图 6-58 所示。

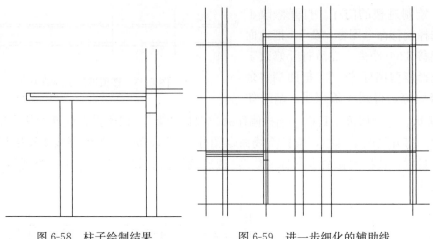

图 6-58　柱子绘制结果　　　　　　图 6-59　进一步细化的辅助线

3. 绘制建筑细部

建筑细部包括结构梁、楼梯、台阶等，其绘制步骤如下：

（1）打开修改工具栏，选择偏移命令图标"🗗"，把左边墙体的竖直构造线往右连续偏移 1600 距离、500 距离、1000 距离和 600 距离，再把地面的水平构造线往上偏移 2000 距离，得到进一步细化的辅助线，绘制结果如图 6-59 所示。

（2）打开绘图工具栏，选择直线命令图标"✎"，根据辅助线绘制门，绘制结果如图 6-60所示。

（3）打开修改工具栏，选择偏移命令图标"🗗"，把地面线连续往上偏移 1550 距离和 100 距离，然后打开修改工具栏，选择修剪图标"✂"，把两端多余的线条修剪掉，则得到楼梯转角平台的楼板，绘制结果如图 6-61 所示。

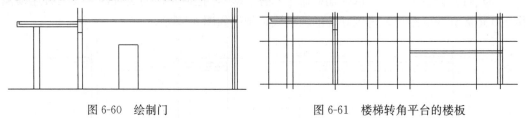

图 6-60　绘制门　　　　　　　　　图 6-61　楼梯转角平台的楼板

（4）绘制结构梁。打开绘图工具栏，选择矩形命令图标"▢"，在空白处绘制一个 240×200 的矩形作为梁的截面。

（5）调出修改工具栏，选择复制命令图标"🗗"，把矩形梁复制到楼梯转角平台的楼板下。然后打开绘图工具栏，选择直线命令图标"✎"，根据辅助线绘制楼梯斜板，绘制结果如图 6-62 所示。

（6）打开修改工具栏，选择修剪图标"✂"，把多余的线条修剪掉，得到连贯的楼梯板，绘制结果如图 6-63 所示。

（7）打开绘图工具栏，选择直线命令图标"✎"，根据辅助线绘制两条高为 1100 的竖直线，然后把它们连接起来，结果如图 6-64 所示。

（8）打开修改工具栏，选择偏移命令图标"🗗"，让连接线往下边偏移 50 距离，打开

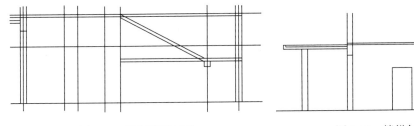

図 6-62 绘制楼梯斜板   图 6-63 楼梯斜板绘制结果

修改工具栏，选择修剪图标"✚"，把被遮挡的多余线条修剪掉。打开绘图工具栏，选择直线命令图标"✎"，绘制直线把下边连接起来，得到下部分的楼梯。绘制结果如图 6-65所示。

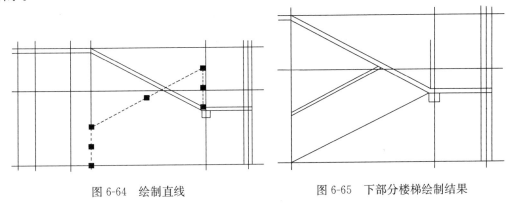

图 6-64 绘制直线   图 6-65 下部分楼梯绘制结果

（9）采用同样的方法绘制上部分的楼梯，绘制结果如图 6-66 所示。

（10）绘制台阶踏步。打开绘图工具栏，选择直线命令图标"✎"，按照图 6-67 绘制台阶踏步，踏步长 300，高 165。

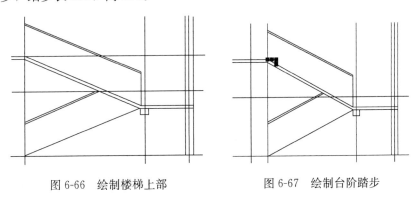

图 6-66 绘制楼梯上部   图 6-67 绘制台阶踏步

（11）调出修改工具栏，选择复制命令图标"❀"，把台阶踏步不断往斜线处复制，则得到全部的台阶，绘制结果如图 6-68 所示。由于台阶在建筑图中肯定另有台阶详图，所以这里没有必要按照实际尺寸来绘制台阶。

（12）调出修改工具栏，选择复制命令图标"❀"，把矩形梁复制到其他各处，结果如图 6-69 所示。

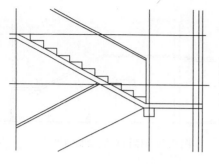

图 6-68　台阶踏步绘制结果

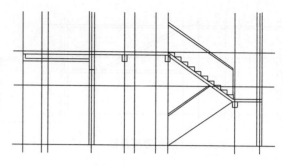

图 6-69　复制矩形梁结果

（13）调出修改工具栏，选择复制命令图标"🗐"，把底层的全部对象复制到二层，则结果如图 6-70 所示。

（14）调出修改工具栏，选择复制命令图标"🗐"，把矩形梁复制到顶层楼板。打开修改工具栏，选择修剪图标"╱╶"，把被遮挡的多余线条修剪掉，结果如图 6-71 所示。

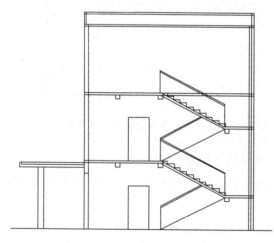

图 6-70　复制底层到二层结果

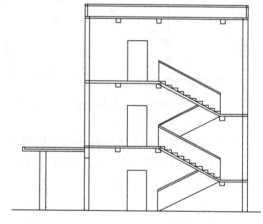

图 6-71　复制顶层梁

（15）调用下拉菜单命令"格式"/"多线样式"/在弹出的"多线样式"对话框中（图 6-72）/单击"新建"按钮/弹出"创建新的多线样式"对话框/"新样式名（N）"栏中填入多线名："win"/单击"继续"按钮/弹出"新建多线样式：win"对话框（图 6-73）/图元栏选中"0.5 BYLAYER Bylayer"元素线/在偏移（S）栏中将默认的"0.5"改为"120"/再选中"-0.5 BYLAYER Bylayer"元素线/在偏移（S）栏中将默认的"-0.5"改为"20"/单击"添加"按钮/将偏移（S）设为"-20"/单击"添加"按钮/将偏移（S）设为"-120"/单击"确定"按钮/返回"多线样式"对话框/单击"置为当前（U）"按钮/单击"确定"按钮完成窗户多线的设置。

（16）调用下拉菜单命令"绘图"/"多线"，根据命令提示：

命令：_mline

当前设置：对正 = 上，比例 = 20.00，样式 = WIN

指定起点或［对正（J）/比例（S）/样式（ST）］：j↵（设置方式）

输入对正类型［上（T）/无（Z）/下（B）］＜上＞：z↵（对正方式设为"无"）

图 6-72 "多线样式"对话框   图 6-73 "新建多线样式"对话框

当前设置：对正 ＝ 无，比例 ＝ 20.00，样式 ＝ WIN

指定起点或 ［对正(J)/比例(S)/样式(ST)］：s ↵(调整比例)

输入多线比例 ＜20.00＞：1 ↵（多线比例设为1）

当前设置：对正＝无，比例＝1.00，样式＝WIN

指定起点或 ［对正(J)/比例(S)/样式(ST)］：

（17）调用下拉菜单命令"绘图"/"多线"命令，在二层墙体高为1200处绘制长为1600距离的多线，得到一个窗户，绘制结果如图 6-74 所示。

（18）调出修改工具栏，选择复制命令图标"⬚"，把窗户复制到其他各处，结果如图 6-75所示。

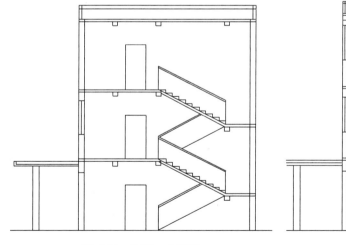

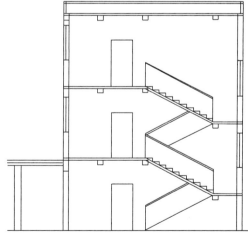

图 6-74 绘制一个窗户   图 6-75 复制窗户结果

（19）打开绘图工具栏，选择直线命令图标"✏"，在墙的下面绘制直线，使得墙穿透地面往下延伸，并画出窗口上边梁的线条，如图 6-76 所示。

（20）打开修改工具栏，选择修剪图标"✂"，顶层护栏多余的部分修剪掉，使得顶层具有剖视效果，如图 6-77 所示。

4. 图案填充和尺寸标注

图案填充和尺寸标注步骤如下：

（1）打开绘图工具栏，选择图案填充命令图标"▨"，则系统弹出"边界图案填充"对话框，单击"样例"后面的图形按钮，则系统弹出"图案填充选项板"对话框，选择"其他预定义"选项卡，选择其中的"SOLID"图标，单击下边的"确定"按钮返回"边界图案填充"对话框。

（2）"边界图案填充"对话框，单击"拾取点"前面的"⊞"按钮，返回绘图区。把楼板、台阶、梁的剖切面进行图案填充。

（3）单击"确定"按钮完成实体填充操作，结果如图 6-78 所示。

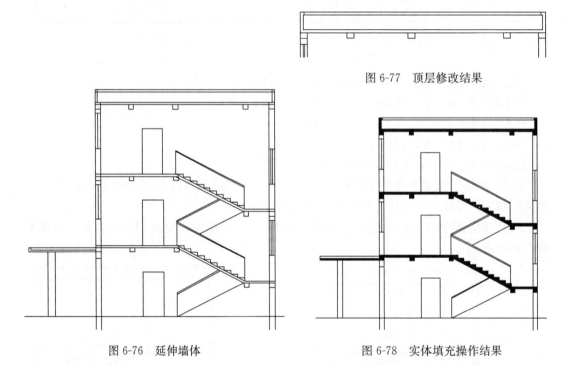

图 6-77　顶层修改结果

图 6-76　延伸墙体

图 6-78　实体填充操作结果

（4）打开绘图工具栏，选择直线命令图标"⁄"，在墙的下端部绘制隔断符号，如图 6-79所示。

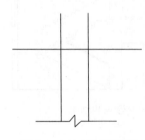

图 6-79　绘制隔断符号

（5）打开绘图工具栏，选择图案填充命令图标"▨"，则系统弹出"边界图案填充"对话框，单击"样例"后面的图形按钮，则系统弹出"图案填充选项板"对话框，选择"ANSI31''"选项卡，选择其中的"ANSI31"图标。单击下边的"确定"按钮返回"边界图案填充"对话框。

（6）在"边界图案填充"对话框中，单击"拾取点"前面的"⊞"按钮，返回绘图区。把墙体的剖切面进行图案填充。

（7）单击"确定"按钮完成墙体填充操作，结果如图 6-80所示。

（8）把地面修改成如图 6-81 所示效果。

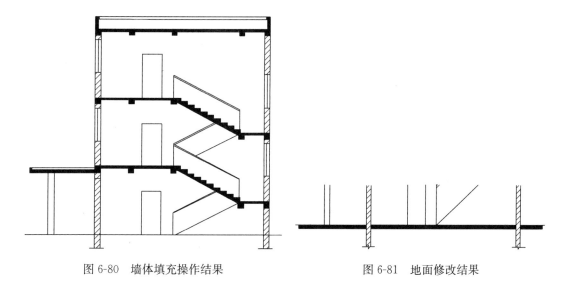

图 6-80　墙体填充操作结果　　　　　图 6-81　地面修改结果

（9）打开绘图工具栏，选择直线命令图标"⟋"，绘制一个标高符号或者复制前边的标高符号，结果如图 4-125 所示。

（10）调出修改工具栏，选择复制命令图标"⟳"，把标高符号复制到各个需要标高标注的地方，然后调出绘图工具栏，选择多行文字命令图标"A"，在标高符号上标出具体的标高，结果如图 6-82 所示。

（11）调用下拉菜单命令"标注" / "样式"，则系统弹出"标注样式管理器"对话框，单击右边的"修改"按钮，则弹出"修改标注样式：ISO-25"对话框，把"直线和箭头"选项卡修改好。

（12）选择"文字"选项卡，把"文字"选项卡修改好。然后单击"确定"按钮退出"修改标注样式：ISO-25"对话框，返回"标注样式管理器"对话框，单击下边的"关闭"按钮退出"标注样式管理器"对话框。

（13）调用下拉菜单命令"标注" / "对齐"，把剖面图的各个细部进行尺寸标注，则结果如图 6-83 所示。

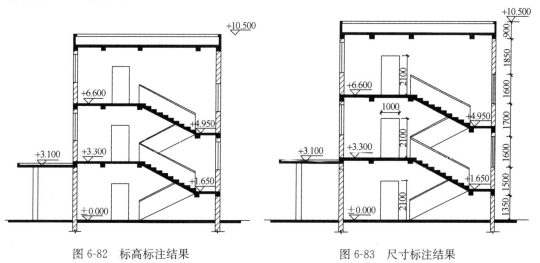

图 6-82　标高标注结果　　　　　　　图 6-83　尺寸标注结果

（14）调出绘图工具栏，选择多行文字命令图标"**A**"，在图形的正下方选择文字区域，则系统弹出"文字格式"对话框，在其中输入"小楼建筑剖面图 1∶100"，字高为300。然后打开绘图工具栏，选择直线命令图标"╱"，在文字下方绘制一根线宽为0.3mm 的直线，这样就全部绘制好了。绘制最终结果如图 6-84 所示。

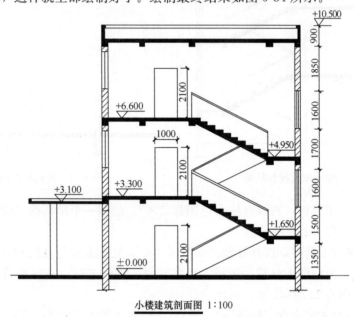

小楼建筑剖面图 1∶100

图 6-84　小楼剖面图绘制最终结果

6.4　本　章　小　结

本章重点介绍了绘制一张完整的房屋建筑图的主要过程，讲述了建筑平面图、立面图、剖面图的组成，通过绘制建筑平面图，系统地掌握绘制平面图的方法和各种命令的使用，以及各命令之间的相互配合，特别是采用比例的方法，从绘制定位轴线开始，尽量做到讲解步骤详细，到后面标注文字、标高符号、尺寸标注的设置、比例的设置等。本章还介绍了建筑立面图的绘制方法提示、建筑剖面图的绘制方法提示。

第 7 章　CAD 与 Revit 交互

7.1　Revit 简介

Revit 是 Autodesk 公司一套系列软件的名称。Revit 系列软件是由建筑信息模型（BIM）构建的，可帮助建筑设计师设计、建造和维护质量更好、能效更高的建筑。

Revit 是我国建筑业 BIM 体系中使用最广泛的软件之一。

7.1.1　软件组成

AutodeskRevit 提供支持建筑设计、MEP 工程设计和结构工程的工具。

1. Architecture

AutodeskRevit 软件可以按照建筑师和设计师的思考方式进行设计，因此，可以提供更高质量、更加精确的建筑设计。建筑设计通过使用专为支持建筑信息模型工作流而构建的工具，可以获取并分析概念，并可通过设计、文档和建筑保持视野。强大的建筑设计工具可帮助捕捉和分析概念，以及保持从设计到建筑的各个阶段的一致性。

2. Structure

AutodeskRevit 软件为结构工程师和设计师提供了工具，可以更加精确地设计和建造高效的建筑结构。

为支持建筑信息建模（BIM）而构建的 Revit 可使用智能模型，通过模拟和分析深入了解项目，并在施工前预测性能。使用智能模型中固有的坐标和一致信息，提高文档设计的精确度。专为结构工程师构建的工具可更加精确地设计和建造高效的建筑结构。

3. MEP

AutodeskRevitMep 向暖通工程师、电气工程师和给水排水（MEP）工程师提供工具，可以设计最复杂的建筑系统。Revit 支持建筑信息建模（BIM），可帮助导出更高效的建筑系统从概念到建筑的精确设计、分析和文档。MEP 工程设计使用信息丰富的模型在整个建筑生命周期中支持建筑系统。为暖通、电气和给水排水（MEP）工程师构建的工具可帮助设计和分析高效的建筑系统以及为这些系统编档。本书重点介绍 RevitMep 的内容。

7.1.2　对电脑配置要求

1. 操作系统

Microsoft ® Windows® 7 SP1 64 位。

Microsoft ® Windows ® 8 64 位。

2. 关于 CPU

由于 Revit 目前还是单核软件，所以在购买 CPU 的时候尽量买单核频率高的。但并非说单核软件多核就没有优势，因为电脑不可能只运行 Revit 一个软件而不做其他操作，推荐 I5 以上 CPU 二代以上。

3. 关于内存

若只用于学习 8G 以上即可，若用于工作环境推荐 16G 以上，大部分设计院或设计公司均为员工配备 16G 或 32G 内存。

4. 关于硬盘

如今硬盘的大小已经不再是问题了，所以这里从性能角度出发，建议为 C 盘单独配置固态硬盘，把需要的软件都安装在 C 盘。

5. 关于显卡

现在一般配置的主流显卡都可以满足一般的需求，若是特别需求也可以配置专业图形显卡，价格会比较高。学生用户推荐 DirectX ® 11 的图形卡，使用 Shader Model 3 Autodesk；专业设计师推荐 DirectX ® 11 的图形卡，使用 Shader Model 3 Autodesk。

6. 其他要求

做项目最好还是台式机，或笔记本工作站也可以。

双屏在设计中是必需的，这可以让你的设计过程更流畅。

7.2　Revit 界面

7.2.1　项目样板选择

当打开 Revit 准备建模的时候，首先面临的就是项目样板的选择。点击项目下的新建按钮，就会弹出项目样板的选择框。

Revit 共包含了构造样板、建筑样板、结构样板、机械样板（图 7-1）。他们分别对应不同专业的建模所需的预定义设置。

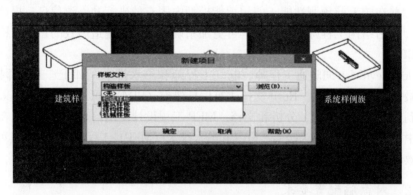

图 7-1　样板选择

7.2.2　用户界面

Revit 工作界面如图 7-2 所示，包括菜单（应用程序菜单、快速访问工具栏、选项卡）、状态控制栏（状态栏、视图控制栏、工作集状态）、浏览器（属性面板、项目浏览器、系统浏览器）三部分。

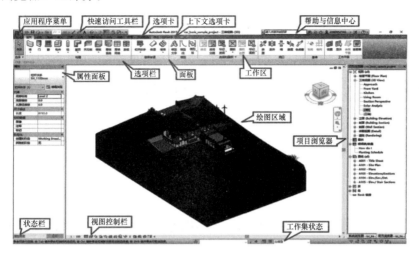

图 7-2　工作界面

7.2.3　菜单

1. 应用程序菜单

　　Revit 的应用程序菜单提供了对文件的常规操作和对 Revit 模型发布导出设置功能。对文件的常规操作如图 7-3 所示，包括"新建""保存""另存为""打印""关闭""发布"功能等。Revit 的"导出"功能十分丰富，如图 7-4 所示，可以导出 CAD 格式、Navisworks 文件、IFC 类型和图形动画等多种类型的文件。

图 7-3　应用程序菜单

图 7-4　导出文件菜单

2. 快速访问工具栏

如图 7-5 所示，快速访问工具栏包含 Revit 经常用到的功能，包含文件的"打开""保存"；编辑的"取消""重做"；图元的"测量""标注"；视图的"默认三维""剖面"；窗口的"关闭隐藏窗口""切换窗口"等功能。

图 7-5　快速访问工具栏

3. 选项卡和上下文选项卡

如图 7-6 所示，选项卡包括"建筑""结构""系统""插入""注释""分析""协作""视图"等功能分类模块。

图 7-6　选项卡

（1）建筑

如图 7-6 所示，"建筑"选项卡包括："墙""门""屋顶""楼板"等建筑设计所涉及的上下文选项卡，即 RevitArchitecture 相关内容。

（2）结构

如图 7-7 所示，"结构"选项卡包括："梁""柱""桁架""钢筋"等结构设计所涉及的上下文选项卡，即 RevitStructure 相关内容。

图 7-7　"结构"选项卡

（3）系统

如图 7-8 所示，"系统"选项卡包括："风管""管道""电缆桥架""线管"等建筑设备设计所涉及的上下文选项卡，即 RevitMep 相关内容。

图 7-8　"系统"选项卡

7.2.4 状态控制栏

1. 状态栏

状态栏会提供有关要执行操作的提示。选种族图元，状态栏会显示族类型、名称、型号，如图 7-9 所示。

图 7-9 状态栏

2. 视图控制栏

视图控制栏能迅速访问影响当前视图设置的功能，如图 7-10 所示。

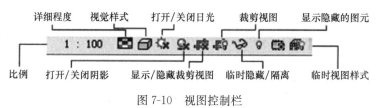

图 7-10 视图控制栏

7.2.5 浏览器

如图 7-11 所示，单击"视图"选项卡/"窗口"面板/用户界面，就可以选择显示"属性"面板、项目浏览器、系统浏览器。

1. 属性面板

如图 7-12 所示，属性面板可用于修改当前选中族的参数。

2. 项目浏览器

如图 7-13 所示，项目浏览器用于显示当前项目中所有视图、明细表、图纸、组、族等的逻辑层次。

图 7-11 用户界面

图 7-12 属性面板

图 7-13 项目浏览器

7.3 Revit 基本操作

7.3.1 视图操作

在 Revit 中，通过操纵鼠标即可实现视图的移动、缩放、旋转。

（1）滚动鼠标中键缩放视图；

（2）按住鼠标中键，移动鼠标可移动视图；

（3）同时按住"Shift"键和鼠标中键，移动鼠标可转动视图。

全导航控制盘和 ViewCube 可参看视频。

7.3.2 图元操作

如图 7-14 所示，在项目中选择图元对象后，Revit 会自动切换至相关的修改"上下文选项卡"。在该选项卡中，将显示进行编辑、修改的工具。图 7-14 为"修改"上下文选项卡，修改工具栏中有常规的编辑命令，适用于软件的整个绘图过程，如对齐、复制、旋转、阵列、镜像、缩放、拆分、修剪、移动、删除等编辑命令。

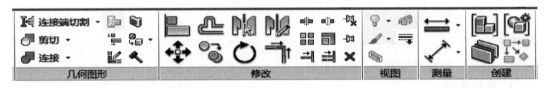

图 7-14 "修改"上下文选项卡

1. 选择

Revit 选择图元的方法如下：

（1）可用鼠标左键点选图元；也可按住鼠标左键，拖动鼠标框选图元。

（2）按住"Shift"键，此时的鼠标会变成带加号的图标，表示将向选择集添加图元。此时可将多个图元加入选择集。

（3）按住"Ctrl"键，此时的鼠标会变成带减号的图标，表示将从选择集中删除图元。

（4）如图 7-15 所示，选中单个图元，点击鼠标右键及弹出菜单中的"选择全部实例"。

（5）建立选择集后，如图 7-16 所示，可通过点击"选择"面板的"过滤器"菜单，弹出"过滤器面板"（图 7-17）对选择集内的不同类型图元进行选择。

图 7-15 "选择全部实例"菜单

2. 对齐

Revit 对齐工具用来将一个或多个图元与选定图元对齐，比如绘制建筑时可以将梁、墙、柱等对齐到轴网。

图 7-16 "过滤器"菜单

图 7-17 "过滤器"面板

（1）打开本章资源的 1-1.rvt 文件。如图 7-18 所示，文件中有一个水平轴线 1-1 和与它垂直的三段墙。

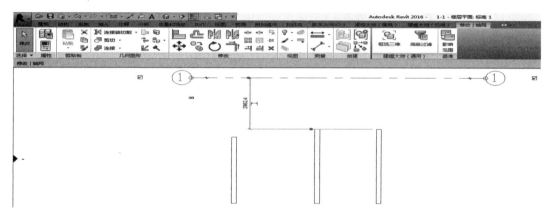

图 7-18 1-1.rvt 文件

（2）如图 7-18 所示，选中轴线，激活"修改｜轴线"选项卡。如图 7-19 所示，单击"修改｜轴线"选项卡/"修改"面板/"对齐"选项。

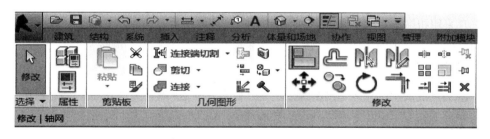

图 7-19 "修改｜轴线"选项卡

（3）如图 7-20 所示，点击轴线①-①，再点击左侧墙的上部，左侧墙拉伸并对齐到轴线①-①，轴线①-①激活锁定。如图 7-21 所示，点击"锁"图案将左侧墙锁定到轴线①-①。

（4）如图 7-19 所示，单击"修改｜轴线"选项卡/"修改"面板/"对齐"选项。

（5）如图 7-20 所示，在选项栏勾选"多重对齐"。

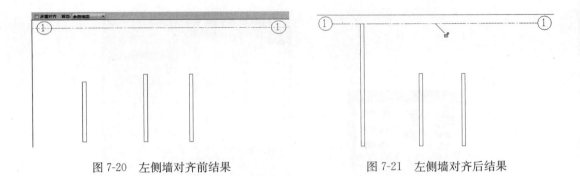

图 7-20　左侧墙对齐前结果　　　　　　　图 7-21　左侧墙对齐后结果

（6）点击轴线①-①，再点击右侧两道墙的上部，右侧两道墙拉伸并对齐到轴线①-①（图 7-22）。

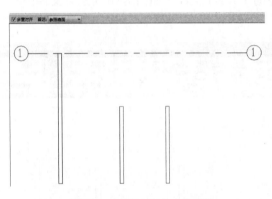

图 7-22　右侧两道墙对齐轴线

7.4　CAD 模型导入 Revit

7.4.1　链接 CAD 模型

（1）采用机械样板建立新项目。

（2）如图 7-23 所示，单击"插入"选项卡/"链接"面板/"链接 CAD"选项，弹出"链接 CAD 格式"对话框（图 7-24）。

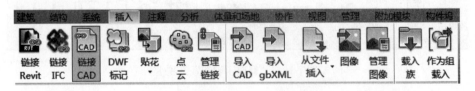

图 7-23　"插入"选项卡

（3）可在"链接 CAD 格式"对话框内修改导入图的颜色、定位、选择导入的图层和导入图放置标高及导入图的单位。选择需要导入的 CAD 图，点击"打开"按钮，将 CAD 图导入 Revit 中。

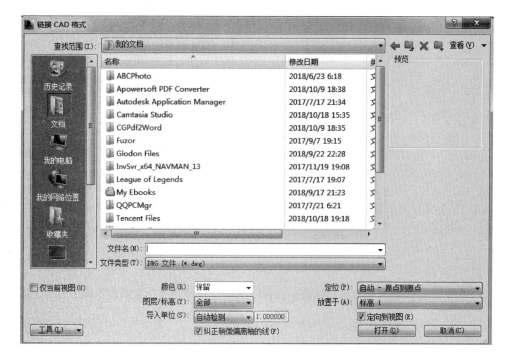

图 7-24　"链接 CAD 格式"对话框

（4）选择导入的 CAD 图形，如图 7-25 所示，单击"修改｜.dwg"选项卡/"导入实例"面板/"查询"选项，选择 CAD 图元，弹出"导入查询实例"面板（图 7-26）。

图 7-25　"修改｜.dwg"选项卡

（5）可在"导入查询实例"面板内查看 CAD 图元的块名称和图层，并删除和在视图中隐藏图层。

（6）如图 7-25 所示，单击"修改｜.dwg"选项卡/"导入实例查询"面板(图 7-26)/"删除图层"选项，弹出"选择要删除的图层和标高"面板（图 7-27）。

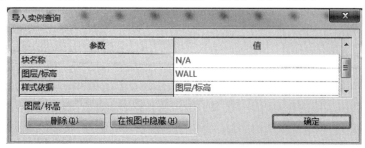

图 7-26　"导入查询实例"面板

图 7-27   "选择要删除的图层和标高"面板

（7）在"选择要删除的图层和标高"面板（图 7-27）可删除在左侧列表框中选中的图层。

7.4.2 管理链接模型

选中链接模型，自动切换至"修改｜RVT 链接"上下文选项卡。如图 7-28 所示，点击"链接"面板中"管理链接"菜单，弹出"管理链接"面板（图 7-29）。在"管理链接"面板中可对链接图元进行"重新载入""卸载""删除"操作。

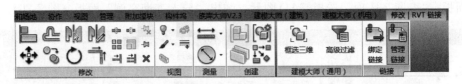

图 7-28   "修改｜RVT 链接"上下文选项卡

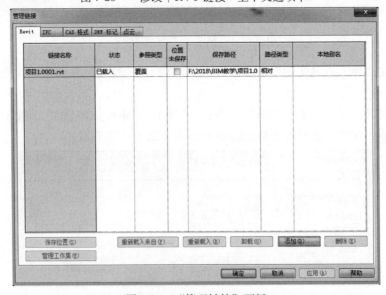

图 7-29   "管理链接"面板

7.4.3 复制监视

链接后的模型和信息仅可在主体项目中显示。链接模型中的标高、轴网等信息不能作为当前项目的定位信息使用。必须基于链接模型生成当前项目中的标高与轴网图元。Revit 提供了"复制/监视"工具，用于在当前项目中复制创建链接模型中图元，并保持与链接模型中图元协调一致。

7.4.4 复制标高

链接 Revit 项目文件后，当前主体项目中只存在机械样板文件中预设的标高 1 和标高 2。为确保机电项目中标高设置与已链接的文件中标高一致，可以使用"复制/监视"功能在当前项目中复制创建"教学楼项目"中的标高图元。

（1）如图 7-30 所示，在"项目浏览器"面板/"卫浴"视图/"立面（建筑立面）"/"南-卫浴"。该视图中显示了当前项目中项目样板自带的标高以及链接模型文件中标高。

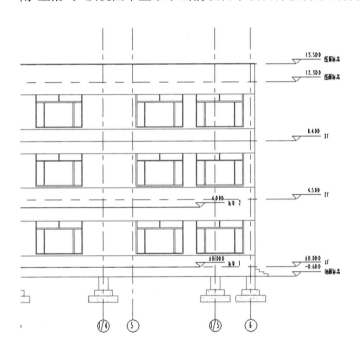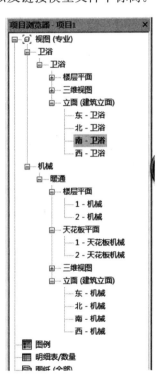

图 7-30 "项目浏览器"面板

（2）单击选择当前项目中标高 1 及标高 2，按"Delete"键删除当前项目中所有标高，由于当前项目中包含与所选择标高关联的平面视图。

（3）如图 7-31 所示，单击"协作"选项卡"坐标"面板中"复制/监视"工具下拉列表，在列表中选择"选择链接"选项，移动鼠标至链接教学楼项目任意标高位置单击，选择该链接项目文件，进入"复制/监视"状态，自动切换至"复制/监视"上下文选项卡。

图 7-31 "协作"选项卡

(4) 如图 7-32 所示,单击"工具"面板中"选项"工具,打开"复制/监视选项"对话框(图 7-33),"复制/监视选项"对话框中,用于设置链接项目中的族类型与复制后当前项目中采用的族类型的映射关系。

图 7-32 "工具"面板

(5) 切换至"标高"选项卡,在"要复制的类别和类型"中,列举了被链接的项目中包含的标高族类型;在"新建类型"中设置复制生成当前项目中的标高时使用的标高类型。分别按图 7-33 中所示设置新建类型为上标头、下标头以及正负零标高。其他参数默认,单击"确定"按钮退出"复制/监视选项"对话框(图 7-33)。

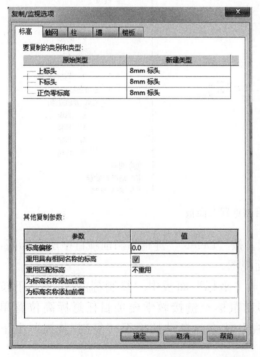

图 7-33 "复制/监视选项"对话框

（6）如图 7-34 所示，单击"工具"选项卡中"复制"工具，勾选选项栏"多个"选项，配合使用 Ctrl 键，依次单击选择链接模型中所有标高，完成后单击选项栏"完成"按钮，Revit 将在当前项目中复制生成所选择的标高图元。

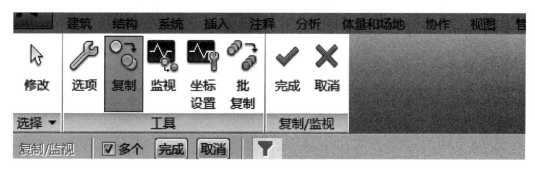

图 7-34　"工具"选项卡

（7）单击"复制/监视"面板中"完成"按钮，完成复制监视操作。注意当前项目中，已经生成与链接教学楼项目完全一致的标高。

（8）如图 7-35 所示，单击"视图"选项卡／"创建"面板／"平面视图"工具下拉列表／在列表中选择"楼层平面"工具。打开"新建楼层平面"对话框（图 7-36）。

图 7-35　"视图"选项卡

（9）在"新建楼层平面"对话框（图 7-36）的标高列表中显示了当前项目中所有可用标高名称。配合 Ctrl 键，依次单击选择 1F、2F、3F 和屋面标高，单击"确定"按钮，退出"新建楼层平面"对话框。Revit 将为所选择的视图创建楼层平面视图，并自动切换至楼层平面视图中，如图 7-37 所示，在"项目浏览器"面板内的"卫浴"视图下的平面视图可看到创建的平面视图。

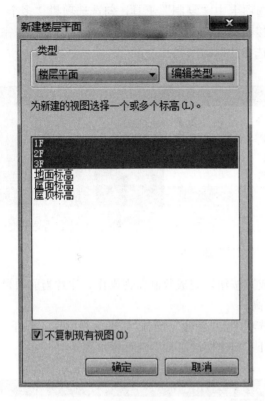

图 7-36 "新建楼层平面"对话框

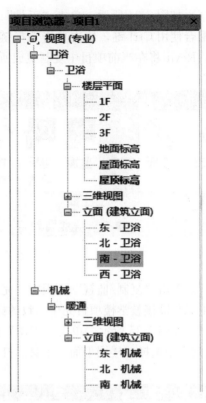

图 7-37 "项目浏览器"面板

7.4.5 复制轴网

与上节中介绍的复制标高的过程类似,可以在主体项目中使用"复制/监视"工具复制创建与链接文件中完全一致的轴网。

7.5 绑 定 模 型

(1)选中链接模型,自动切换至"修改|RVT 链接"上下文选项卡。如图 7-38 所示,点击"链接"面板中"绑定链接"菜单,弹出"绑定链接选项"面板(图 7-39)。

图 7-38 "修改|RVT 链接"上下文选项卡

(2)如图 7-39 所示,在"绑定链接选项"面板,点击"确定"按钮,Revit 将会进行绑定链接。绑定完成后,弹出警告对话框。

(3)如图 7-40 所示,计算完成后,Revit 会提示当前项目与链接项目中存在重名的对象样式，并按链接模型中的设定进行替换。单击"确定"按钮，完成绑定操作。

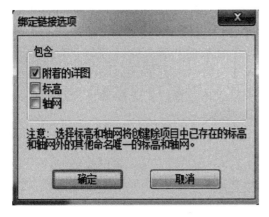

图 7-39   "绑定链接选项"面板

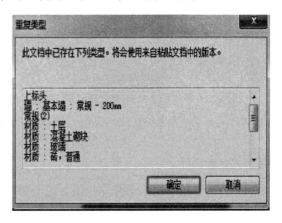

图 7-40   重复类型提示

（4）由于链接的教学楼项目已经全部绑定转换为当前项目图元，因此原 Revit 链接可以删除，Revit 给出如图 7-41 所示警告对话框，单击"删除链接"选项，删除当前项目与教学楼项目的链接关系。

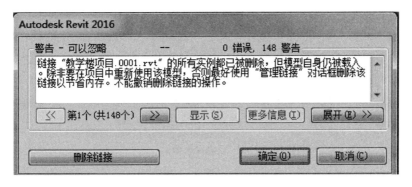

图 7-41   "警告"对话框

7.6　导出 CAD 文件

Revit 支持将模型导出为 CAD 文件格式，导出步骤如下：

① 如图 7-42 所示，单击"应用程序菜单"选项卡/"导出"面板/"cad 格式"选项/"dwg"，弹出"DWG 导出"面板（图 7-43）。

② 在"DWG 导出"面板（图 7-44），点击"修改导出设置"按钮，弹出"修改 DWG/DXF 导出设置"面板。

③ 在"修改 DWG/DXF 导出设置"面板，可对图层名称分类和颜色进行修改。例如，按风管系统类别添加不同图层。

如图 7-45 所示，在"修改 DWG/DXF 导出设置"面板，选择"风管"类别的图层修改器，点击"添加/编辑"按钮，弹出"添加/编辑图层修改器"面板（图 7-46）。在"添加/编辑图层修改器"面板左下方的"可用修改器"栏，选择"系统名称"项，点击"≫"按钮，将"系统名称"添加到"添加的修改器"栏内。这样，在 cad 文件内，不同的风管系统具有不同的图层。

④ 在完成各项导出设置后，点击"DWG 导出"面板的"下一步"（图 7-43），弹出"导出 CAD 格式－保存到目标文件夹"对话框（图 7-47）。

⑤ 在"导出 CAD 格式-保存到目标文件夹"对话框内，在"文件名/前缀"选项，添加文件名；在"文件类型"选项，选择输出的 CAD 版本。

⑥ 在"导出 CAD 格式-保存到目标文件夹"对话框内，点击"确定"按钮，导出 DWG 格式文件。

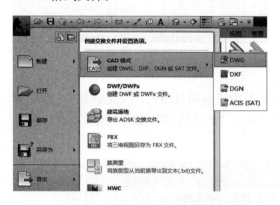

图 7-42　"应用程序菜单"选项卡

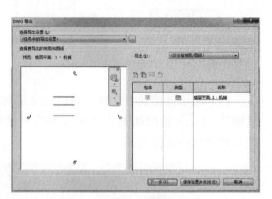

图 7-43　"DWG 导出"面板

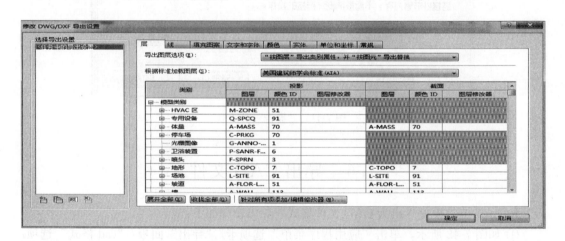

图 7-44　"修改 DWG/DXF 导出设置"面板

类别	投影			截面		
	图层	颜色 ID	图层修改器	图层	颜色 ID	图层修改器
预制零件	ZE-___	3				
风管	M-HVAC-D	70	添加/编辑....			
风管内衬	M-HVAC-...	70				
风管占位符	M-HVAC-...	70	添加/编辑修饰符			

图 7-45　"风管"类别图层修改器

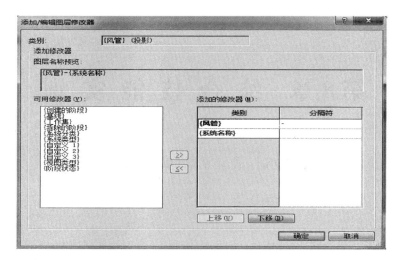

图 7-46 "添加/编辑图层修改器"面板

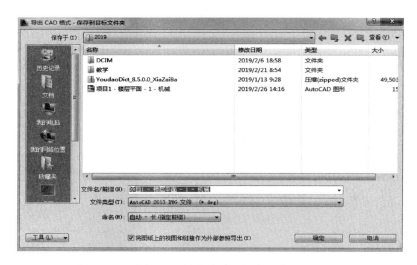

图 7-47 "导出 CAD 格式-保存到目标文件夹"对话框

第8章 综合技能实训

本章要点：
通过本章 CAD 技能图上机实训，使学习者掌握综合绘图技能。

综合技能实训（一）

试卷说明

1. 考试方式：计算机操作，闭卷。
2. 考试时间为180分钟；试卷总分100分。
3. 打开绘图软件后，考生在指定位置建立一个新文件，并以考生姓名给文件命名（例如：09001王红.dwg）。考生所做试题全部存在该文件中。

试题部分：

试题一、绘制规定图层及线型。

1. 按以下规定设置图层及线型。（15分）

图层名称	颜色（颜色号）	线型	线宽
粗线	白（7）	Continuous	0.6
中粗线	品红（6）	Continuous	0.4
中线	蓝（5）	Continuous	0.3
细线	绿（3）	Continuous	0.15
虚线	黄（2）	Dashed	0.3
点画线	红（1）	Center	0.15

2. 按1：1的比例绘制下图所示上下两个A2图幅，并根据指定的位置完成试题。

要求：仅在上侧的图幅内绘制图框及标题栏。图幅、图框及标题栏规格应符合国标。设置文字样式，在标题栏内填写文字。标题栏尺寸及格式见所给式样。

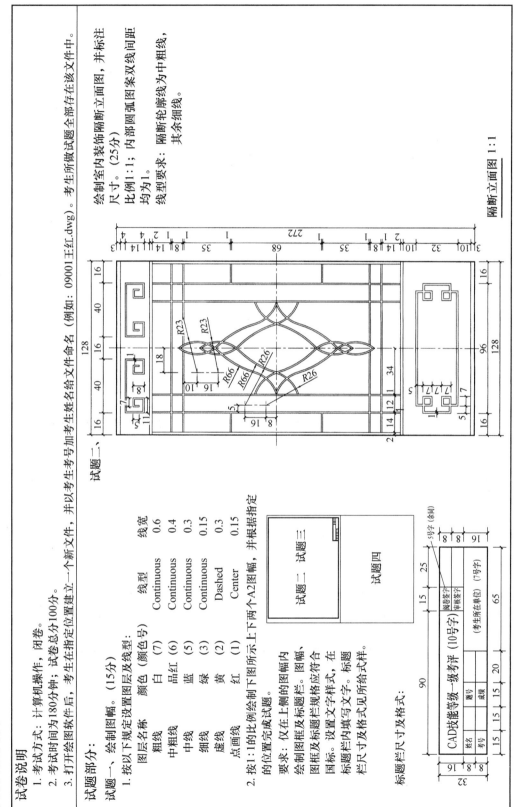

试题一 试题三

试题二

试题四

标题栏尺寸及格式：

CAD技能等级一级考评（10号字）		
名称		
姓名		图号
考号		成绩

（考生所在单位）（7号字）

5号字（本例）

试题二、

绘制室内装饰隔断立面图，并标注尺寸。（25分）

比例1：1；内部圆弧图案双线间距均为1。

线型要求：隔断轮廓线为中粗线，内部圆弧图案线为中粗线，其余细线。

隔断立面图 1：1

249

试题三、抄绘组合体两面投影图，并在指定位置绘制侧面投影图及1—1剖面图。（比例1:10；材料为普通砖；全图不标注尺寸）。（20分）

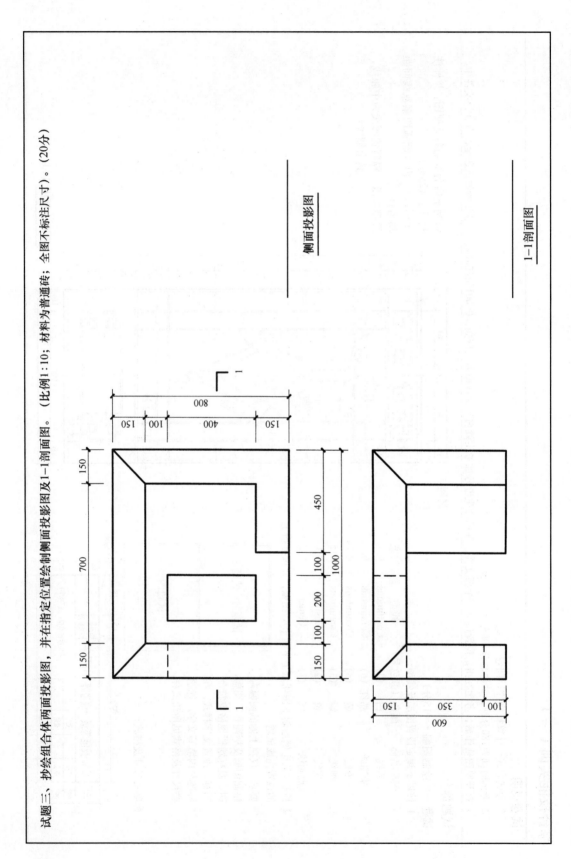

侧面投影图

1—1剖面图

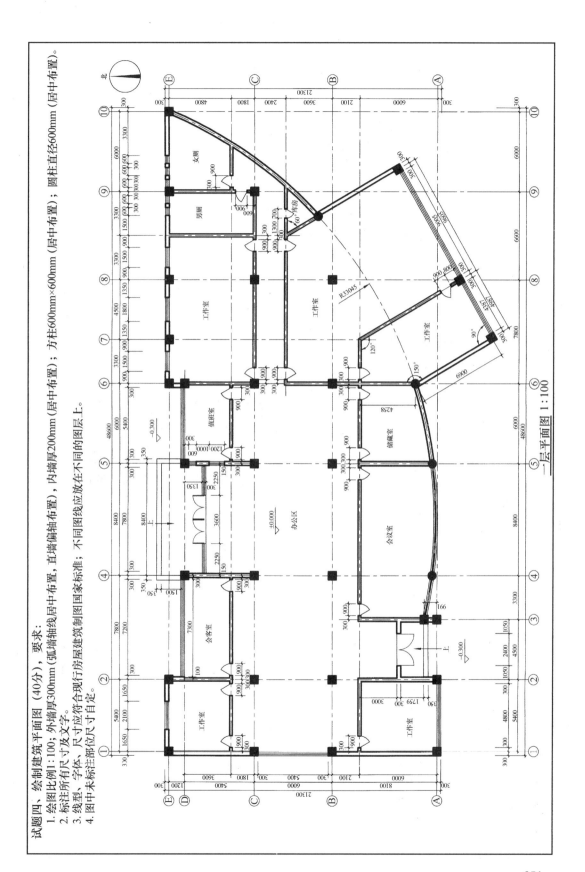

试题四、绘制建筑平面图（40分），要求：

1. 绘图比例1:100；外墙厚300mm（弧墙轴线居中布置，直墙轴线偏中布置），内墙厚200mm（居中布置）；方柱600mm×600mm（居中布置）；圆柱直径600mm（居中布置）。
2. 标注所有尺寸及文字。
3. 线型、字体、字体应符合现行房屋建筑制图国家标准；不同图线应放在不同的图层上。
4. 图中未标注部位尺寸自定。

一层平面图 1:100

251

综合技能实训（二）

试卷说明

1. 考试方式：计算机操作，闭卷。
2. 考试时间为180分钟；试卷总分100分。
3. 打开绘图软件后，考生在指定位置建立一个新文件，并以考生考号加考生姓名给文件命名（例如：09001王红.dwg）。考生所做试题全部存在该文件中。

试题部分

试题一、绘制图幅。（15分）

1. 按以下规定设置图层及线型：

图层名称	颜色（颜色号）	线型	线宽
粗线	白（7）	Continuous	0.6
中粗线	品红（6）	Continuous	0.4
中线	蓝（5）	Continuous	0.3
细线	绿（3）	Continuous	0.15
虚线	黄（2）	Dashed	0.3
点画线	红（1）	Center	0.15

2. 按1:1的比例绘制下图所示上下两个A2图幅，并在指定的区域绘制试题。

要求：图幅、图框及标题栏设置规格应符合国标。
栏格样式，在标题栏栏内填
写文字样式。标题栏尺寸及格
式见所给图样。

试题二、根据所给局部详图，绘制建筑门扇立面图并标注尺寸，比例1:1。

线型要求：门扇轮廓线为中粗线，门扇
内框线为中线，其条细线。（25分）

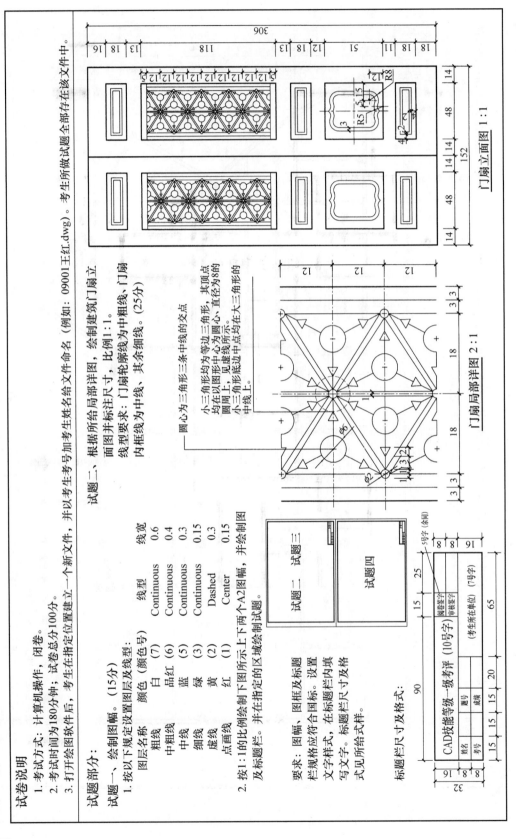

门扇立面图 1:1

圆心为三角形三条中线的交点

小三角形均为等边三角形，其顶点
均在以图形中心为圆心、直径为8的
圆周上，见虚线圆所示。
小三角形底边均在中点均在大三角形的
中线上。

门扇局部详图 2:1

试题二	试题三
	试题四

标题栏尺寸及格式：

CAD技能等级一级考评	（10号字）		图名		
姓名		图号		陶卷签字	（5号字，余同）
考号		成绩	审核签字	
		（考生所填单位）	（7号字）	

5号字（余同）

试题三、抄绘组合体的两面投影图，并绘制其1-1、2-2剖面图。（比例1:1；材料为普通砖；全图不标注尺寸）。（20分）

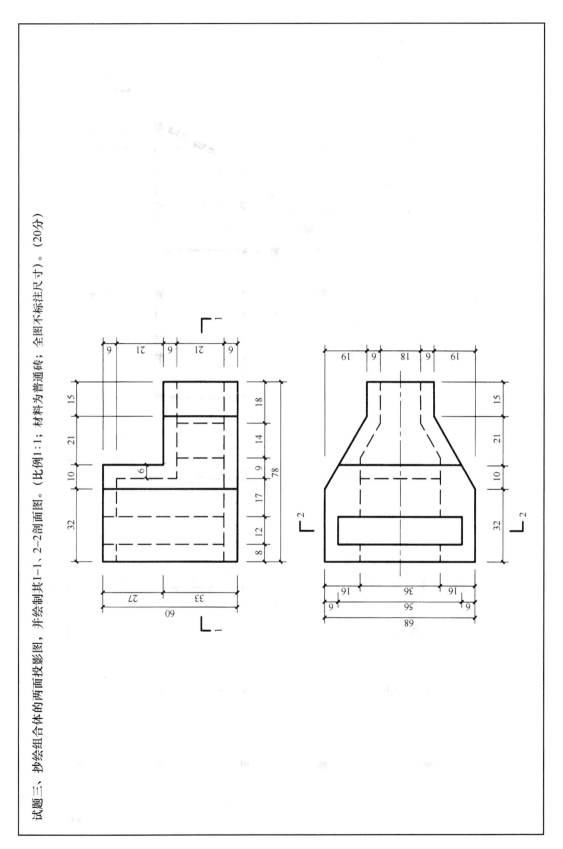

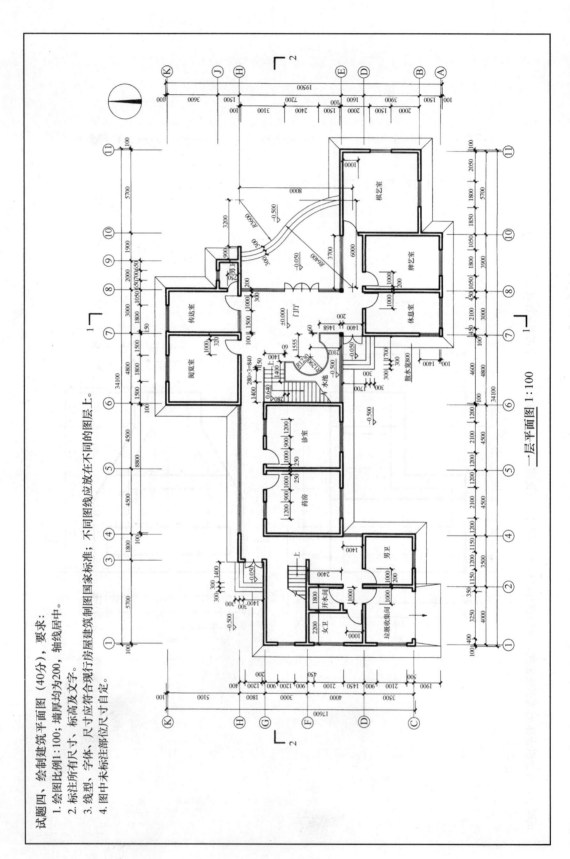

试题四、绘制建筑平面图（40分），要求：
1. 绘图比例1:100；墙厚均为200，轴线居中。
2. 标注所有尺寸、标高及文字。
3. 线型、字体、尺寸应符合现行房屋建筑制图国家标准；不同图线应放在不同的图层上。
4. 图中未标注部位尺寸自定。

一层平面图 1:100

综合技能实训（三）

试卷说明

1. 考试方式：计算机操作，闭卷。
2. 考试时间为180分钟；试卷总分100分。
3. 打开绘图软件后，考生在指定位置建立一个新文件，并以考生考号加考生姓名给文件命名（例如：09001王红.dwg）。考生所做试题全部存在该文件中。

试题部分：

试题一、绘制图幅。（15分）

1. 按以下规定设置图层及线型：

图层名称	颜色（颜色号）	线型	线宽
粗实线	白 (7)	Continuous	0.6
中实线	蓝 (5)	Continuous	0.3
细实线	绿 (3)	Continuous	0.15
虚线	黄 (2)	Dashed	0.3
点画线	红 (1)	Center	0.15

2. 按1∶1的比例绘制下图所示三个图幅。左侧的两个A4图幅，要求绘制图框及标题栏，分别用于绘制试题二，试题三；右侧的A3图幅，不绘制图框及标题栏，用于绘制试题四。
   要求：图幅、图框及标题栏应符合国标，设置文字样式，在标题栏内填写文字。标题栏尺寸及格式见所给式样。

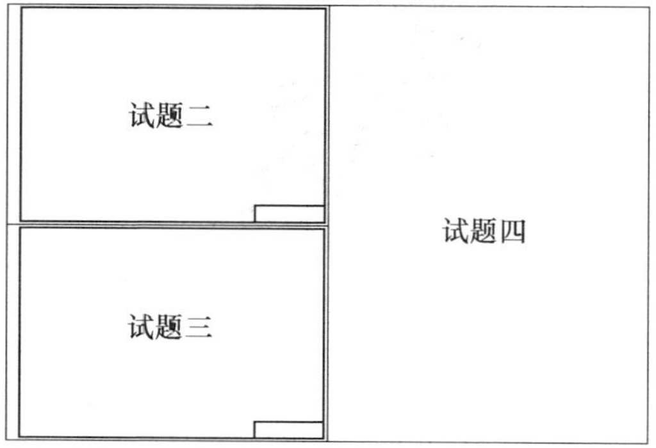

试题二
试题三
试题四

标题栏尺寸及格式：

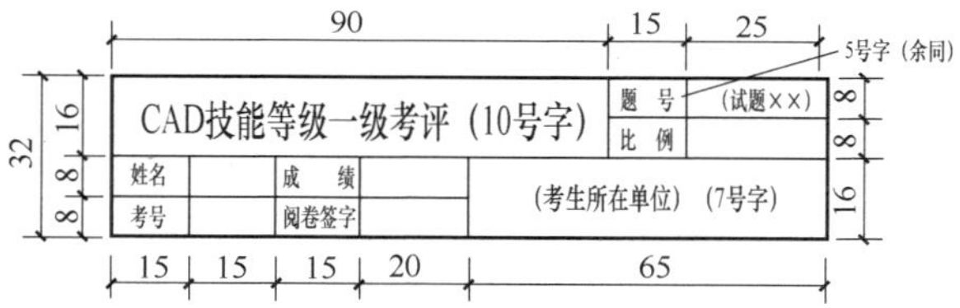

90
15
25
5号字（余同）
CAD技能等级一级考评（10号字）
题　号
（试题××）
比　例
姓名
考号
成　绩
阅卷签字
（考生所在单位）（7号字）
32
16
8
8
8
8
16
15
15
15
20
65

试题二、按1∶1比例绘制平面图形并标注尺寸。（20分）

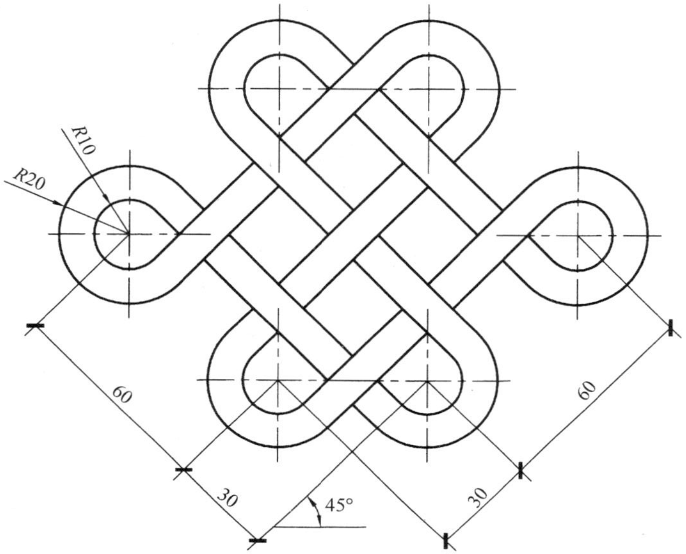

R10
R20
60
60
30
30
45°

试题三、抄绘组合体的三面投影图，并绘制1—1剖面图。（比例1:1；材料为普通砖；全图不标注尺寸）。（25分）

1—1剖面图

256

试题四、绘制建筑平面图（40分），要求：

1. 绘图比例1：100；墙身包括240和120两种，轴线居中。
2. 标注图中所有尺寸。内部楼梯尺寸自定。
3. 线型、字体、尺寸应符合我国现行房屋建筑制图国家标准；不同的图线应放在不同的图层上。

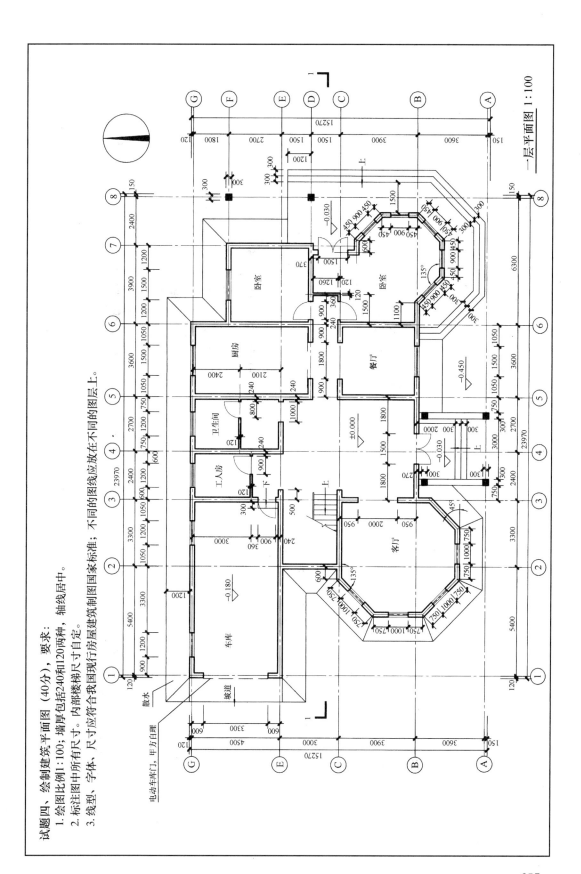

一层平面图 1：100

257

综合技能实训（四）

试卷说明

1. 考试方式：计算机操作，闭卷。
2. 考试时间为180分钟；试卷总分100分。
3. 打开绘图软件后，考生在指定位置建立一个新文件，并以考生考号加考生姓名给文件命名（例如：09001王红.dwg）。考生所做试题全部存在该文件中。

试题部分：

试题一、绘制图幅。（15分）

1. 按以下规定设置图层及绘型：

图层名称	颜色（颜色号）	线型	线宽
粗实线	白 (7)	Continuous	0.6
中实线	蓝 (5)	Continuous	0.3
细实线	绿 (3)	Continuous	0.15
虚线	黄 (2)	Dashed	0.3
点画线	红 (1)	Center	0.15

2. 按1:1的比例绘制下图所示的A2图幅，并绘制图框及标题栏。分别在指定的区域绘制试题二、试题三、试题四，各题之间绘制分界线（分界线位置自定）。

要求：图框、图幅及标题栏应符合国标，设置文字样式，在标题栏内填写文字。标题栏尺寸及格式见所给式样。

试题三	试题四
试题二	

标题栏尺寸及格式式：

	90						5号字（全图）
	15	25			8	8	8
CAD技能等级一级考评（10号字）			阅卷签字				16
姓名		审核签字（7号字）					
考号	成绩		（考生所在单位）			65	
15	15	15	20				

16 8 8
32

试题二、按1:1比例绘制平面图形并标注尺寸。（25分）

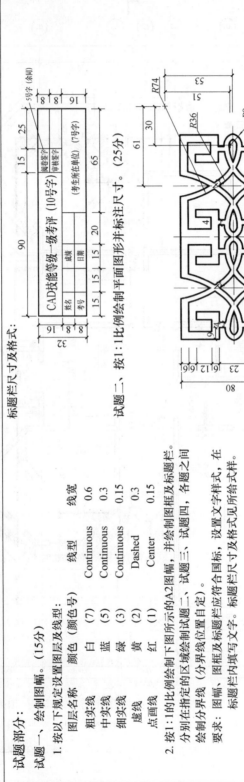

试题三、抄绘楼梯平台梁的两面投影图，并绘制其水平投影图及图1-1、2-2、3-3断面图。（比例1:1；材料为钢筋混凝土；全图不标注尺寸）。（20分）

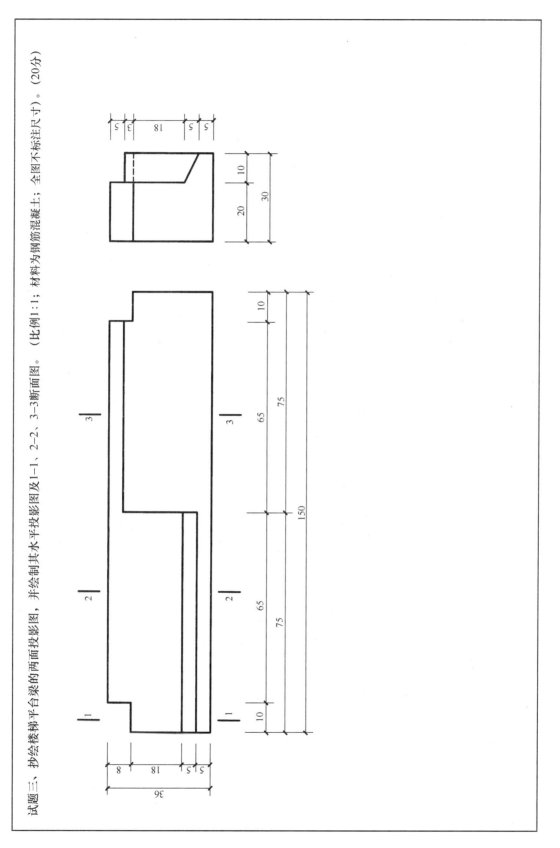

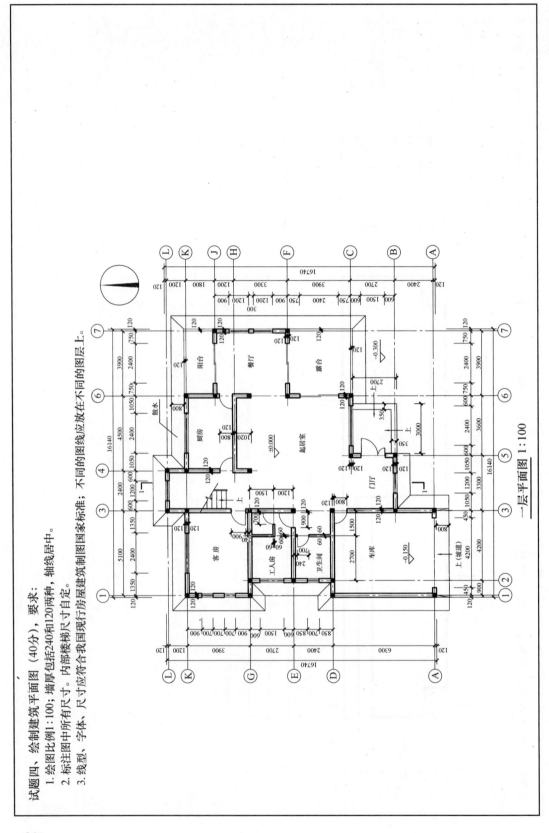

一层平面图 1:100

试题四、绘制建筑平面图（40分），要求：
1. 绘图比例1：100；墙厚包括240和120两种，轴线居中。
2. 标注图中所有有尺寸。内部楼梯尺寸自定。
3. 线型、字体、尺寸应符合我国现行房屋建筑制图国家标准；不同的图线应放在不同的图层上。

综合技能实训（五）

试卷说明

1. 考试方式：计算机操作，闭卷。
2. 考试时间为180分钟；试卷总分100分。
3. 打开绘图软件作后，考生在指定位置建立一个新文件，并以考生考号加考生姓名给文件命名（例如：09001王红.dwg）。考生所做试题全部存在该文件中。

试题部分：

试题一：绘制图幅。（15分）

1. 按以下规定设置图层及线型：

图层名称	颜色（颜色号）	线型	线宽
粗实线	白 (7)	Continuous	0.6
中实线	蓝 (5)	Continuous	0.3
细实线	绿 (3)	Continuous	0.15
虚线	黄 (2)	Dashed	0.3
点画线	红 (1)	Center	0.15

2. 按1:1的比例绘制下图所示三个图幅。左侧的两个A4图幅，要求绘制图框及标题栏，分别用于绘制试题二、试题三；右侧的A3图幅，不绘制图框及标题栏，用于绘制试题四。

要求：图幅、图框及标题栏应符合国标，设置文字样式，标题栏内填写文字。标题栏尺寸及格式见所给式样。

标题栏尺寸及格式：

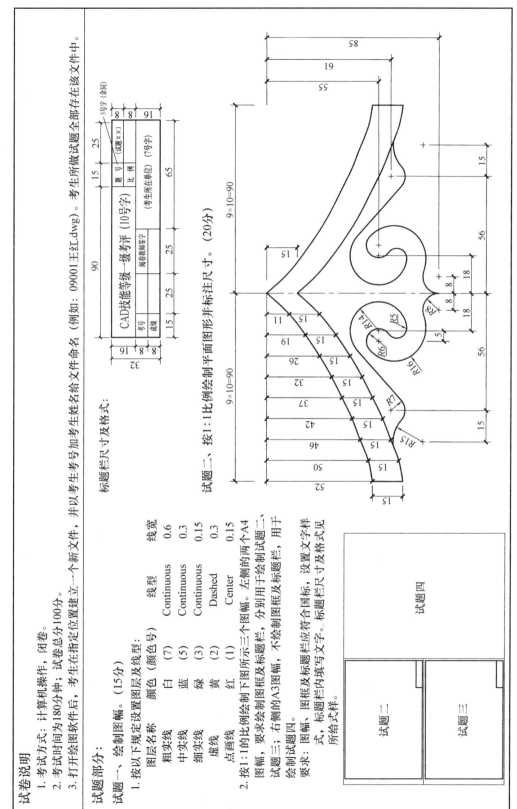

试题二、按1:1比例绘制平面图形并标注尺寸。（20分）

试题三、抄绘组合体的三面投影图，并绘制1-1剖面图和2-2剖面图。（比例1：1；材料为普通砖；全图不标注尺寸）。（25分）

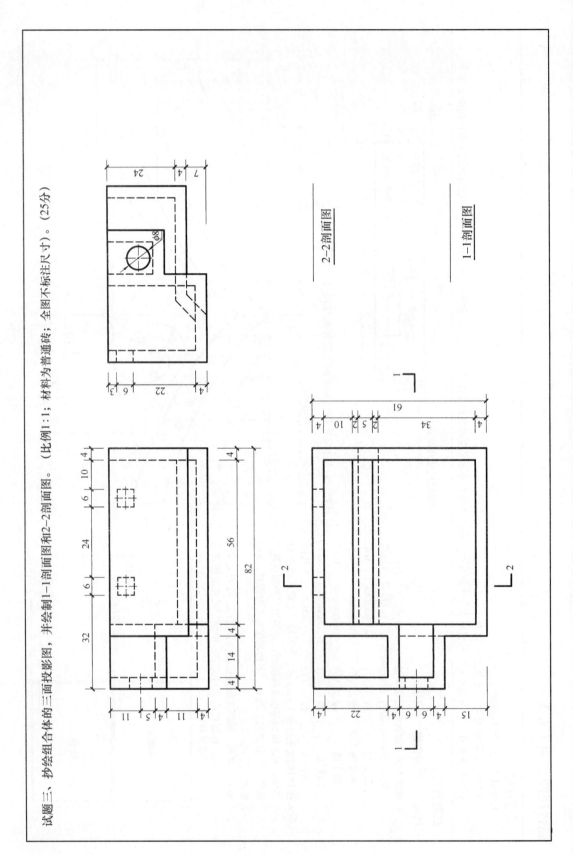

2-2剖面图

1-1剖面图

试题四、在试题一指定的位置绘制房屋一层平面图（40分）要求：

1. 绘图比例1：150；内墙厚均为240，轴线居中。
2. 线型、字体、尺寸应符合我国现行房屋建筑制图国家标准；不同的图线应放在不同的图层上，尺寸放在单独的图层上。

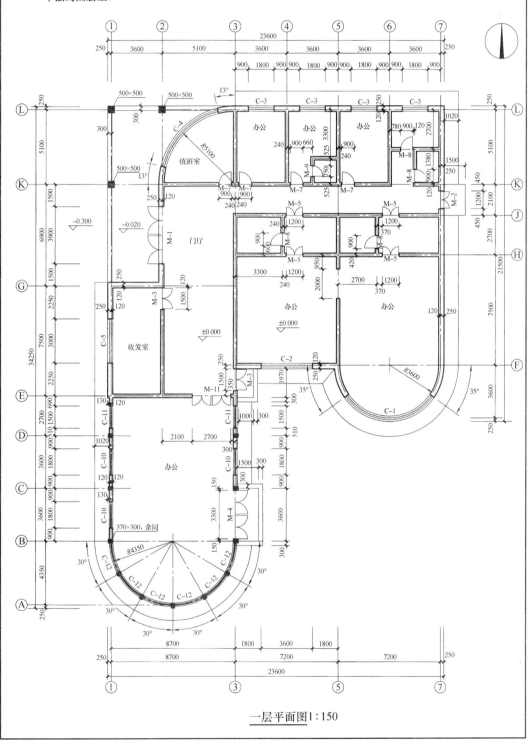

一层平面图1：150

综合技能实训（六）

试卷说明

1. 考试方式：计算机机操作，闭卷。
2. 考试时间为180分钟；试卷总分100分。
3. 打开绘图软件后，考生在指定位置建立一个新文件，并以考生考号加考生姓名给文件命名（例如：09001王红.dwg）。考生所做试题保存到该文件中。

试题部分：

试题一、绘制图幅。（15分）

1. 按以下规定设置图层及线型：

图层名称	颜色（颜色号）	线型	线宽
粗实线	白 (7)	Continuous	0.6
中实线	蓝 (5)	Continuous	0.3
细实线	绿 (3)	Continuous	0.15
虚线	黄 (2)	Dashed	0.3
点画线	红 (1)	Center	0.15

2. 按1:1的比例绘制如下图所示三个图幅。左侧为两个A4图幅，分别用于绘制试题二、试题三；右侧为一个A3图幅，不绘制图框及标题栏，用于绘制试题四。

要求：绘制图框及标题栏，试题三；右侧应按国家标准绘制图幅、图框、标题栏，设置文字样式，在标题栏内填写文字。标题栏尺寸及格式见所给式样。

标题栏尺寸及格式：

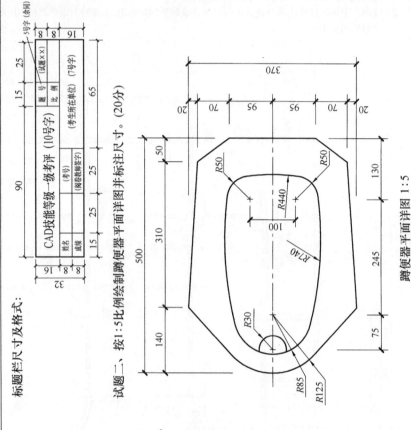

试题二、按1:5比例绘制蹲便器平面详图并标注尺寸。（20分）

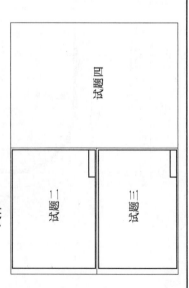

蹲便器平面详图 1:5

试题二

试题三

试题四

264

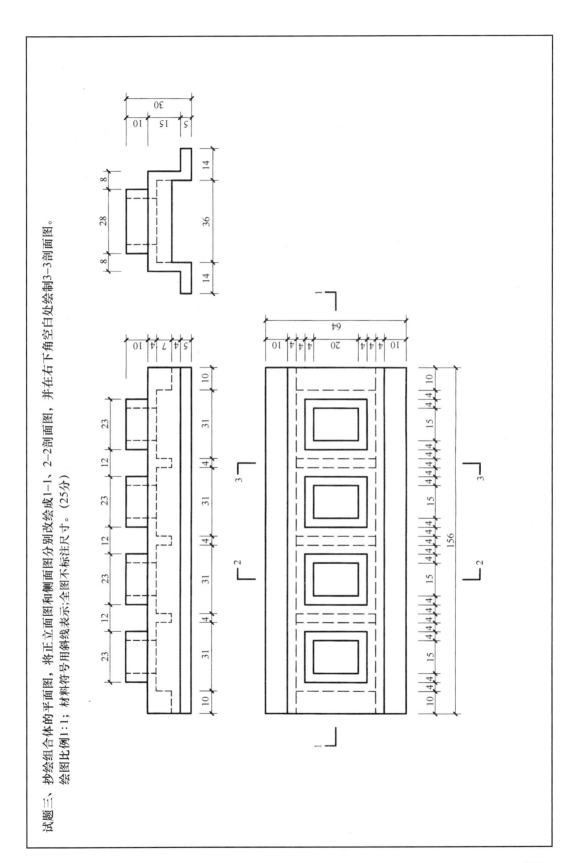

试题三：抄绘组合体的平面图，将正立面图和侧面图分别改绘成1-1、2-2剖面图，并在右下角空白处绘制3-3剖面图。绘图比例1：1；材料符号用斜线表示；全图不标注尺寸。（25分）

265

试题四、绘制建筑平面图（40分），要求：

1. 绘图比例1:50；墙厚均为240，轴线居中。
2. 将试题二绘制的蹲便器插入图中。插入位置要求：蹲便器后沿距墙300mm，左右居中。
3. 按图进行标注。

线型、字体、尺寸应符合我国现行房屋建筑制图国家标准；不同的图线应放在不同的图层上。

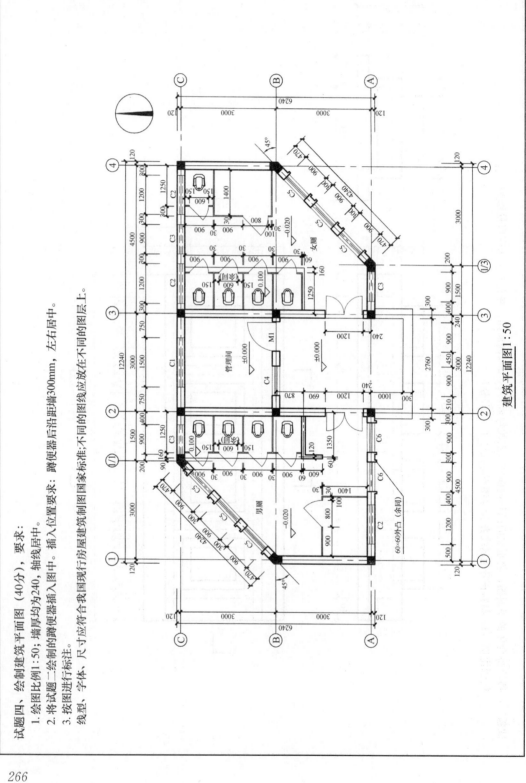

建筑平面图1:50

综合技能实训（七）

试卷说明

1. 考试方式：计算机操作，闭卷。
2. 考试时间为180分钟；试卷总分100分。
3. 打开绘图软件后，考生在指定位置建立一个新文件，并以考生考号加考生姓名给文件命名（例如：09001王红.dwg）。考生所做试题全部存在该文件中。

试题部分：

试题一、绘图部分：

1. 按以下规定设置图层及线型。（15分）

图层名称	颜色	（颜色号）	线型	线宽
粗线	白	(7)	Continuous	0.6
中线	蓝	(5)	Continuous	0.3
细线	绿	(3)	Continuous	0.15
虚线	黄	(2)	Dashed	0.3
点画线	红	(1)	Center	0.15

2. 按1:1的比例绘制下图所示左右两个A2图幅，左侧A2图幅分为上下两个A3图幅，并根据指定的位置完成试题。

要求：仅在左右侧的两个图幅内绘制图框及标题栏。图幅、图框规格应符合国标。设置文字样式，在标题栏内填写文字。标题栏尺寸及格式见所给式样。

试题二、以下装饰图案是由两个基本图案居中叠加而成。请用1:1的比例绘制下列装饰图案，并标注尺寸。注意按照图案所示，区分图线线型及线宽层次。（25分）

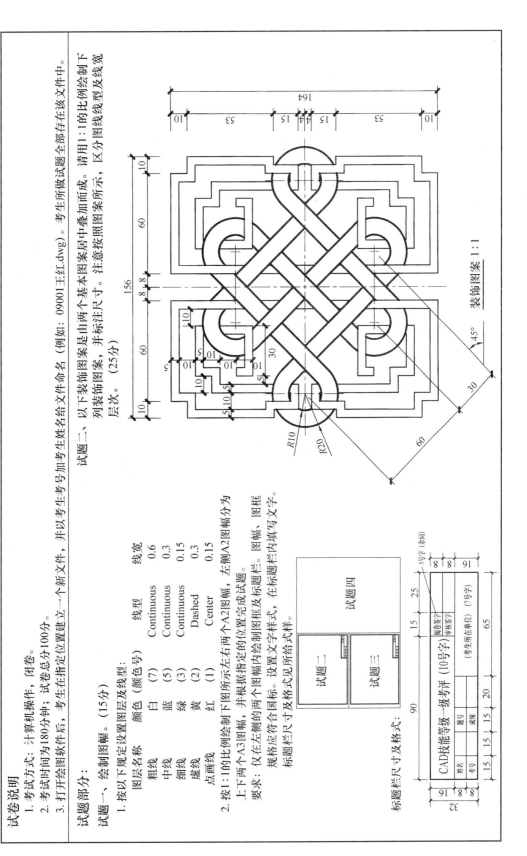

装饰图案 1:1

图框

试题四	
试题二	
试题三	

标题栏尺寸及格式：

CAD技能等级一级考评 (10号字)						
姓名		题号				
考号		成绩				

（考生所在单位）（7号字）

（5号字）

267

试题三、抄绘组合体三面投影图，并在指定位置绘制1—1剖面图。（比例1∶10；材料为普通砖；全图不标注尺寸）。（20分）

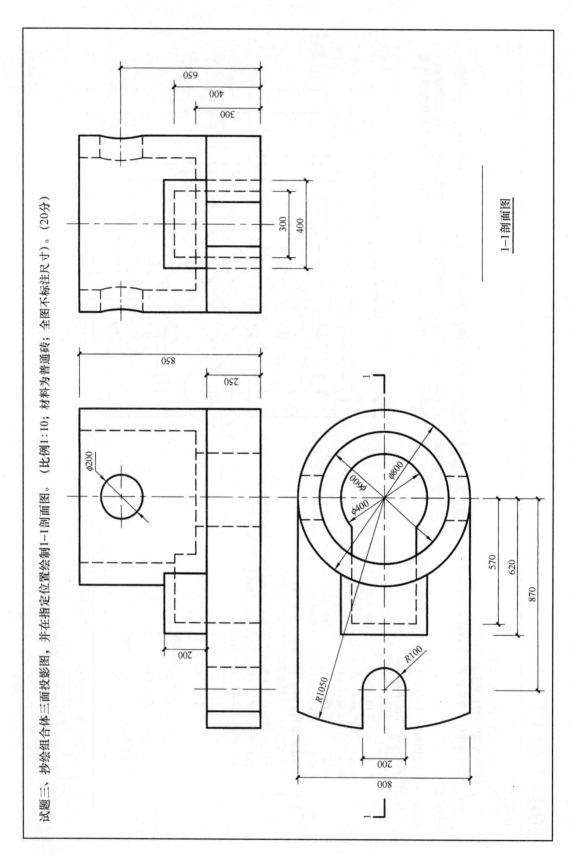

1—1剖面图

试题四、绘制建筑平面图（40分），要求：

1. 绘图比例1:100；墙厚均为240mm，轴线居中。
2. 标注外部尺寸。
3. 线型、字体、尺寸应应符合现行房屋建筑制图国家标准，不同图线应放在不同的图层上。
4. 图中未标注部位尺寸自定。

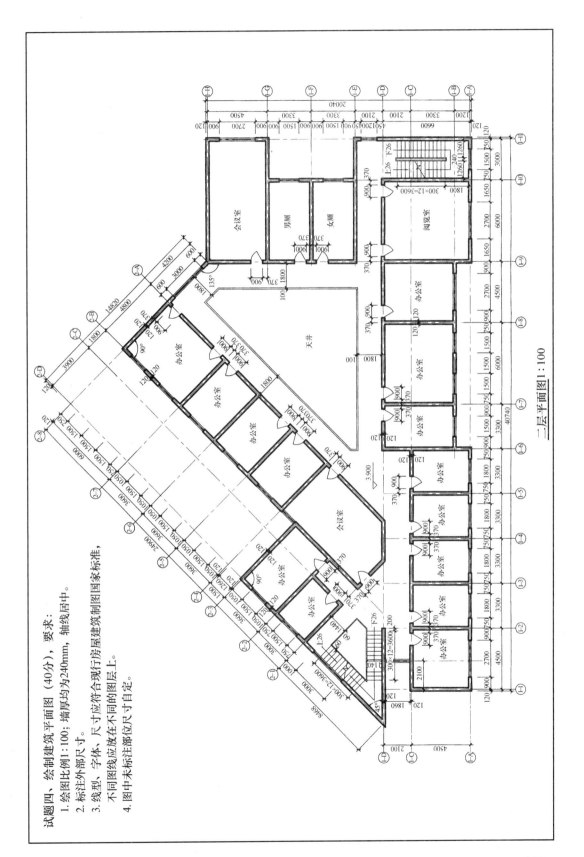

二层平面图1:100

综合技能实训（八）

试题说明

1. 考试方式：计算机操作，闭卷。
2. 考试时间为180分钟；试卷总分100分。
3. 打开绘图软件后，考生在指定位置建立一个新文件，并以考生考号加考生姓名给文件命名（例如：09001王红.dwg）。考生所做试题全部存在该文件中。

试题部分：

试题一、绘制图幅。（15分）

1. 按以下规定设置图层及线型：

图层名称	颜色（颜色号）	线型	线宽
粗线	白 (7)	Continuous	0.5
中粗线	品红 (6)	Continuous	0.35
中线	蓝 (5)	Continuous	0.25
细线	绿 (3)	Continuous	0.13
虚线	黄 (2)	Dashed	0.35
点画线	红 (1)	Center	0.13

2. 按1:1的比例绘制下图所示两个图幅，上方为A3图幅，下方为A2图幅。并根据指定的位置完成试题。

要求：仅在上方A3图幅内绘制图框、图幅、图框及标题栏。图框及标题栏规格应符合国标。设置文字样式，在标题栏内填写文字。标题栏尺寸及格式见所给式样。

标题栏尺寸及格式：

试题二、绘制窗饰隔断立面图，并按图标注所有尺寸。（25分）

要求：比例1：10；内部图案线双线间距均为8。轮廓线为中粗线，其余细线。

试题三、抄绘组合体两面视图，并在指定位置绘制1—1剖面图。（比例1∶10；材料为普通砖；全图不标注尺寸）。（20分）

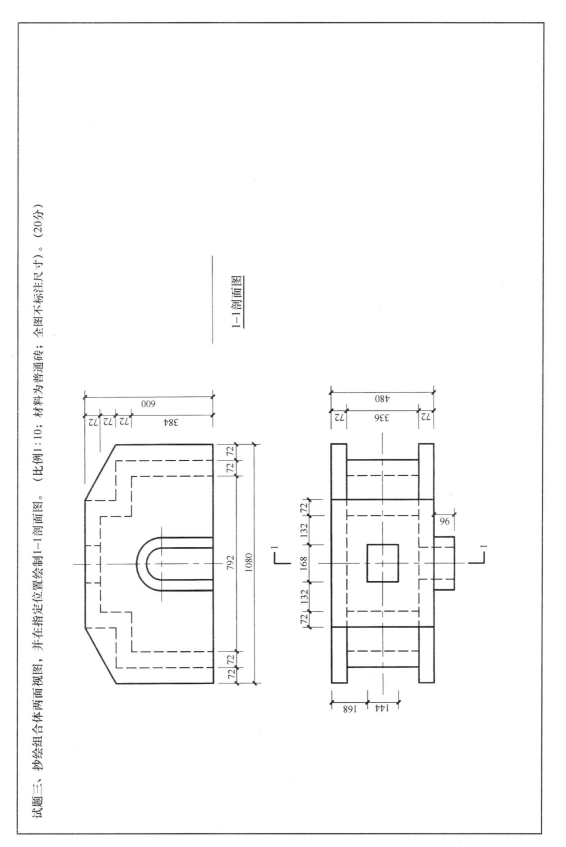

1—1剖面图

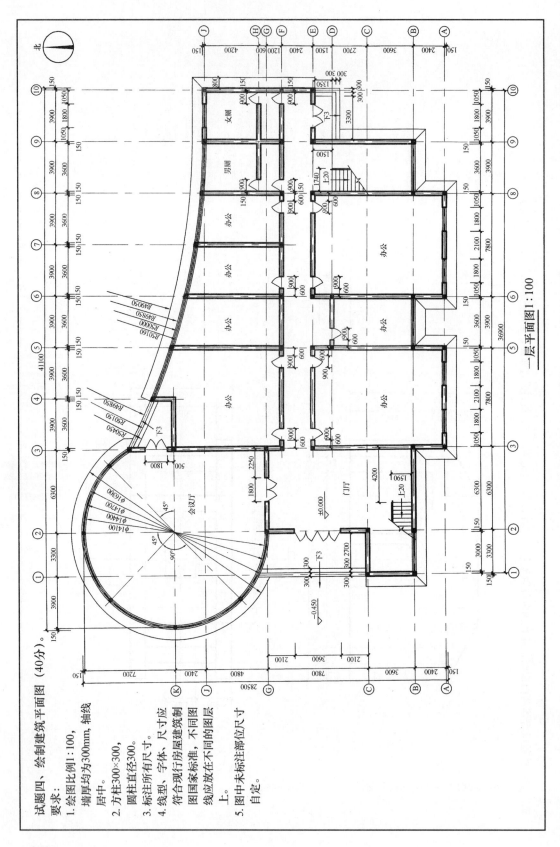

试题四、绘制建筑平面图（40分）。

要求：
1. 绘图比例1：100，墙厚均为300mm，轴线居中。
2. 方柱300×300，圆柱直径300。
3. 标注所有尺寸。
4. 线型、字体、尺寸应符合现行房屋建筑制图国家标准，不同图线应放在不同的图层上。
5. 图中未标注部位尺寸自定。

一层平面图1：100

272

第9章 土木工程施工图设计综合实例（附数字资源）

在双选会、招聘现场，招聘单位常问毕业生"懂不懂 CAD"，有土木专业毕业生向编者反映：毕业后工作中应用最多的是土木工程 CAD，并且想重新再学，苦于找不到相关实际设计案例进行参考学习。

本章以工程实际案例为重点，力求让读者能看得懂，且在实践中能灵活运用，所以编者始终坚持以入门快、自学易、求精通的特点设计典型案例，做到简单明了、结构清晰、实例丰富、选材精炼。为读者提供了相关专业的工程实际设计实例，也为土建类专业同行提供具有针对性、实用性较强的案例，其主要内容：

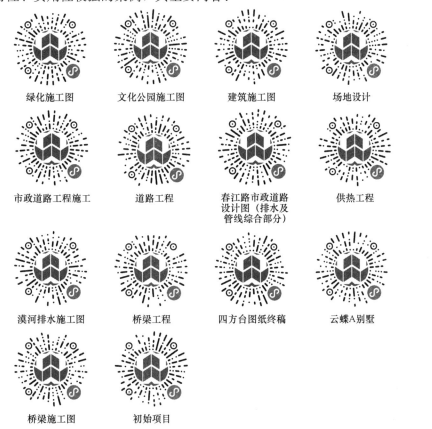

绿化施工图	文化公园施工图	建筑施工图	场地设计
市政道路工程施工	道路工程	春江路市政道路设计图（排水及管线综合部分）	供热工程
漠河排水施工图	桥梁工程	四方台图纸终稿	云蝶A别墅
桥梁施工图	初始项目		

本章将带您进入一个全新的设计平台，提供了典型设计实例，将大幅提高您的就业竞争力，提高设计技能，提高设计效率，适应社会发展。

参 考 文 献

[1] 崔晓得，杨海如，贾立红. 中文版 AutoCAD 工程制图. 北京：清华大学出版社，2010.

[2] 梁迪，潘苏蓉. AutoCAD 标准培训教程. 北京：清华大学出版社，2010.

[3] 胡仁喜，韦杰太，阳平华等. AutoCAD 建筑讯息工期图经典实例. 北京：机械工业出版社，2005.

[4] 文东，高延武. AutoCAD 建筑设计基本与项目实训. 北京：北京科海电子出版社，2008.